DER GROSSE NATURFÜHRER

FOSSILIEN

Steinerne Zeugen vergangenen Lebens

Giorgio Teruzzi

VERLEGT BEI
KAISER

Titel des italienischen Originals: »Fossili«
Einzig berechtigte Übertragung aus dem Italienischen:
Mag. Maria Schlick
Fachlich redigiert: Oberstudienrat Mag. Klaus Kugi

Bildredaktion: Servizi Editoriali Iconografi unter der Leitung von Ada Mascheroni
Fotografien: DeA Picture Library, Giorgio Teruzzi
Zeichnungen: DeA Picture Library, Filippo Cotronei, Mauro Martinengo

Deutsche Erstausgabe

Einbandgestaltung: Volkmar Reiter
Satz: Context Type & Sign Pink GmbH., St. Veit/Glan
Gesamtherstellung: Gorenjski Tisk, Kranj-Slowenien

Inhaltsverzeichnis

Einführung

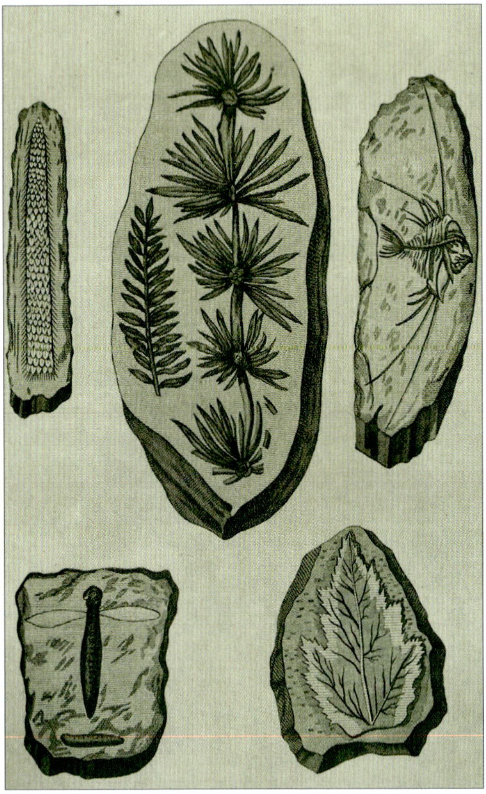

Paläontologie und Fossilien

Das Wort Paläontologie stammt aus dem Altgriechischen und bedeutet »Lehre vom Leben der Vorzeit«. Die Paläontologie ist also jene Wissenschaft, welche die Lebewesen der Vergangenheit erforscht und deren wesentliche Grundlagen die Fossilien sind. Unter Fossilien versteht man alle Überreste von Lebewesen (Pflanzen und Tiere), welche einmal gelebt haben und ganz oder teilweise in den Sedimenten der Erdkruste erhalten geblieben sind, einschließlich der Spuren ihrer Aktivitäten (Fortbewegung, Ernährung etc.). Das Wort Fossil stammt vom lateinischen *fodere*, »graben«, und wurde im Mittelalter für alles »Ausgegrabene« (auch Mineralien) verwendet. In weiterer Folge wurde die Bedeutung des Begriffes »Fossil« immer mehr eingeengt, bis damit ausschließlich mehr oder weniger versteinerte Reste von Lebewesen oder deren Lebensspuren aus früheren Epochen der Erdgeschichte bezeichnet wurden.

Tripoliten oder »bedruckte Steine« mit Abdrücken von Pflanzen, einem Fisch und einem Insekt; Illustration aus der Encyclopédie *von Diderot und d'Alembert.*
Auf Seite 2: *Darstellung des Lebens am Meeresboden mit Korallen, Trilobiten und Nautiloideen aus dem Silur.*

Was sind Fossilien?

Betrachten wir heute ein Stück Gestein mit einem eingeschlossenen Schneckenhaus oder Resten eines Fisches, so werden die meisten von uns diese natürlichen Objekte sogleich und ohne zu zögern als Reste von Organismen vergangener Zeiten interpretieren, welche sich durch Versteinerung bis heute konserviert haben. Das war jedoch nicht immer so: Bis diese Betrachtung Teil unseres Allgemeinwissens wurde, sollten Jahrhunderte voller Diskussionen und Forschungsarbeiten vergehen.
Die am längsten geltende Lehrmeinung zur Erklärung der Existenz von Fossilien geht auf Aristoteles zurück: man glaubte zu seiner Zeit, dass die merkwürdigen Abdrücke und Versteinerungen in den Felsen nichts anderes als ein »*Lusus naturae*« (Naturspiel) wären, und dass sich Fossilien zufällig oder infolge einer *vis plastica* (einer »gestaltgebenden Kraft«) im Inneren des Gesteins gebildet hätten. Dennoch wurde schon in der Antike und im Mittelalter von Gelehrten wie etwa Pythagoras, Herodot, Boccaccio und Leonardo darauf hingewiesen, dass Schalen von Meerestieren auch weit entfernt von den derzeitigen Meeren und sogar hoch auf den Bergen gefunden werden können, ihre Interpretation dieser Funde als versteinerte Reste von Lebewesen stellten aber in jener Zeit noch wenig beachtete Ausnahmen dar. Die Auffassung, dass es sich dabei um Reste früherer Organismen handeln müsse, wurde vermutlich durch Funde relativ junger Fossilien aus dem Känozoikum

(Erdneuzeit) bestätigt. Dieses jüngste Erdzeitalter liefert in seinen Ablagerungen Schalen-Fossilien von Mollusken (Weichtieren), deren Form jener von heute lebenden Weichtieren auffallend ähnlich ist.

Zu Beginn des 17. Jh.s wurden in wissenschaftlichen Arbeiten erstmals verschiedene Fossilien entsprechenden lebenden Formen gegenübergestellt. So verglich Fabio Colonna in seinen Hauptwerken lebende Spezies und ähnliche Fossilien (1616). Agostino Scilla war Verfechter der Herkunft der Fossilien von Organismen (1670). Dennoch war der Streit über den wahren Ursprung von Fossilien zu Beginn des 18. Jh.s noch offen, als ein Ereignis um Professor Johann Beringer aus Würzburg viel Aufsehen verursachte. Beringer war überzeugter Vertreter des nichtorganischen Ursprungs von Fossilien und gab eine Monographie über eine Reihe von »Fossilien-Steinen« heraus, die er gefunden hatte und von deren nichtorganischer Herkunft er überzeugt war. Leider blamierte sich Beringer damit unsterblich, als man entdeckte, dass er einem Scherz seiner Schüler zum Opfer gefallen war. Diese hatten die »Fundstücke« behauen und dann so vergraben, dass sie von ihm gefunden wurden – vielleicht war auch ein boshafter Kollege mit im Spiel.

Oben: *Titelblatt des Werkes* La vana speculazione disingannata dal senso *von Agostino Scilla (1670), in welchen er auf dem organischen Ursprung der Fossilien hinweist.*
Unten: *Ausschnitt aus einer Tafel mit falschen Fossilien, die von Johann Beringer in seiner* Lithographiae Wirceburgensis *(1726) veröffentlicht wurde.*

Gegen Mitte des 18. Jh.s glaubte schließlich niemand mehr an den anorganischen Ursprung von Fossilien. Ab dieser Zeit galt es in der Welt der Wissenschaft als gesicherte Lehrmeinung, dass Fossilien versteinerte Überreste abgestorbener Organismen aus früheren Zeitaltern darstellen. Damit war die Zeit der wissenschaftlich arbeitenden modernen Paläontologie gekommen.

Oben: *Reste von Pteridospermen aus dem Karbon der Alpen; die Pflanzen sind Studienobjekte der Paläobotanik.*
Unten: *Skelett eines* Gomphotherium*; die Wirbeltiere zählen zum Wissenschaftsgebiet der Vertebraten-Paläontologie.*

Was ist Paläontologie?

Paläontologie ist eine Zwitter-Wissenschaft, da sie sowohl Teile der Geologie als auch der Biologie umfasst. Paläontologen beschäftigen sich mit dem Studium der Lebewesen, deren Verwandtschaftsbeziehungen und Entwicklung und setzen dazu die Forschungsmethoden der verschiedenen Wissenschaftszweige der Biologie (Botanik, Zoologie, Ökologie, Anatomie etc.) ein. Wichtige Objekte der Forschung sind aber auch die Gesteinsschichten, in denen sich die organischen Überreste von Lebewesen im Laufe der geologischen Erdzeitalter abgelagert haben. Aus diesem Grund werden auch Forschungsmethoden verschiedener Zweige der Geologie, wie der Stratigraphie und der Sedimentologie, welche sich mit der Erforschung der Geschichte und Zusammensetzung der Gesteinsschichten der Erdkruste beschäftigen, angewandt. Die Geopaläontologie konzentriert sich besonders auf jene Sedimentschichten, welche Fossilien enthalten.

DIE ZWEIGE DER PALÄONTOLOGIE

Das Forschungsfeld der Paläontologie ist also, wie man sieht, äußerst breit gestreut. Ganz besonders wichtig dabei ist die Klassifikation der Fossilien, also die Einordnung ihrer Verwandtschaft mit lebenden Organismen. Die **Paläobotanik** beschäftigt sich mit pflanzlichen Fossilien, die **Paläozoologie** mit der Erforschung tierischer Fossilien.

Die Paläozoologie wird traditionell in **Invertebraten-Paläontologie** (wirbellose Tiere) und **Vertebraten-Paläontologie** (Wirbeltiere) unterteilt. Die Mikropaläontologie beschäftigt sich mit Resten von Mikroorganismen aus dem Pflanzen- und dem Tierreich und wird als eigener Wissenschaftszweig betrachtet. Ihr Bereich ist die Erforschung mikroskopisch kleiner Organismen, für deren Untersuchung besondere Techniken notwendig sind, wie etwa die Verwendung von Rasterelektronenmikroskopen, Dünnschliffen etc. Von Pflanzen und Tieren früherer Erdzeitalter haben jedoch nicht nur Überreste ihres Körpers selbst überdauert, auch Spuren ihrer Lebensaktivitäten wie etwa Fortbewegungsspuren, Röhren und andere Grabungsspuren, die etwa bei der Suche nach Nahrung entstanden sind, sind erhalten geblieben. Das Studium dieser besonderen Spuren ist Aufgabe der **Paläoichnologie**, welche in den letzten Jahrzehnten große Fortschritte erzielen konnte, ist die Erforschung der Lebensspuren von Lebewesen. Während sich die botanische und zoologische Systematik mit der Morphologie und Verwandtschaftsbeziehungen von Lebewesen beschäftigt, untersucht die Paläoichnologie die Spuren von deren Aktivitäten. Mit ihrer Hilfe können wichtige Erkenntnisse über die im Laufe der Erdzeitalter ausgestorbenen Lebewesen, ihre Ernährung und ihre Lebensweise ermittelt werden. Zusätzlich werden dadurch zumeist auch ökologische Informationen über die herrschenden Lebensbedingungen gewonnen.

Durch die wissenschaftliche Untersuchung von Fossilien können auch Informationen über Verwandtschaftsbeziehungen zwischen einzelnen Organismengruppen gewonnen und die Geschichte ihrer Evolution und der Lebensumstände, unter welchen sie gelebt haben, rekonstruiert werden: damit beschäftigt sich der paläontologische Zweig der **Evolution.** Die Lebewesen eines Lebensraumes stellen sich in verschiedener Weise aufeinander und auf ihre Umwelt ein, in der sie leben; besonders die klimatischen und physikalischen Faktoren der Umwelt wie Temperatur, Wassertiefe, Wasser- oder Luftbewegung, die Topographie (Ebenen, Berge, Seen, Meere, felsige oder sandige Meeresböden etc.) hat auf ihr Leben einen großen Einfluss; mit diesen komplexen Interaktionen zwischen Lebewesen und Umwelt beschäftigt sich die **Paläoökologie**.

Oben: *geschliffenes Gestein mit Mikrofossilien (Foraminiferen); die Mikropaläontologie beschäftigt sich mit der Erforschung der kleinsten Lebewesen.*
Unten: *Abdrücke von Ophiuren (Schlangensterne) auf dem Meeresboden; fossile Lebensspuren werden von der Paläoichnologie erforscht.*

Die Reste von Lebewesen haben sich im Laufe der verschiedenen geologischen Erdzeitalter nicht selten in Sedimenten abgelagert und sind in den sich daraus bildenden Gesteinsschichten über lange Zeiträume konserviert worden. Die genaue Zuordnung einer Sedimentschicht zu einem Zeitalter und die Beschreibung der exakten chronologischen Aufeinanderfolge von Gesteinsschichten auf der Grundlage ihres Gehalts an bestimmten Fossilien ist Aufgabe der **Stratigraphie**. Die **Paläobiogeographie** beschäftigt sich mit der Erforschung der geographischen Verbreitung ausgestorbener Lebewesen anhand ihrer Fossilien im Laufe der Erdzeitalter. Durch jede Änderung der Umweltbedingungen in Lebensräumen muss sich auch die Verbreitung gewisser Arten allmählich verändern – woraus wiederum Rückschlüsse auf die jeweils herrschenden Umweltbedingungen auf unserer Erde zu gewissen Zeiten an gewissen Orten gezogen werden können. Eine allgemeine Abkühlung des Erdklimas kann zum Beispiel eine Spezies, deren Vertreter ein kaltes Klima bevorzugen, weiter in den Süden drängen; umgekehrt können sich bei einer globalen Erwärmung die Tier- und Pflanzenarten des Tropengürtels weiter nach Norden ausbreiten.

Eine Disziplin, welche sich als äußerst wichtig für die Rekonstruktion frühzeitlicher Umweltbedingungen und für die Erkenntnisse über den Fossilisationsprozess erwiesen hat, ist die **Taphonomie** (»Lehre von den Prozessen des Sterbens«). Sie beschäftigt sich mit den Veränderungen, denen ein Organismus von jenem Augenblick an unterworfen ist, in dem er abstirbt oder in Agonie verfällt, bis zu jenem Zeitpunkt, wo er als Fossil wieder entdeckt wird. Die Taphonomie beschäftigt sich also damit, wie die ehemals lebende Materie von der Biosphäre in die Lithosphäre gelangt, d. h., welche Veränderungen beim Absterben, Einbetten im Sediment und bei der Fossilisation eines Organismus ablaufen.

Wie Fossilien entstehen (Fossilisation)

DIE FOSSILISATION

Die Wahrscheinlichkeit eines Lebewesens, oder seiner Teile, zu einem Fossil zu werden, ist relativ gering. Dafür gibt es zwei Hauptgründe: Einerseits beginnt organische Materie nach dem Tod des Individuums durch Verwesung rasch zu zerfallen, andererseits sind Kadaver meist auch äußeren Prozessen der Zerstörung unterworfen. Dies kann z.B. durch andere Organismen geschehen, welche sich von den einzelnen Teilen ernähren, etwa durch Aasfresser, Schalen durchbohrende oder Knochen verzehrende Lebewesen; aber auch durch Stoffe im Umfeld des Kadavers, welche seine Teile biologisch zersetzen (z.B. Bakterien). Schließlich wirken auch noch physikalische Faktoren wie hohe Temperaturen oder Luft- und Wasserbewegung auf Kadaver ein, die auch die widerstandsfähigsten Teile von Lebewesen zerstören können.

Wie günstig die Bedingungen einer Spezies zur Fossilisation sind, hängt einerseits von ihrem Körperbau und anderseits von ihrem Lebensraum ab, in dem ihre Vertreter leben. Damit ein Organismus gut konserviert werden kann, sollte der Kadaver in kurzer Zeit in schützendes Sediment eingebettet werden. Da Sedimente sich im Allgemeinen bevorzugt am Meeresboden oder am Boden eines Binnensees ablagern, werden die Organismen, welche in einer solchen Umwelt leben, daher nach ihrem Tod eher konserviert als Lebewesen des Festlandes. Dort existieren nämlich nur ausnahmsweise gute Chancen auf rasche Einbettung, wie z.B. bei einem Erdrutsch, einem intensiven Aschenregen nach einem Vulkanausbruch oder durch äolische Ablagerungen (Wind) bzw. geschützt im Innern von Grotten.

Bei Tieren haben natürlich deren Hartteile wie z.B. Schalen von Muscheln oder Schnecken, Skelette und Zähne bessere Aussichten auf Fossilisation als weiche Körperteile, die zumeist in kurzer Zeit vollständig zerfallen. Aus den genannten Gründen haben daher Organismen ohne Hartteile, wie z.B. Medusen oder die Ver-

Auf dem Festland werden Tierkadaver und Skelette größtenteils zerstört und zumeist zerstreut, wie bei diesen Überresten von Säugetieren in der ägyptischen Wüste.

treter verschiedener Tiergruppen, welche wir vereinfacht als »Würmer« bezeichnen, kaum oder gar keine Aussichten, als Fossilien erhalten zu bleiben. Daraus ergibt sich, dass die »fossilen Zeugen« der Vergangenheit – also jene Organismen, die in einer bestimmten Zeit in einer für die Fossilisation günstigen Umwelt lebten – nur eine begrenzte Auswahl jener Spezies, die in jener Zeit tatsächlich existierte widerspiegeln. Berechnungen ergaben, dass 80% der Spezies, welche heute am Sandboden einer Meeresküste leben, keine hartteiligen und somit keine erhaltungsfähigen Komponenten aufweisen und daher vermutlich auch keine fossilen Spuren hinterlassen werden. In speziellen Ausnahmefällen können sich aber durch außergewöhnliche Ereignisse der Erdgeschichte auch für Spezies ohne Hartteile gute Fossilisationsbedingungen ergeben; unter solchen Konditionen kann ein besonderer Typus fossiler Ablagerungen entstehen, nämlich die Konservat-Lagerstätten mit außerordentlich gut erhaltenen fossilen Exemplaren.

DER ABLAUF DER FOSSILISATION

Die Überreste eines Lebewesens unterliegen nach ihrer Einbettung in ein Sediment einer Reihe von physikalischen und chemischen Veränderungen. Die Überschichtung mit weiteren Sedimenten führt zuerst zur Setzung und Komprimierung der darunter liegenden Schichten, da sich der Druck durch das Gewicht des sich anhäufenden Sediments erhöht; auch der Druck auf das Wasser in den Zwischenräumen und die Temperatur steigen an. Auf diese Weise können im Sediment die bestimmten Bedingungen entstehen, welche den Vorgang der eigentlichen Fossilisation der organischen Überreste eines Lebewesens einleiten.

Oben: *Schale des Lamellibranchiaten (Muschel)* Megalodon *sp. aus der oberen Trias im Querschnitt; es hat sich eine weitgehend rekristallisierte Pseudo-Schale gebildet.* Unten: *Steinkern eines Ammoniten der Gattung* Lytoceras *aus dem unteren Jura, gefunden in den Alpen.*

Dabei können sich die Prozesse der Fossilisation sowohl auf die mineralischen als auch auf die organischen Bestandteile eines Organismus auswirken. In erster Linie hängen die Vorgänge von der Art der Substanzen ab, welche in wässriger Lösung durch die Zwischenräume sickern. Dieses Sickerwasser in den Hohlräumen schafft, je nach seiner chemischen Zusammensetzung, die Voraussetzungen für eine mögliche Auflösung der Hartteile, oder eine Ausfällung und Kristallisation bzw. auch für den chemischen Umbau der noch vorhandenen organischen Reste.

MINERALISATION

Mineralisation ist ein Vorgang, der im Allgemeinen zur Konservierung der mineralischen Komponenten eines Lebewesens führt; er kann durch Imprägnation oder durch Substitution erfolgen.

Von **Imprägnation** spricht man, wenn sich Mineralsalze in den Gefügehohlräumen absetzen, welche durch den schnellen Abbau der kleinräumigen organischen Materie innerhalb des mineralischen Gefüges eines Tieres entstanden sind. Durch diesen Prozess werden z.B. die Schalen von Weichtieren oder das Skelett von Stachelhäutern verstärkt – sie werden härter und widerstandsfähiger. Beim Prozess der Imprägnation werden zwar mikroskopisch feine kleinste Bestandteile in Hartteilen aufgelöst, die ursprüngliche Form bleibt aber erhalten, weil die entstandenen Hohlräume durch Mineralsalze wieder aufgefüllt werden. Die **Substitution** geht sehr langsam vor sich, weil dabei in den Mikrohohlräumen, welche durch die langsame Auflösung von Skeletten und Schalenteilen entstehen, jedes herausgelöste Mineralmolekül sogleich durch ein andersartiges neues Molekül ersetzt wird. Dieser Vorgang kann unter Bildung von verschiedenen Mineralien ablaufen, die bekanntesten Vorgänge dieser Art sind die Calcitisierung, Dolomitisierung, Verkieselung und Pyritisierung von Fossilien.

Bei der **Calcitisierung** ist das Wasser in den Hohlräumen eines Fossils mit Kalziumkarbonat ($CaCO_3$) übersättigt und es kommt zu einer Kalziumkarbonat-Ausfällung.
Bei der **Dolomitisierung** bildet sich Dolomit, ein Doppelkarbonat aus Kalzium und Magnesium, $CaMg(CO_3)_2$. Dabei kommt es oft zu einer vollständigen Herauslösung der ursprünglichen Schalen- und Skelettstrukturen, besonders bei solchen, die beim lebenden Organismus aus Aragonit bestehen, wie etwa bei Korallen und gewissen Mollusken.
Zur **Verkieselung** kommt es durch Kieselsäure, welche meist durch Auflösung siliziumhaltiger Skelette von Mikroorganismen (z.B. Radiolarien) oder Skelettnadeln von Kieselschwämmen entsteht. Die Kalkteile von Fossilien werden nach und nach herausgelöst und dann durch Kieselsäure ersetzt. In besonderen Fällen kann es in kalkhaltigen Sedimenten zur ausschließlichen Verkieselung der darin enthaltenen Fossilien kommen, während Sedimente selbst davon nicht betroffen sind. Werden solche Gesteine mit Salzsäure behandelt, lassen sich ausgezeichnet erhaltene Fossilien aus dem Sediment lösen.
Die so genannte **Pyritisierung** findet im Sediment unter Sauerstoffabschluss statt. Bei der **Verwesung** der organischen Weichteile entsteht durch Sauerstoffmangel Schwefelwasserstoff (H_2S). Diese Verbindung bildet mit den im Wasser der Hohlräume gelösten Eisensalzen ein Eisensulfid, Pyrit (FeS_2), welches oft wie ein goldglänzender Überzug die Fossilien bedeckt. So kann es zu besonders spektakulären Fossilisationen mit ausgezeichnetem Erhaltungszustand kommen, wie bei den berühmten Fundstücken aus dem Devon vom Hunsrückschiefer in der deutschen Eifel. Bei dieser Lagerstätte wurden durch Pyritisierung auch kleinste Bestandteile der Organismen konserviert, die dank ihr Durchlässigkeit gegenüber Röntgenstrahlen auch mit dieser bei Fossilien unüblichen Technik untersucht werden können.

Ein pyritisierter Cephalopode (Kopffüßer) von Lavoulte in Frankreich, aus dem mittleren Jura.

ZERSETZUNG UND ABDRÜCKE

Schalen und Skelette von Lebewesen können sich auch dann noch auflösen, wenn sie bereits im Sedimentgestein eingebettet sind. In stark säurehaltigem Sediment kann es zum Beispiel zur **Auflösung** von Kalkschalen kommen, in sehr basischer Umgebung können wiederum kieselsäurehaltige Schalen in Lösung gehen. Weitere physikalische Parameter wie Temperatur oder Druck können den Auflösungsprozess noch verstärken. Wenn die Zersetzung des Fossils erst stattfindet, nachdem das Sedimentgestein sich bereits verfestigt hat, können auf diese Weise Abdrücke von ihm erhalten bleiben. Hinterlässt ein Lebewesen so seine ursprüngliche Form im Sediment, dann entsteht ein Negativabdruck, der bereits eine Identifizierung des Fossils erlauben kann.

Wird jedoch das Innere einer Schale mit Sediment gefüllt, entsteht ein so genannter Steinkern. Dieser kann gemeinsam mit der Schale, oder, wenn sich Letztere in weiterer Folge auflöst, als alleiniger Fossilienrest erhalten bleiben. Fossilisationen in Form von Steinkernen kommen bei Weichtieren sehr häufig vor, wobei aber bei Schnecken und Muscheln die übliche Ornamentierung und Strukturierung der Außenschalen auf ihrer Innenseite im Allgemeinen nicht erkennbar sind und daher die Klassifikation solcher Steinkerne sich oft als sehr schwierig erweist. Am häufigsten zeigt sich diese Art der Fossilisation bei Ammoniten. Bei diesen Tieren waren die ursprünglichen Schalen äußerst dünn, die Struktur der Außenschale bildete sich auch auf den Steinkernen ab. Aus diesem Grund eignen sich die Steinkerne von Ammoniten zumeist ebenso gut zur Klassifikation wie Fundstücke mit Originalschale; zusätzlich sind bei Steinkernen von Ammoniten auch die Lobenlinien erkennbar, das sind wesentliche Elemente für die richtige Klassifikation dieser Fossilien.

Zwischen dem Außenabdruck und dem Steinkern bildet sich durch Auflösung der Schale oft ein Zwischenraum, der sich mit mineralischen Substanzen füllen und zur Bildung einer Pseudo-Schale führen kann, welche getreu die Form der ursprünglichen Schale wiedergibt, ohne aber deren inneren Aufbau zu bewahren.

Inkohlte Reste der primitiven Konifere Voltzia *vom italienischen Besano-Monte San Giorgio aus der mittleren Trias.*

INKOHLUNG

Eine Inkohlung oder Karbonisierung vollzieht sich ebenfalls unter Sauerstoffmangel. Zu einer Inkohlung kann es bei Ablagerung von organischem Material in Stillwasserzonen kommen, wie etwa in Sümpfen und Seen, in denen durch das Fehlen von Zu- und Abflüssen kein Wasseraustausch stattfinden kann und sich mit der Zeit am Gewässergrund große Mengen organischer Materie ansammelt, deren fortschreitende Verwesung den Sauerstoff gänzlich aufbraucht. Unter solchen Bedingungen führt die Tätigkeit anaerober Bakterien (Fäulnisbakterien, die keinen Sauerstoff benötigen) zur weiteren Zersetzung der organischen Materie. Die anaeroben Bakterien bauen während der verschiedenen Umwandlungsprozesse den in der organischen Materie gebundenen Kohlenstoff in neue Verbindungen ein. Es kommt zur Bildung verschiedener Arten von Kohle bis hin zu reinem Kohlenstoff sowie zur Bildung von flüssigen oder gasförmigen Kohlenwasserstoffen (Erdöl, Erdgas).

Auf diese Weise wurden die großen, natürlichen Steinkohlenlager des Karbons (Steinkohlezeitalter) gebildet. Je nach Grad der Inkohlung entstanden verschiedene Arten von Kohle: bei Torf und Braunkohle haben sich infolge kurzer Zeiträume die organischen Strukturen nur leicht verändert; bei Anthrazit bzw. Steinkohle wurde die enthaltene Pflanzenmasse durch physikalische und chemische Prozesse jedoch stark umgebildet, darin enthaltene Fossilien sind daher nur noch sehr schwer zu bestimmen. Bei starker Umwandlung blieben die organischen Strukturen allein als feine karbonisierte Schicht erhalten, es ist dann möglich, die Form von Blüten oder Blättern, von Insekten oder anderen wirbellosen Tieren genau zu erkennen. Eine Besonderheit stellt die Karbonisierung der Haut einiger Wirbeltiere in Form einer dünnen Schicht aus Kohlenstoff dar, wobei manchmal sogar das ursprüngliche Hautprofil rekonstruiert werden kann. Dies war z.B. bei den Funden von Ichthyosauriern in der Lagerstätte Holzmaden in Deutschland der Fall.

PERMINERALISATION

Permineralisation ist ein Vorgang der Fossilisation, der ab der ersten Phase der Einbettung organischer Reste in das Sediment stattfindet. Wenn das Wasser, welches durch das Sediment sickert, gelöste Mineralsalze enthält, kann es die organischen Strukturen durchtränken und sogar innerhalb der Zellen Salze ablagern. Auf diese Weise kann es bisweilen zu einer sehr guten Konservierung von Weichteilen kommen, welche dadurch ihre ursprüngliche dreidimensionale Gestalt ganz oder teilweise bewahren konnten. Verschiedene Substanzen können zur Permineralisation beitragen: Karbonate, Silikate, Pyrit etc.
In manchen berühmten Lagerstätten findet man Fossilien in Form runder oder elliptischer Steine, welche in gewisser Weise schon äußerlich die übliche Form der darin enthaltenen Lebewesen aufweisen. Dies ist beispielsweise bei den Fossilien der unteren Trias auf Madagaskar der Fall, wo Fische, Amphibien und Wirbellose ganz oder teilweise in Knollen aus Eisenkarbonat (Siderit) enthalten sind. Auf gleiche Weise sind aus dem oberen Karbon von Mazon Creek (Illinois) Fossilien in Sideritknollen enthalten, die im Verlauf der Entwicklung jedoch etwas abgeflacht wurden.
Die Knollenbildung erfolgt durch den Chemismus der Mikroumwelt, welche sich während der Zersetzung rund um den abgestorbenen Organismus bildet: Durch Fäulnis wird Ammoniak freigesetzt und dadurch eine basische Umgebung geschaffen, in der das im Wasser gelöste Kalziumkarbonat der Sedimenthohlräume sowie weitere Karbonate oder auch Niederschläge aus Siderit (Eisenspat) ausgefällt werden können. Um den verwesenden Organismus bildet sich eine knollenförmige Konkretion; bei größeren Organismen, wie bei Fischen, zeigt sich dabei im Groben die Form des Fossils im Inneren. So gibt es bei den erwähnten Knollen aus der Trias von Madagaskar oder aus der Kreidezeit in Brasilien Konkretionen, die sogar das Profil der Schwanzflossen von Fischen zeigen.
Eine weitere Form der Permineralisation kann unter Mitwirkung von Silikaten erfolgen, wie dies bei der Bildung der berühmten verkieselten Hölzer in den so genannten **versteinerten Wäldern** geschah. Hier bewirkte der organische Zerfall die Durchträn-

Eine Gesteinsknolle mit einem etwa 1 m langen Coelacanthus *(Fisch) aus der Kreide in ihrem Inneren, die in Brasilien gefunden wurde.*

kung mit einer Siliziumlösung, welche selbst in die kleinsten Strukturen eindringen konnte. Zuerst entstand daraus Opal, ein glasartig erstarrtes Kieselgel, das für seine schönen Farben bekannt ist. Später wurde der Opal dann in mikrokristallinen Quarz umgewandelt. Die ursprüngliche pflanzliche Substanz kann so gut erhalten sein, dass sie, in dünne Scheiben geschnitten, unter dem Mikroskop auch noch bei starker Vergrößerung feinste Details zeigen kann. Die auf diese Weise versteinerten Hölzer zeigen geschliffen und poliert häufig sehr schöne und spektakuläre Farben. Konservierungen dieser Art sind aus verschiedenen Epochen und aus vielen Gebieten der Erde bekannt: von der Kreidezeit in Madagaskar, Argentinien und Arizona bis zum Tertiär in der Sahara oder im Yellowstone-Park, um nur einige der bekanntesten Beispiele zu nennen. Eine Besonderheit stellen die opalisierten Fossilien aus der Kreidezeit in Australien dar, wo Reste von Wirbellosen wie Lamellibranchiaten (Muscheln) und Belemniten (Donnerkeile), aber auch von Wirbeltieren mit permineralisierten Knochen und Zähnen erhalten geblieben sind.

Verkieselte Baumstämme im Versteinerten Wald von Blue Mesa in Arizona (Vereinigte Staaten).

Auch Pyrit kann an Prozessen der Permineralisation beteiligt sein. Die Bildung von Pyrit ist auf Sauerstoffmangel im Sediment, ausgelöst durch Fäulnisprozesse, zurückzuführen, wenn jedoch in der Folge Sauerstoff zugeführt wird, können dadurch Oxydationsprozesse eingeleitet werden, welche den Pyrit verändern und das Fossil schließlich zerstören können.

Einen Sonderfall bildet die Art der Permineralisation durch Pyrit, die an Fossilien in einer französischen Lagerstätte aus dem mittleren Jura entdeckt wurde. Hier erfolgte die Permineralisation innerhalb so kurzer Zeit, dass sich in einigen Fällen die Weichteile von Wirbellosen in ihrer perfekten Dreidimensionalität erhalten haben, wie Beispiele besterhaltener »Würmer«, Krustazeen (Krebstiere) und Cephalopoden (Kopffüßer) zeigen.

Eine Art »totaler« Fossilisation organischer Teile ist deren Konservierung in Eis (**Kryokonservierung**). Dies geschah z.B. bei den berühmten Mammuten, die im Permafrostboden von Sibirien und Alaska entdeckt wurden und aus der letzten Eiszeit stammen. Die Tiere waren zum Teil bei Überschwemmungen ums Leben gekommen und im Eis eingefroren. So blieben die Körper von Mammuten, Wollnashörnern und Bisons oder deren Reste vom Zerfall verschont.

KONSERVIERUNG IN BERNSTEIN

Bernstein ist ein fossiles Harz, in welchem beim Abtropfen von den Bäumen oft kleine Pflanzenreste oder Tiere eingeschlossen wurden. Nach dem Einbetten in ein geeignetes Sediment konnten diese Harzklumpen im Laufe von Jahrmillionen aushärten und sich zuerst in Kopalharz und danach zu Bernstein umwandeln. Die organischen Einschlüsse im Inneren wurden so vor dem Zerfall bewahrt und nahezu perfekt konserviert. Auf diese Weise blieben Pflanzenreste, Flechten, Pilze, Sporen, Samen, Blüten und kleine Blätter im Bernstein erhalten, aber ebenso unzählige kleine wirbellose Tiere, wie etwa Würmer verschiedener Stämme (Ringelwürmer, Fadenwürmer) und Gliederfüßer (Insekten, Krebstiere, Tausendfüßer, Spinnen, Skorpione). Sehr selten sind Überreste von Wirbeltieren im Bernstein zu finden, Vogelfedern, Haare von Säugetieren oder sogar kleine Reptilien wie Geckos oder Eidechsen konnten jedoch schon entdeckt werden. Bernstein wird heute in verschiedenen Gebieten der Erde abgebaut und kann hunderte Millionen Jahre alt sein. Der älteste Einschluss eines von einem Lebewesen stammenden Teiles, der heute bekannt ist, ein Insektenbein in Bernstein, stammt aus dem Perm (Erdaltertum) und wurde in den Dolomiten gefunden.
Zahlenmäßig bedeutende Funde verschiedenster Organismen beginnen dann ab der Kreidezeit. Die Untersuchung von Bernsteineinschlüssen aus der Kreidezeit hat in den letzten Jahrzehnten zur Entdeckung vieler Insekten- und anderer Gliederfüßerarten aus dem Zeitalter der Dinosaurier geführt. Bedeutende Lagerstätten dieser Ära befinden sich in verschiedenen Regionen der USA und Europas, im Libanon und in Burma. Auch Bernstein aus dem Tertiär ist reich an Einschlüssen, wie z.B. die berühmten Bernsteinfunde in den Küstenregionen des südlichen Baltikums aus dem Eozän. Weitere bekannte Bernsteinfunde mit Einschlüssen sind jene aus der Dominikanischen Republik und aus Mexiko, welche aus dem unteren Oligozän und dem oberen Miozän stammen.

Oben: *ein in Bernstein eingeschlossenes Insekt aus dem Oligozän, gefunden in Samland (Baltikum).*
Unten: *Skelett eines Reptils der Gruppe Notosaurier, entdeckt in den Trias-Lagerstätten von Besano, Italien.*

FOSSIL-LAGERSTÄTTEN

Durch eine Reihe glücklicher Umstände enthalten manche der zahlreichen Fossilien-Fundstätten, die es auf der Erde gibt, derart viele Fossilien, dass sie der Forschung

wesentlich mehr Informationen liefern können als »gewöhnliche« Lagerstätten. Die Erforschung solcher Fossilienlager ist in den letzten Jahrzehnten immer bedeutender geworden und ermöglicht uns einen Einblick in die natürliche Umwelt früherer Zeitalter und der in ihr lebenden Organismen. Solche für die Wissenschaft außerordentlich ergiebigen Ablagerungen werden international als *Fossil-Lagerstätten* bezeichnet. Sie können einerseits durch die große Zahl von Fossilien (Konzentrat-Lagerstätten) bedeutend sein, wobei sich Fossilien durch Wasserströmung oder Wellenbewegung an einem Ort konzentrieren und sich Schichten von Gastropoden (Schnecken), Bivalven (Muscheln) oder Ammonitenschalen (Muschelkalk) angesammelt haben. Andererseits gibt es aber auch Lagerstätten, die sich durch die Qualität der Konservierung ihrer Fossilien hervorheben (Konservat-Lagerstätten), welcher die Paläontologie viele der bedeutendsten Entdeckungen der letzten Jahre zu verdanken hat. So wurden in den Kreide-Lagerstätten von Pietraroia (Benevent) der erste italienische Dinosaurier (*Scypionyx samniticus*) und in der chinesischen Mandschurei gefiederte Dinosaurier gefunden; gleichfalls trug der Fund vieler Weichtierarten aus dem Paläozoikum und dem Mesozoikum zur Erweiterung unseres Wissens über die Tierwelt dieser Zeiten bei.

Oben: Mene rhombea*, ein fossiler Fisch aus den Lagerstätten des Eozän von Monte Bolca, Italien.*
Unten: *fossile Fische der Gattung* Knightia *aus der Eozän-Formation vom Green River in den Vereinigten Staaten.*

Was ist nun das Besondere an den Konservat-Lagerstätten? Dank spezieller Umweltbedingungen bei der ursprünglichen Sedimentation (keine Wasserbewegung, Sauerstoffmangel, rasche Ablagerung) konnten sich in diesen Lagerstätten nicht nur die mineralischen Komponenten der Lebewesen (Hartteile), sondern auch deren Weichteile konservieren. Somit sind auch jene Organismen vertreten, welche normalerweise nicht geeignet sind, Spuren in Form von Fossilien zu hinterlassen. Darüber hinaus haben sich in solchen Lagerstätten Tiere mit beweglichem Skelett, wie Gliederfüßer oder Wirbeltiere samt ihren Gliedmaßen im anatomisch richtigen Zusammenhang erhalten, also in der exakten Position wie beim lebenden Tier. Dadurch kann den Paläontologen oftmals die Erforschung ungewöhnli-

cher, längst ausgestorbener Spezies erleichtert, ja manchmal überhaupt erst ermöglicht werden, weil die exakte Rekonstruktion der ursprünglichen Form eines Tieres ohne die zusammenhängenden Fossilienreste nur mit beträchtlichen Schwierigkeiten oder gar nicht möglich wäre.
Zu den bekanntesten Konservat-Lagerstätten gehören jene von Burgess Shale (Burgess-Schiefer) in Kanada aus dem Kambrium, von Solnhofen in Deutschland aus dem Jura und von Bolca in Italien aus dem unteren Eozän mit seiner an tropischen Fischen reichen Fauna.

DIE FAUNA VON EDIACARA

Ediacara ist eine sehr alte Fossilien-Lagerstätte im Süden Australiens. Es sind dort vor allem Fossilien aus dem Präkambrium zu finden. Der erste bedeutende Fund gelang dort dem australischen Geologen Reginald Claude Sprigg 1947. Die genaue Analyse des Gesteins ergab, dass diese Lagerstätte auf das obere Präkambrium (vor ca. 570 Mio. Jahren) zurückgeht. Die Fossilien dieser Sedimente bestehen einerseits aus den Körpern von Meeresbewohnern und andererseits aus Spuren, die von Tieren auf dem seinerzeitigen Meeresboden hinterlassen wurden. Die Ediacara-Schichten erwiesen sich als eine perfekt erhaltene fossile Strandregion, wie durch so genannte Rippelmarken (durch die Wellenbewegung und Wasserströmung verursachte parallele kleine Kämme und Furchen auf dem Meeresboden) belegt ist. Vermutlich war dieser Strand mit Teilen von Lebewesen bedeckt, die von den Gezeiten angeschwemmt worden waren. Die Fossilien dieser Schichten waren Gegenstand zahlreicher wissenschaftlicher Diskussionen. So gehören die fossilen Exemplare nach Meinung einiger Wissenschafter einer Lebensform an, die den heutigen ähnlich war. Andere wiederum glauben, dass es sich um Exemplare unbekannter Lebensformen handelt. Unter den gefundenen Exemplaren können wir unterscheiden: *Dickinsonia,* ein Ringelwurm mit flachem Körper, bis zu 1 m lang, mit einer blattartigen Äderung; *Parvancorina* mit einem vermutlich nur wenige Mineralkomponenten enthaltenden Schild auf dem Kopf, fünf Paar hinteren Fortsätzen und 20 Paar weniger robusten vorderen Fortsätzen; *Spriggina*, halb Trilobit (Dreilapper) und halb Annelid (Ringelwurm). Später durchgeführte Grabungen führten auch in Afrika, Europa, Amerika und Asien zur Entdeckung von Fossilien der gleichen Art.
In der untenstehenden Zeichnung wird versucht, die Fauna von Ediacara darzustellen: 1-6 verschiedene Spezies von Medusen; 7 Conomedusites*; 8-10* Pennatulacea*; 11* Spriggina *und 12-14* Dickinsonia*; 15* Parvancorina *und 16* Praecambridium, ein Gliederfüßer *(Arthropoden); 17* Tribachidium*; 18 Algen.*

Klassifikation der Fossilien

»Welches Fossil ist das?« – mit dieser Frage beginnt der Betrachter automatisch das betrachtete Objekt zu klassifizieren, um seine Stellung innerhalb eines bekannten Ordnungssystems bestimmen zu können. Um eine verlässliche Antwort auf die oben gestellte Frage zu bekommen, untersucht der Paläontologe das Objekt nach bestimmten Merkmalen, welche es mit bekannten Fundstücken gemeinsam aufweist oder es davon unterscheidet, um ein Fossil richtig in ein System einordnen zu können.

Auch der Normalbürger ist im Prinzip ständig damit beschäftigt, Tiere oder Pflanzen seiner Umgebung einzuordnen, wenn auch in einfachster Form. Wir können ohne große Mühe einen Hund, eine Katze oder eine Kuh auf der Basis gemeinsamer oder unterschiedlicher Eigenschaften voneinander unterscheiden, und ist wahrscheinlich jedem von uns bewusst, dass ein Hund mit einer Katze mehr gemeinsam hat als mit einem Vogel, denn Hund und Katze haben vier Beine, keinen Schnabel, gebären und säugen ihre Jungen, und sie legen auch keine Eier. Auch kann sich jeder von uns vorstellen, dass Hund und Vogel mit einer Forelle mehr Gemeinsamkeiten aufweisen als mit einer Schnecke. Denn die ersten drei haben ein inneres Knochenskelett, während die Schnecke keine Knochen, aber ein Gehäuse besitzt. Mit diesen einfachen Beispielen ist es uns bereits gelungen, Säugetiere von Vögeln zu unterscheiden, wir haben zusätzlich eine größere Gruppeneinteilung mit Säugetieren, Vögeln und anderen Wirbeltieren getroffen und diese ihrerseits von einer weiteren großen Gruppe, den Weichtieren, unterschieden.

Die Statue des Entdeckers von Australien, James Cook, in Cooktown, Queensland (Australien). Durch die großen Entdeckungen kamen Tausende Fundstücke neuer Arten nach Europa. Sie bewirkten eine Verfeinerung der biologischen Systematik.

Wenn wir nun eine Muschel betrachten und uns fragen, welchem von den genannten Tieren sie am ehesten ähnlich ist, dann werden wir sie zweifellos eher der Schnecke zur Seite stellen als dem Hund. Nachdem die verschiedenen Arten von Lebewesen auf unserem Planeten außerordentlich zahlreich auftreten, hat sich die Existenz eines Klassifikationssystems, zur Einordnung unseres Wissens über Pflanzen und Tiere, als sehr hilfreich erwiesen. Schon die großen griechischen Denker Platon und Aristoteles haben versucht, die Tiere nicht nur nach ihrem anatomischen Bau, sondern auch im Bezug auf ihre Umwelt, in der sie leben, und in Hinsicht auf ihr Verhalten zu klassifizieren. Sie entwickelten bereits Konzepte für eine Einteilung in Gattungen und Spezies (Arten), welche noch heute die Basis der wissenschaftlichen Klassifikation bilden.

Die Systematik des Aristoteles konnte sich natürlich nur auf das begrenzte Wissen der alten klassischen Welt stützen, sie wurde jedoch mit wenigen Veränderungen bis ins Mittelalter beibehalten. Die Unzulänglichkeit der bis

dahin verwendeten Klassifikationssysteme trat erst in der Zeit der großen Forschungsreisen zutage, nachdem die Wissenschaft in Europa in kurzer Zeit mit einer wesentlich komplexeren Artenvielfalt als bisher bekannt in Kontakt gekommen war. Damit wurde ein dem neuen Wissensstand adäquates Klassifikationssystem dringend notwendig. Dieses neue System sollte von allen Menschen, unabhängig von Muttersprache und Kultur, verstanden und angewendet werden können. Das neue System basiert daher auf strikten wissenschaftlichen Kriterien und schließt in der Realität nicht überprüfbare Theorien und Volksmeinungen aus. Die Basis der modernen Klassifikation wurde durch die Arbeit des Schweden Carl von Linné geschaffen und in seinem Werk *Systema naturae* von 1758 niedergeschrieben. In diesem Werk versuchte der große Naturwissenschafter erstmals, die Schöpfung in ihrer natürlichen Ordnung darzustellen. Das System basierte auf einer Gliederung nach Eigenschaften, aufgrund derer die Lebewesen klar als ähnlich oder von einander verschieden bestimmt und eingeordnet werden konnten. Die Systematik von Linné war noch statisch aufgebaut und umfasste, ohne besonderen Zusammenhang, mehrere voneinander unterschiedliche Gruppen. Genaugenommen war sie ein riesiges Register, in das die verschiedenen existenten Lebewesen aufgenommen wurden. Erst in späteren Zeiten änderte sich durch neue wissenschaftliche Erkenntnisse die Vorstellung von Systematik, besonders als durch Darwins Evolutionstheorie 1859 eine wissenschaftliche Revolution

Oben: *der botanische Garten von Prag in einer Zeichnung aus dem 18. Jh.*
Unten: *Titelblatt eines Werkes von Carl von Linné, dem Begründer der biologischen Systematik.*

ausgelöst wurde. Es ergab sich eine neue Konzeption des Verständnisses von allem Leben: Ging Linné noch von einer unveränderlichen Artenzahl mit klar festgelegten Gruppen aus, sah man die Natur nun als Produkt eines stetigen langen Entwicklungsprozesses und Ähnlichkeiten sowie Unterschiede zwischen den Lebewesen als Konsequenz dieses Prozesses. Es wurde somit klar, dass eine korrekte Klassifikation helfen konnte, Verwandtschafts- und Abstammungsbeziehungen zwischen den Lebewesen zu erkennen; die Entdeckung der Zusammenhänge der Vererbung, neue Erkenntnisse über die Vielfalt innerhalb von Populationen, neue Wissenschaftszweige wie Genetik und Verhaltensforschung führten überdies zu einem dynamischeren und objektiveren Rahmen der modernen Systematik.

ZOOLOGISCHE UND BOTANISCHE SYSTEMATIK

Unter dem Begriff Systematik versteht man in der Biologie die Einteilung der Lebewesen nach der unter allen Gesichtspunkten beleuchteten Verschiedenheit der Organismen. Dazu bedient sich die Systematik aller Wissenschaftszweige der Biologie, angefangen von der vergleichenden Anatomie bis hin zur Molekularbiologie. Ziel der Systematik ist eine geordnete Klassifikation aller Lebewesen. Dazu benötigt sie Methoden, welche eine wissenschaftliche Fundierung garantieren. Damit sind wir im Bereich der **Taxonomie**, welche die von den Forschern verwendeten Methoden untersucht und anwendet, um eine möglichst exakte natürliche Ordnung aller Lebewesen erstellen zu können. Dies erweist sich als keine leichte Aufgabe, einerseits wegen der Komplexität der Natur und andererseits wegen der langen Dauer ihrer Entwicklungsgeschichte. Um diese Schwierigkeiten zu veranschaulichen, muss man sich vorstellen, dass bis heute etwa 1,3 Mio. Tierspezies, etwa 500.000 Pflanzenspezies und weitere 700.000 durch Fossilien bekannte ausgestorbene Spezies beschrieben wurden. Die Schätzungen über die derzeitige biologische Vielfalt sind ungenau, jedenfalls rechnet man allein bei den existierenden Arten mit 10 bis 30 Mio. Spezies. Aus diesen Gründen müssen, um die riesigen Datenmengen ordnen zu können, welche von den Forschern im Systematik-Bereich gesammelt werden, nicht nur die Methoden, sondern auch deren genaue Vorgangsweise definiert werden. Dies ist die Aufgabe der **Nomenklatur**: sie regelt, wie die Forscher bei der Zuteilung der Namen für die Lebewesen vorzugehen haben und bestimmt anhand exakter Regeln die Priorität und Gültigkeit der Namen von Lebewesen, die dann für die Forscher auf der ganzen Welt Geltung haben. Im zoologischen Bereich wird dies durch die Normen des International Code of Zoological Nomenclature (Internationaler Code der Zoologischen Nomenklatur oder ICZN) garantiert, worin festgelegt ist, dass ein wissenschaftlicher Name weltweit von allen Wissenschaftern nur in ganz bestimmter Weise vergeben werden darf.

DIE BINOMINALE NOMENKLATUR

Die von Linné eingeführte Klassifikation bedient sich eines hierarchischen Gruppensystems, an dessen Basis eine Grundeinheit, die Spezies oder Art, steht. Sie wird mittels zweier Namen angezeigt (binominale Nomenklatur). Der erste Name gibt die **Gattung**, der zweite die jeweilige **Spezies** (Art) an. Die wissenschaftliche Bezeichnung für den Löwen ist zum Beispiel *Panthera leo*, wobei *Panthera* für die Gattung, und *leo* für die Art steht: diese beiden Namen werden immer gemeinsam zitiert. Zur Gattung *Panthera* können noch andere Arten gehören, wie z.B. *Panthera tigris*, der Tiger: Löwe und Tiger sind zwei verschiedene Spezies innerhalb einer Gattung. Mehrere Gattungen können in einer höheren Kategorie (oder **Taxon**; Plural: Taxa), der **Familie**, vereint sein; mehrere Familien bilden eine **Ordnung**, mehrere Ordnungen eine **Klasse**, mehrere Klassen einen **Stamm** (Phylum; Plural: Phyla). Der Löwe gehört zum Stamm *Chordata* (Chordatiere), zur Klasse *Mammalia* (Säugetiere), zur Ordnung *Carnivora* (Raubtiere), zur Familie *Felidae* (Katzen), zur Gattung *Panthera* und zur Art *Panthera leo*. Zusätzlich zu diesen sieben Grundkategorien kann man Zwischenkategorien verwenden

(Unterfamilie, Überfamilie etc.). Um zu gewährleisten, dass die wissenschaftlichen Namen universell verwendet und verstanden werden, stellt die Nomenklatur sicher, dass diese Bezeichnungen weltweit in derselben Sprache, nämlich in Latein, gehalten sind. Wissenschaftliche Namen haben anders als die Vulgärnamen in den diversen Sprachen der Menschen universelle Gültigkeit, sodass es für jede Spezies einen einzigen weltweit gültigen Namen für alle Wissenschafter gibt und diese sofort exakt wissen, von welcher Spezies jeweils die Rede ist.

Die Forscher finden und beschreiben immer wieder neue lebende oder fossile Formen. Derjenige, der eine neue Spezies erstmals beschreibt, hat das Privileg sie zu »taufen«, also einen wissenschaftlichen Namen für sie zu wählen, unter dem sie in Zukunft bezeichnet werden wird. Dabei können sich verschiedene Probleme ergeben. Ein Forscher kann z.B. einer neuen Spezies unwissentlich einen bereits verwendeten Namen geben, der schon für ein anderes Tier Gültigkeit hat. Andererseits können auch zwei Wissenschafter unabhängig voneinander die gleiche Spezies jeweils mit einem anderen Namen »taufen«. Solche und ähnliche Fälle sind im ICZN eindeutig definiert und ebenso, welcher Name künftig verwendet werden darf und welcher wegen Ungültigkeit aufgehoben werden muss.

Ein fossiles Reptil aus dem Eozän, gefunden in Deutschland; aufgrund bestimmter Merkmale kann es leicht als Krokodil klassifiziert werden.

DIE HERKUNFT DER WISSENSCHAFTLICHEN NAMEN

Die wissenschaftlichen zoologischen Bezeichnungen, und besonders jene der Fossilien, kommen dem Normalbürger oft ein bisschen eigentümlich vor. Es gibt keine speziellen Regeln, wie der Name einer Spezies zu formulieren ist, außer dass er dem Lateinischen entstammen muss. Daher ist jeder Forscher, der eine neue Spezies bestimmt, frei, sie nach einem ihm jeweils wichtiger scheinenden Kriterium zu benennen. Er kann den Namen von einem Ort ableiten, von einer besonderen anatomischen Eigenschaft der Spezies, er kann den Namen einem Forscher oder einer Person, die bei der Entdeckung mitgewirkt hat, widmen, er kann ihn von einer Lokalsprache ableiten etc. Eine Krebsart aus der Jurazeit, *Coleia popeyei,* wurde zum Beispiel nach dem Zeichentrickfilm *Popeye the Sailor* benannt; die Gattung *Besanosaurus* aus der Trias wurde nach dem Fundort des Fossils, nämlich Besano, benannt. Nachdem die Speziesbezeichnung ein Adjektiv ist, muss sie mit dem Gattungsnamen abgestimmt werden (männlich, weib-

lich, sächlich), um die lateinische Deklination einzuhalten.
In der Zoologie wird die Bezeichnung der Familie durch Anfügen der Nachsilbe *-idae* an die Typus-Gattungsbezeichnung gebildet (zum Beispiel: Gattung *Amaltheus*, Familie *Amaltheidae*); der Name der Ordnung endet mit *-ata* oder *-ida*, jener der Klasse mit *-a*.

TYPUS

Wenn eine neue Spezies beschrieben werden soll, so verwendet man ein oder besser mehrere Exemplare, auf welchen diese Beschreibung dann basiert. Solche Exemplare erlangen große Bedeutung, da sie »Namensträger« sind, das heißt, sie sind direkte Begleitstücke jener Art, die der Entdecker mit dem verwendeten Namen bezeichnen wollte. Gewöhnlich wird ein Typusexemplar festgelegt, welches als **Holotyp** bezeichnet und durch eine Typusserie aus **Paratypen** erhärtet wird. Holotyp und Paratypen werden zumeist in Forschungsinstituten aufbewahrt, sodass eine sichere Erhaltung gewährleistet ist.
Holo- und Paratypen sind von großem wissenschaftlichen Wert, da die Beschreibung einer Spezies sich später als unzureichend erweisen kann, dies vor allem in Hinsicht auf die Entwicklung neuer Untersuchungstechnologien oder neuer biologischer Erkenntnisse. In solchen Fällen ist es notwendig, die Originalexemplare nochmals zu untersuchen, auf welchen sich die Artdefinition begründete, um damit eventuelle Fragen abzuklären. Diese Typen müssen auch in den kommenden Jahrhunderten Forschern zugänglich bleiben – daher sollten sie bevorzugt in entsprechenden Instituten aufbewahrt werden, nicht hingegen in Privatsammlungen, wo die Gefahr, im Lauf der Zeit verloren zu gehen, immer gegeben ist.

Oben: *Bei der Nomenklatur neuer Arten gibt es keine speziellen Vorschriften: dieser Brachiopode wurde wegen des gesichtartigen Eindrucks der Schale* Crania *(Kopf) getauft.*
Gegenüberliegende Seite: *Die wahrscheinlichen Verwandtschaftsbeziehungen der Hauptgruppen des Tierreichs zeigt dieser Stammbaum.*

KLASSIFIKATION DER INVERTEBRATEN

Die Lebewesen werden in sechs großen Reichen zusammengefasst: Archebakterien, Eubakterien, Protisten, Tiere, Pflanzen und Pilze. Der vorliegende Band behandelt nur einen kleinen Teil aller Lebewesen, und zwar die Protisten oder Protozoen sowie einige Tierstämme aus der großen Gruppe der Invertebraten (wirbellose Tiere), jedoch nicht den Stamm Chordatiere.
Die Wirbellosen (Invertebraten) umfassen eine gewisse Zahl an Stämmen, deren Dokumentation durch Fossilien, wegen des Fehlens von Hartteilen mit mineralischen Komponenten, zumeist sehr dürftig ist. Diese Stämme sind in Klassen unterteilt. Wegen der außerordentlichen Artenvielfalt der Stämme oder auch deren unzureichender Dokumentation durch Fossilien ist ihre Systematik unter Wissenschaftern nicht selten ein Thema fortgesetzter Diskussionen und kann gelegentlich auch einschneidenden Änderungen unterzogen werden. Zum Beispiel werden Klassen in Unterstämmen zusammengefasst oder Stämme abweichend von der alten Lehrmeinung als Überstämme betrachtet, und es kommt immer wieder vor, dass unter Wissenschaftern darin keine vollkommene Übereinstimmung herrscht. So kann man beim Studium der Fachliteratur auch Klassifikationen vorfinden, welche sich zum Teil sehr voneinander unterscheiden. Dies zeigt, dass die Systematik eine lebende, sich ständig weiterentwickelnde Disziplin ist und damit im Einklang mit immer wieder neuen Entdeckungen auf dem Gebiet der Biologie und mit neuen Strömungen wissenschaftlichen Denkens ist.

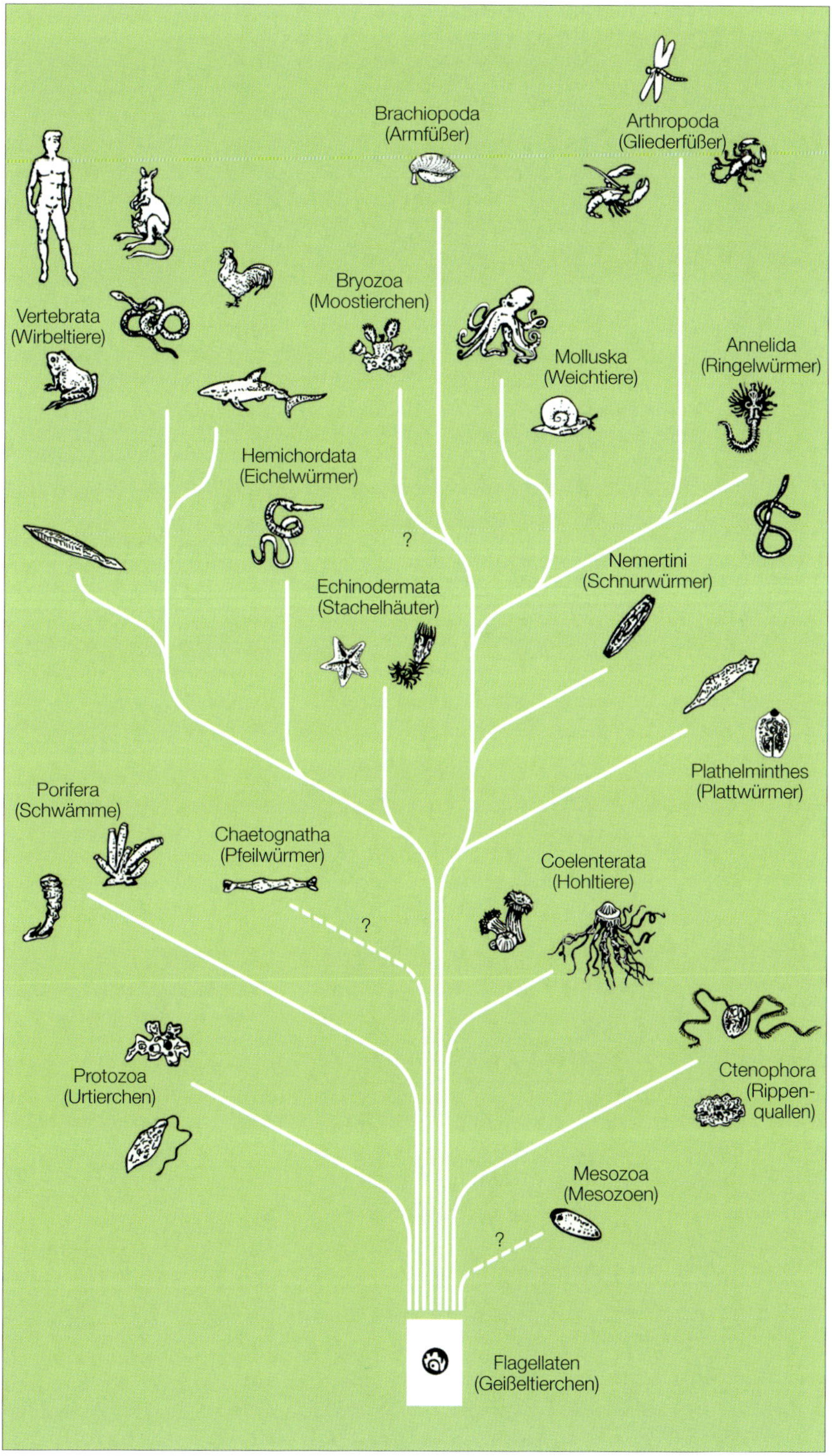
Brachiopoda
(Armfüßer)
Arthropoda
(Gliederfüßer)
Bryozoa
(Moostierchen)
Vertebrata
(Wirbeltiere)
Molluska
(Weichtiere)
Annelida
(Ringelwürmer)
Hemichordata
(Eichelwürmer)
?
Echinodermata
(Stachelhäuter)
Nemertini
(Schnurwürmer)
Plathelminthes
(Plattwürmer)
Porifera
(Schwämme)
Chaetognatha
(Pfeilwürmer)
?
Coelenterata
(Hohltiere)
Protozoa
(Urtierchen)
Ctenophora
(Rippen-
quallen)
Mesozoa
(Mesozoen)
?
Flagellaten
(Geißeltierchen)

Paläontologie und Evolution

Bis zu den Entdeckungen Darwins wurde die Natur meist in Form einer wörtlichen Bibelinterpretation verstanden, in der Form, dass alle lebenden Spezies genauso und unveränderlich seit der Zeit ihrer Erschaffung existieren würden und dass die Schöpfung erst vor einigen tausend Jahren stattgefunden hätte. Ab dem 16. Jh. trugen jedoch verschiedene Entdeckungen dazu bei, allmählich ein anderes Weltbild reifen zu lassen. Die Kopernikanischen Thesen entfernten die Erde aus dem Mittelpunkt des Universums, um sie wie die anderen Planeten des Sonnensystems ebenfalls um die Sonne kreisen zu lassen. Newton fasste die physikalischen Grundgesetze zusammen. Mit der Entstehung und Weiterentwicklung der geologischen Wissenschaften konnte man bald feststellen, dass die Gesteinsschichten der Erdkruste Spuren großer Veränderungsabläufe zeigten, welche viel mehr Zeit in Anspruch genommen haben mussten als der Schöpfungsgeschichte zu entnehmen war. So gelangte man allmählich zur Ansicht, dass die Dauer eines Erdzeitalters nicht in Jahrtausenden, sondern in Jahrmillionen gemessen werden musste.

Die stratigraphische Geologie und die Paläontologie lieferten weitere bedeutende Erkenntnisse. Nach und nach wurden die Sedimentgesteine und die darin enthaltenen Fossilien zeitlich zugeordnet und man konnte auf diese Weise eine gewisse Regelhaftigkeit bei den Ablagerungsvorgängen feststellen. Man erkannte, dass die Verteilung der Fossilien in diversen Gesteinen nicht zufällig war, sondern dass verschiedene Gesteinsschichten aus dem gleichen Erdzeitalter in etwa die gleichen Fossilien enthielten. Je älter ein Gestein war, desto weniger Ähnlichkeit hatten die Fossilien mit den derzeit auf der Erde lebenden Organismen. So entdeckte man, dass viele fossile Formen ausgestorben und damit für immer verschwunden waren, während jüngere Fossilien den lebenden Spezies ähnelten, wenn auch mit mehr oder weniger auffälligen Unterschieden.

Charles Darwin in einer Karikatur aus dem 19. Jh. Die Evolutionstheorie erwies sich für die paläontologische Forschung als unverzichtbar.

Mehrere Wissenschafter hegten nunmehr starke Zweifel daran, dass alle existierenden Arten für immer in gleichbleibender und unveränderlicher Weise geschaffen worden waren. Ab dem Ende des 18. Jh.s begann sich schließlich die Auffassung zu verbreiten, dass alle Formen von Lebewesen im Lauf ihrer Geschichte einen Evolutionsprozess durchlaufen haben mussten. Man wusste jedoch nicht, wie sich ein solcher Prozess vollzogen haben konnte und die von den größten Wissenschaftern dieser Zeit – darunter der Franzose Jean Baptiste Lamarck – ausgearbeiteten Theorien schienen ungenügend, um die Komplexität der beobachteten Phänomene zu erklären. Die vielen Erkenntnisse, welche man in der ersten Hälfte des 19. Jh.s über die Natur und die geologische Geschichte der Erde hatte gewinnen können, lieferten aber für Charles Darwin Grundlage genug, um 1859 sein Hauptwerk: »Über die Entstehung der Arten durch natürliche Auslese«, herauszubringen. Die Darwinsche Theorie löste eine wahre Revolution auf dem Gebiet der Biologie aus: sie lieferte erstmals eine Theorie, die alle bekannten biologischen Phänomene so in Zusammenhang brachte, dass man damit alle Aspekte des Lebens und seiner Geschichte erklären konnte. Alle darauf folgenden Entdeckungen im Bereich der Biologie, von den Zusammenhängen der Vererbung bis hin zur Genetik, passten perfekt in den Erklärungsrahmen, der durch das Werk Darwins geschaffen worden war.

Für die Paläontologie bot die Evolutionstheorie eine sinnvolle Erklärung für die Entstehung der Arten und der daraus resultierenden Fossilienvielfalt, durch welche das Leben in früheren Zeitaltern belegt ist. So konnte das Auftauchen neuer und das Aussterben anderer Spezies durch eine bessere oder weniger gute Anpassungsfähigkeit einer Art mit all ihren biologischen und physiologischen Eigenschaften erstmals begründet erklärt werden.

Die Grundzüge der Darwinschen Theorie können wie folgt zusammengefasst werden: Einerseits besteht jede Spezies aus einer mehr oder weniger großen Anzahl von Individuen, die untereinander eine gewisse Verschiedenheit ihres Erbgutes aufweisen, wobei erfolgreiche Eltern ihre Gene an die Nachkommenschaft weitervererben: Besonders erfolgreich können sich in der Natur nur jene Individuen durchsetzen, deren Eigenschaften bessere Voraussetzungen fürs Überleben bieten. Diese geben ihre vorteilhaften Eigenschaften wiederum an ihre Nachkommen weiter. So findet eine natürliche Auslese (Selektion) statt, welche innerhalb einer Spezies Individuen mit bestimmten Eigenschaften vor anderen bevorzugt. Das Erbgut aller lebenden Arten ändert sich aus den genannten Gründen laufend und sobald die Veränderungen ein gewisses Ausmaß erreicht haben, kann man von der Entstehung einer neuen Spezies sprechen, mit neuen Eigenschaften, die unterschiedlich zu den ursprünglichen sind. Die natürliche Auslese ist also ein Prozess, dem alle auf der Erde lebenden Organismen ständig unterworfen sind.

Im Licht der Darwinschen Theorie können wir nun schlüssig erklären, was auch vom Gefühl her nicht der Faszination entbehrt: die Perfektion der Anpassung von Tieren und Pflanzen an ihre Umwelt, in der sie leben. Gewisse Pflanzen der trockenen Klimazonen reduzieren beispielweise ihre Blattoberfläche, um die Verdunstung gering zu halten; oder diese werden zu Wasserspeichern, um so lange Dürreperioden überdauern zu können. Das Pferd hat lange Beine entwickelt, um bei Gefahr schnell flüchten zu können. Gewisse Insekten bestäuben die Pflanzen, die ihnen dafür wiederum Blütennektar bieten. Delphine haben, obwohl sie Säugetiere sind, einen fischartigen stromlinienförmigen Körper, um sich schnell im Wasser fortbewegen zu können. Tarnung, Zusammenleben, Parasitentum, jeder Aspekt tierischen und pflanzlichen Lebens kann nun als Anpassung durch Auslese an die Umwelt erklärt werden, in der die Pflanzen und Tiere leben, wobei diese Umwelt selbst wiederum das Ergebnis ständiger Veränderungen ist, welche durch die Verschiedenheit der in ihr existierenden Lebewesen bestimmt werden. Pferd und Delphin, Fledermaus und Elefant – alle vier gehören zu den Säugetieren und stammen gemeinsam von gewissen Reptilien ab, die in der Trias lebten. Im Laufe ihrer Entwicklung haben sich Lebewesen immer wieder an verschiedene Umweltbedingungen in speziellen Lebensräumen angepasst, wodurch stetig neue Arten entstanden sind, sie sich untereinander und von ihren Vorfahren so stark unterschieden, dass die neue Entwicklungslinien begründeten.

FOSSILIEN UND EVOLUTION

Fossilien bieten vielfach die einzigen greifbaren Beweise für die Evolutionsprozesse der Vergangenheit. Mit ihrer Hilfe können wir die Geschichte vieler Pflanzen und Tiergruppen rekonstruieren und den Zeitpunkt ihres erstmaligen Erscheinens bestimmen; wir können aber auch die Prozesse des Aussterbens, die sich im Laufe der Geschichte der Natur ereigneten, nachvollziehen. Als Darwin seine Theorie entwickelte, spielte die Paläontologie bei der Formulierung seiner These eine wichtige Rolle, nicht jedoch die Hauptrolle, denn das paläontologische Wissen wies zu jener Zeit noch viele Lücken auf.

Schon kurze Zeit nach Erscheinen von Darwins Werk: *On the Origin of Species* (*Über den Ursprung der Arten*) lieferten jedoch Erkenntnisse aus der Paläontologie die Hauptargumente für die Anhänger der Evolutionstheorie. Als 1861 das erste Exemplar eines »Urvogels«, *Archaeopteryx lithographica* aus dem oberen Jura in den lithographischen Schiefern von Solnhofen in Bayern entdeckt wurde, rückte die Paläontologie noch weiter in den Mittelpunkt der Diskussionen. Bei diesem Fund handelt es sich um Überreste eines Tieres, welches die Eigenschaften zweier Wirbeltierklassen aufweist, nämlich die der Reptilien und der Vögel. Der *Archaeopteryx* hatte ein Skelett mit den typischen Merkmalen der Dinosaurier, er hatte aber Federn und zeigte weitere Gemeinsamkeiten mit den Vögeln. Zum ersten Mal entdeckte man Überreste eines so genannten *Missing Link*, wodurch eine verwandtschaftliche Verbindung zwischen zwei sehr unterschiedlichen Tierklassen nachgewiesen werden konnte. Die Anhänger der Evolutionstheorie zogen daraus die Schlussfolgerung, dass sich die Vögel aus Reptilien entwickelt hatten, und zwar aus einem Zweig der heute ausgestorbenen Dinosaurier der Jura-Zeit. Diese Annahme wurde durch alle späteren Entdeckungen bestätigt.

Archaeopteryx lithographica, *der berühmte Reptilien-Vogel von Solnhofen, Bayern, aus dem oberen Jura, dessen Fund zu einem der Hauptargumente der Vertreter der Evolutionstheorie wurde.*

MIKROEVOLUTION UND MAKROEVOLUTION

Evolutionsprozesse gibt es in kleinem und großem Umfang. Die Evolution ereignet sich primär auf der Ebene der Spezies, wobei die stetige Veränderung der Umweltbedingungen einen Selektionsdruck auf die Populationen auslöst und sich nur jene mit neuen angepassten Eigenschaften behaupten können. Im Lauf der Zeit finden auf diese Weise so große Veränderungen des Erbgutes statt, dass man von einer neuen Spezies spricht, die sich von der ursprünglichen deutlich unterscheidet. Der beschriebene Vorgang wird mit dem Terminus Mikroevolution bezeichnet. Die dafür nötige Zeit ist Thema vieler Diskussionen, da es in der kurzen Spanne eines Menschenlebens schwierig ist, rezente Artbildungsprozesse zu

verfolgen. Die **Neontologen**, also die Wissenschafter, die sich mit lebenden Spezies beschäftigen, haben im Laufe ihres Lebens einfach zu wenig Zeit zur Verfügung, um den vollständigen Ablauf solcher Prozesse verfolgen zu können. Umgekehrt verfügen die Paläontologen nur selten über Serien von Fossilien, um damit einen Entwicklungszeitraum von mehreren zehntausend Jahren lückenlos dokumentieren zu können, weil die Sedimentationsabfolge oft unterbrochen ist.

Unter dem Begriff Makroevolution versteht man Evolutionsprozesse, welche sich oberhalb der Spezies-Ebene ereignen, wie etwa die bereits erwähnte Herkunft der Vögel von den Reptilien. Bei der Makroevolution handelt es sich also um Evolutionsprozesse von großem Umfang, mit dem auch die Verwandtschaftsbeziehungen zwischen den Klassen und Stämmen erklärt werden können. Auch bei der Erklärung der Makroevolution mangelt es für die detaillierte Rekonstruktion der Evolutionsvorgänge zumeist an fossilen Beweisstücken. Zum Beispiel ist es wegen chronologischer Lücken bei der Fossilisation unmöglich, alle fossilen Übergangsformen zwischen den Reptilien und den Vögeln oder zwischen den Reptilien und den Säugetieren aufzufinden.

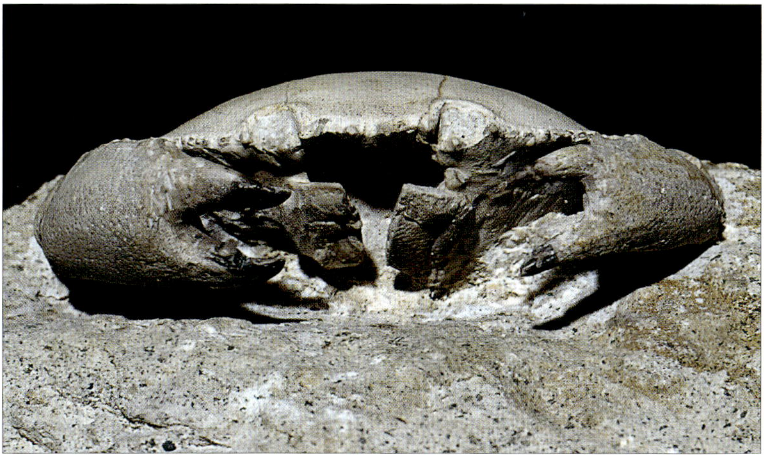

Oben: *Stromatoliten von der Shark Bay, Australien.*
Links: *Die Abflachung des Rückenpanzers und Verkürzung des Schwanzes erwies sich bei Krabben als Anpassung an das Leben am Meeresboden.*

Gewisse Lücken in der fossilen Dokumentation können aber zuweilen durch die Analyse von Fossilienresten (Erforschung der Anatomie der Fundstücke und Vergleich mit anderen Fundstücken) überbrückt werden.
Bei den Wirbeltieren konnte etwa der Ursprung der Gliedmaßen bzw. der Füße in ausreichender Form rekonstruiert werden, indem man Fossilien ausgestorbener Knochenfische der Gruppe *Sarcopterygii* und die ganz wenigen Fundstücke der ersten Amphibien aus dem Devon analysierte. Die Herkunft der Säugetiere ist durch eine Reihe von Fundstücken mit Übergangsformen zwischen Reptil und Säugetier aus der Trias belegt, wobei die Skelettfunde nach und nach Eigenschaften aufwiesen, die wir heute als typische Merkmale der Säugetiere betrachten. Auf ähnliche Weise war es möglich, die Evolution vieler Ordnungen und Familien von Wirbeltieren und Wirbellosen genau zu dokumentieren.

Eine große freigewitterte Gesteinsoberfläche, die mit Ammoniten aus dem Jura übersät ist, aus den französischen Seealpen. In gewissen Stadien der Geschichte der Ammoniten kann man die Prozesse der Mikro- und Makroevolution mit großer Genauigkeit verfolgen.

Die Taphonomie

Die Taphonomie beschäftigt sich mit der genauen Beschreibung der Vorgänge, welchen ein Organismus vom Augenblick des Sterbens bis zum Wiederauffinden als Fossil unterworfen war. Diese Disziplin wurde 1940 vom Russen Evremov begründet und hat in den letzten Jahrzehnten äußerst wichtige Forschungsergebnisse erbracht. Besonders bedeutend ist die Darstellung jener Ereignisse, die zur Konservierung der Fossilien beitragen und die Beschreibung der Charakteristik der Umweltbedingungen während der Sedimentation.
In der Natur erreichen die Lebewesen nur ausnahmsweise ein hohes Alter, meist setzt schon vor ihrem natürlichen Tod eine äußere Ursache ihrem Leben ein Ende: sie können Räubern zur Beute fallen, durch verschiedene Umwelteinflüsse sterben, Opfer von Parasiten werden etc. Die Todesursache eines Individuums ist nicht immer eindeutig feststellbar, kann aber in manchen Fällen klar ersichtlich sein. So können etwa bestimmte kreisrunde Löcher in den Schalen von Muscheln und Schnecken als Hinweis dafür gelten, dass die Tiere räuberischen Schnecken zum Opfer fielen, welche die Schalen durchbohrten, um sich vom Körper des Opfers zu ernähren. Eine Vergiftung des Wassers ist eine weitere

häufige Todesursache, die mittels taphonomischer Forschung an Fossilien nachgewiesen werden kann. Dies war z.B. bei den Fundstücken in den lithographischen Schiefern aus dem oberen Jura von Solnhofen in Deutschland der Fall. Es fiel auf, dass manche Arthropoden (Krebse und Schwertschwänze) ungewöhnliche Kriechspuren hinterlassen hatten, an deren Ende sie dann gestorben waren. Dies wurde als fortschreitendes Schwächerwerden der Tiere interpretiert, nachdem sie in eine wahrscheinlich durch Fäulnisbakterien vergiftete Umgebung gelangt waren.

Dieselbe Ursache konnte auch beim Tod der fossilisierten Organismen in den Kalkschiefern der oberen Kreide im Libanon festgestellt werden, wo ganze Schichten von Fischteilen und von Zehnfußkrebsen abgelagert wurden. Hier deuten alle Hinweise auf ein durch Vergiftung des Wassers verursachtes Massensterben hin, vermutlich ausgelöst durch eine Massenvermehrung von Kieselalgen, deren Schalen man sehr zahlreich im Sediment findet.

Der Erhaltungszustand der Fossilien aus dem Libanon ist von bemerkenswerter Qualität und man konnte hier ein weiteres Indiz für die plötzliche Vergiftung des Wassers entdecken: viele der fossilisierten Tiere hatten noch frische Beute im Magen und waren somit knapp vor ihrem Tod noch guter Gesundheit, da ein krankes Tier ja kaum mehr jagen kann. Ein typischer Fall des Erstickens der Tiere ist bei Fischfossilien zu beobachten, bei welchen durch eine allzu große Beute der Mund verschlossen wurde. Gewaltige Umweltveränderungen entstehen durch Ansteigen oder Absinken des Meeresniveaus. Sie können von sessilen Organismen wie Korallen nur dann überdauert werden, wenn die Vorgänge sehr

Möglicher Zerfall von Fischkadavern nach dem Absinken auf den Meeresboden, auf zwei verschiedene Arten.

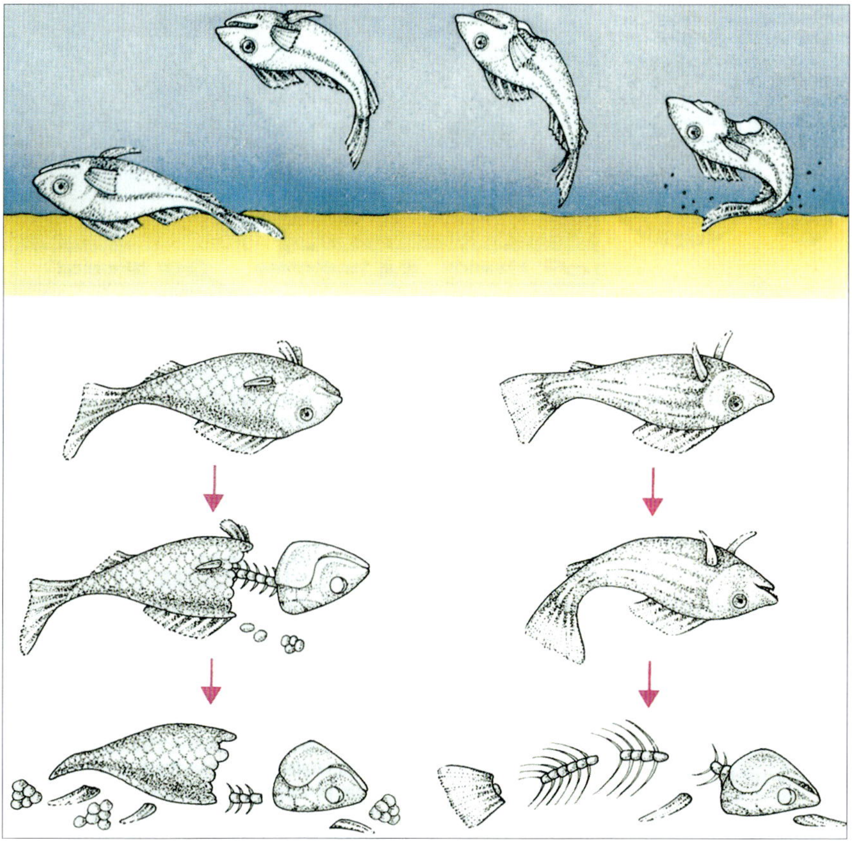

Verschiedene Phasen des Zerfalls eines Wirbeltierskeletts.
Oben: *ein Eselkadaver, der teilweise von Aasfressern angefressen wurde.*
Rechts: *Wirbel, die noch durch Gewebe verbunden sind.*
Unten: *das Skelett in der Endphase des Zerfalls.*

Links: *ein Kopffüßer* (Coleoida) *mit erhaltenen Weichteilen aus der Kreide, gefunden im Libanon.* Unten: *ein an seiner letzten Beute erstickter Fisch aus dem oberen Jura, in Solnhofen, Bayern.*

langsam ablaufen; andernfalls hat dies das Absterben ganzer Korallenbänke zur Folge. Zwischen dem Tod und der Einbettung der Organismen im Sediment kommt es zu Vorgängen, welche die Körperform und chemische Zusammensetzung der Lebewesen mehr oder weniger stark verändern.
Das Studium dieser Phänomene ist Aufgabe der **Biostratinomie**. Sie untersucht Entwicklungsabläufe, die in der heutigen natürlichen Umwelt ablaufen, um damit die Entstehung der Fossilien erklären zu können.
Beim Tod eines Lebewesens beginnen Verwesungsprozesse, welche zumeist zum totalen Abbau der organischen Materie führen, sofern die Umgebung nicht unter starkem Sauerstoffmangel steht. Durch die Verwesung kommt es normalerweise zum Zerfallen der Skelettteile, sobald das Gewebe, das sie verbunden hatte, aufgelöst ist. Dieser Vorgang wird durch Strömungen, durch Wasserbewegungen an der Oberfläche oder durch Organismen, welche das Sediment verfrachten, noch verstärkt. In der Folge werden zum Beispiel Skelette von Stachelhäutern oder die Nadelskelette von Schwämmen zerteilt und die einzelnen Teile verstreut abgelagert. Dies geschieht auch bei den Schalen von Muscheln, Schnecken und Ammoniten sowie bei Skeletten von Wirbeltieren. Die räumliche Trennung einzelner Teile beim Zerfall führte z.B. zu Schwierigkeiten in der Paläobotanik. Wenn, was häufig der Fall ist, verschiedene Pflanzenteile weitab vom Ur-

sprungsort fossilisieren, ist es nicht immer leicht herauszufinden, zu welcher Art die einzelnen Blütenteile, Blätter, Schäfte, Wurzeln etc. gehören. Daher wurden nicht selten Teile ein und derselben Pflanze mit verschiedenen wissenschaftlichen Namen versehen.
Reste von Lebewesen können sich durch Strömung gelegentlich an bevorzugten Stellen ansammeln. Sonderfälle sind jene, bei denen Räuber die Reste der verdauten Beute als Kot von sich geben. Untersucht man die in den Exkrementen oder Klumpen enthaltenen Teile, so kann man daraus die Ernährungsgewohnheiten dieser Tiere ableiten.
Überreste von Schalen und Tierskeletten können gelegentlich von anderen Tieren angefressen oder auf andere Weise bearbeitet werden – dieser Vorgang wird als **Bioerosion** bezeichnet. Berechnungen ergaben zum Beispiel, dass im Paläozoikum in bestimmten Meeresgebieten Bohrschwämme die größten »Sedimentproduzenten« des Karbon, waren. Sie durchbohrten bevorzugt frei liegende Kalkschalen, bis diese komplett zerfielen.
Auch der Transport abgestorbener Organismen durch Wasser oder Wind ist von großer Bedeutung bei deren Fossilisation. Die Verfrachtung kann über große Distanzen und tage- oder wochenlang vor sich gehen; so kann es auch weit entfernt vom ursprünglichen Lebensraum örtlich zur Anhäufung großer Mengen von Wirbellosen und Wirbeltieren oder deren Resten kommen. Beim Transport können schwächere Skelettteile abgerieben werden oder zerbrechen; daraus ergibt sich eine große Anzahl verschiedenster Teile, die fossilisieren können. Sobald die transportierende Kraft an Energie verliert, kommt es bisweilen zur Erscheinung, dass sich die Reste in einer bevorzugten Linie ablagern. Auf diese Weise gelingt es den Forschern, die Fließrichtung von Flüssen aus früheren Erdzeitaltern eindeutig zu bestimmen.

Die Phasen der Fossilisation eines Ammoniten (links oben beginnend)*: Tod des Organismus; Ablagerung am Boden; Zerfall der Weichteile und Einbettung der Schale; fossiler Ammonit, der im verfestigten Sediment eingebettet ist.*

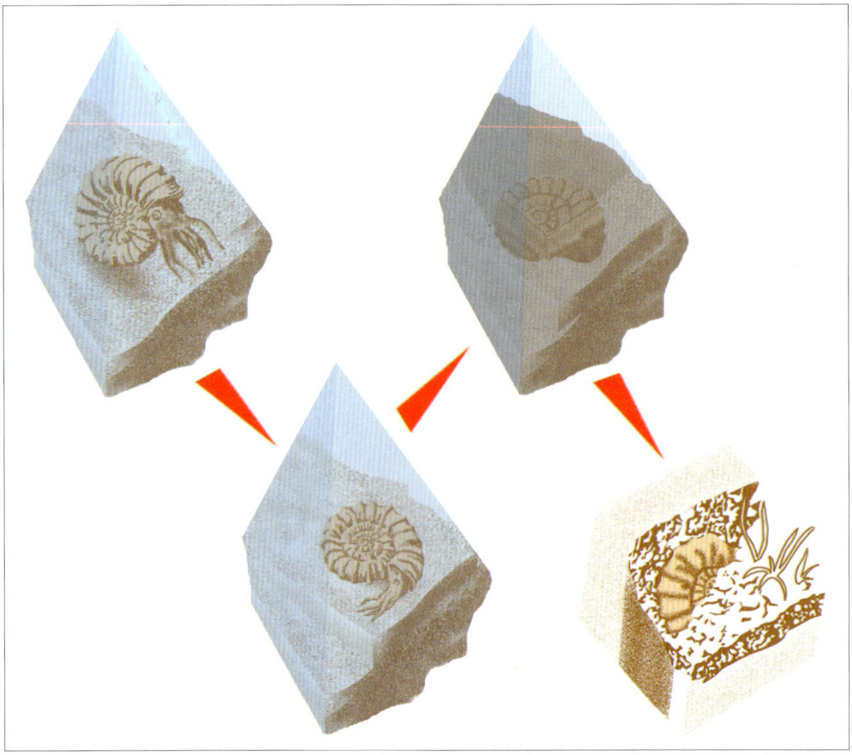

Links: *Schichten von marinem Sedimentgestein aus dem Devon in der marokkanischen Sahara.*
Unten: *In dieser Reihe von Sedimentschichten besteht die hellere Schicht aus verfestigter Vulkanasche – dadurch konnte man die übrigen Schichten der mittleren Trias auf ein Alter von 235 Mio. Jahren datieren.*

Stratigraphie und Datierung der Gesteine

Ziel der Stratigraphie ist es, die Gesteinskörper der Erdkruste zu erforschen, indem man ihre chronologische Aufeinanderfolge und die ehemalige räumliche Ausdehnung ermittelt. Die Stratigraphie beschäftigt sich vor allem mit Sedimentgesteinen, die gewöhnlich in dicken Schichten übereinander liegen und ihrerseits wieder in feinere Schichten unterteilt sind. Dieser Wissenszweig entstand zur Wende des 18. zum 19. Jh., als der Brite William Smith beobachtete, dass Sedimentformationen einer bestimmten Schicht an verschiedenen Orten ähnlich in Größe und Erscheinungsform waren. Darauf basierend war es möglich, einen Gesteinskörper je nach seiner Lage in der Sedimentschicht zuordnen zu können.
Fossilien sind das Hauptwerkzeug für die Rekonstruktion der zeitlichen Abfolge von Ablagerungen aufeinander folgender Sedimentschichten und sind bis heute für die Stratigraphie unersetzbar.

Mit Hilfe der in den Schichten enthaltenen Fossilien kann eine **relative Datierung** von Gesteinsschichten durchgeführt werden, und zwar aufgrund der Tatsache, dass zu gleichen Zeiten auch gleiche Arten charakteristisch für einen bestimmten Zeitpunkt der Erdgeschichte in den Sedimenten abgelagert wurden. Nachdem man ihre Aufeinanderfolge in den Sedimentgesteinen rekonstruiert hatte, war es möglich, eine chronologische Reihung vom Erscheinen bis zum Aussterben der Arten zu erstellen. Damit verfügte man über ein Instrument, mit dem man herausfinden konnte, ob sich eine Gesteinsschicht vor einer anderen abgelagert hatte, dass sie also älter war. Die mit Hilfe der Fossilien ausgeführte Altersbestimmung wird als relative Datierung angegeben, da mit ihr kein absolutes Zeitmaß bestimmt wird wie z.B. das Alter eines Gesteins in Millionen von Jahren. Bei der relativen chronologischen Bestimmung verschiedener Gesteine stößt man jedoch immer wieder an Grenzen. In der Praxis ist es von Nutzen, in einer Region, deren geologische Schichten durch Tektonik wenig gestört wurden, die relative Aufeinanderfolge der Schichten mittels Fossilien zu rekonstruieren, da hier jede Schicht nach der darunter liegenden und vor der darüber liegenden abgelagert wurde. Die Stratigraphie sollte aber auch Sedimentkörper miteinander vergleichen, die weit voneinander entfernt waren und somit nicht direkt aufeinander bezogen werden konnten. Dabei waren die Fossilien ein wesentliches Instrument, um die Gesteine einem bestimmten Zeitalter zuzurechnen. Sie gestatteten es, eine Untereinteilung der geologischen Zeitalter und eine relative Chronologie zu erstellen. Die geologische Zeit wurde in **Äonen**, **Ären**, **Perioden**, **Epochen** und **Zeitalter** unterteilt (z.B.: Äon Phanerozoikum, Ära Mesozoikum, Jura-Periode etc.).

Beispiele von stratigraphischer Wechselbeziehung zwischen zwei weit voneinander entfernten Schichtreihen durch das Auffinden bestimmter identer Ammoniten-Spezies.

Durch die Entdeckung der Radioaktivität konnte man im Laufe des 20. Jh.s dieser relativen Datierung eine **absolute Datierung** zur Seite stellen, also den geochronologischen Maßstab mit einer Zeitangabe in Millionen von Jahren versehen. Auf diese Weise konnte man jeder geochronologischen Einheit einen Anfangs- und Endzeitpunkt zuweisen: so wissen wir heute z.B., dass die Jurazeit vor 204 Mio. Jahren begonnen hat und vor 130 Mio. Jahren zu Ende ging. Die **radiometrische** oder **isotopische Datierung** basiert auf der Tatsache, dass in der Natur von vielen Elementen Isotope vorkommen. Diese sind in den Kristallgittern vieler Mineralien enthalten und emittieren beim radioaktiven Zerfall verschiedene Typen von Partikeln und Gammastrahlen, bis sie sich in ein stabiles Isotop umgewandelt haben. Beim Übergang vom instabilen Isotop (*Mutterisotop*) zu einem stabilen bilden sich eine Reihe von Zwischenisotopen (*Tochterisotopen*). Jede Reihe von Mutterisotopen hat eine bestimmte Zerfallszeit (Halbwertszeit). Indem man das relative Verhältnis der Menge an Mutterisotopen zu den Tochterisotopen misst, kann man den Entstehungszeitpunkt des Mutter-

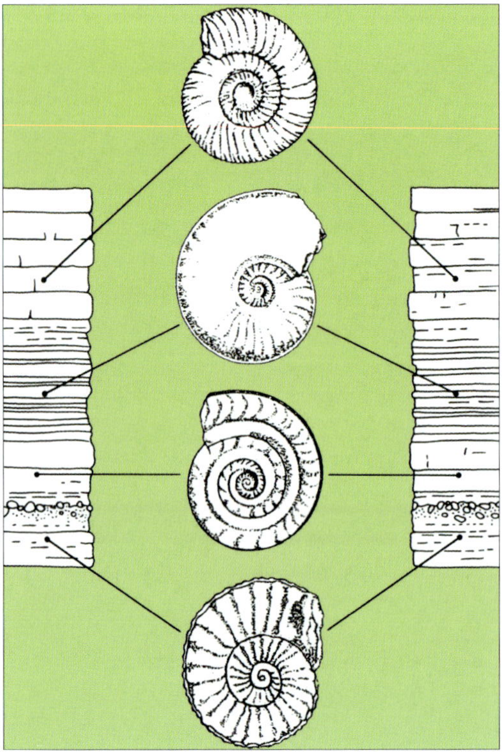

Sedimentgestein aus der Ober-Kreide in Ägypten.

isotops errechnen und somit auch das Alter des Gesteins, in welchem es enthalten ist. Um diese Datierung durchführen zu können, werden verschiedene Isotope herangezogen. Das radioaktive Kohlenstoffatom der Massenzahl 14 (C 14) hat nur eine sehr kurze Halbwertszeit, nämlich 5730 Jahre, und kann somit nur als Messinstrument für Funde verwendet werden, die nicht älter als 60.000 Jahre sind. Für ältere Objekte, z.B. für Gesteine werden andere Isotope herangezogen, nämlich die: Kalium-Argon-Zerfallsreihe (Zerfall von Kalium zu Argon), die Rubidium-Strontium-Reihe (Zerfall von Rubidium zu Strontium) oder die Zerfallsreihe von Uran und Thorium zu Blei. Mit diesen Methoden kann man auch sehr alte Gesteine datieren, deren Alter Milliarden von Jahren betragen kann.
Sedimentgestein enthält zumeist keine Mineralien mit radioaktiven Isotopen (außer Sedimentgestein mit dem Mineral Glaukonit), welche auf den Zeitpunkt der Bildung jenes Gesteins zurückgehen. Daher ist für eine zeitliche Bestimmung eines Sedimentgesteins und seine absolute Datierung in der geochronologischen Einheit eine geduldige Vergleichsarbeit notwendig, etwa mit Hilfe von vulkanischen Schichten, welche radioaktive Isotopen enthalten, die sich mit Sedimentschichten abwechseln. Dann erhält man mit der Datierung einer vulkanischen Schicht automatisch, mit unerheblichen Abweichungen, eine absolute Datierung der benachbarten Sedimentschichten.

DIE PALÄOBIOGEOGRAPHIE

Die Paläobiogeographie erforscht die geographische Verbreitung von Pflanzen und Tieren in einem gewissen Zeitalter und deren Ursachen. Der Wandel der Erdoberfläche durch die Plattentektonik, klimatische Veränderungen, das Entstehen und Verschwinden von physischen Barrieren wie Meeren und Bergketten, die bestimmte Tiere daran hindern können, sich auszubreiten – dies sind einige der

Rechts: *ein Korallenstock im Kanal von Moçambique; die Korallenriffe reagieren auf rasche Klimaveränderungen oder auf eine Änderung des Meeresniveaus sehr sensibel.*
Unten: *Die frühe geographische Isolierung von anderen Kontinenten war die Grundlage für das Überleben der vielen Beuteltierarten in Australien.*

Phänomene, welche die Paläobiogeographie erforschen muss, um die Verbreitung bestimmter Organismen in einem gewissen Zeitalter erklären zu können. Die aktuelle **Biogeographie** ist das Ergebnis jener Phänomene, welche die Paläobiogeographie im Laufe der Erdzeitalter beeinflusst haben. Auffallend ist z.B. die Ähnlichkeit zwischen der Flora, die auf nun weit entfernten und voneinander isolierten Kontinenten vorkommt, was auf die gemeinsame geologische Geschichte dieser Kontinente zurückzuführen ist. Ein typischer Fall dafür ist die Ähnlichkeit der Pflanzenwelt des früheren Großkontinents Gondwana, in dem zu Ende des Paläozoikums noch die Kontinente Afrika, Südamerika und Australien vereint waren, welche heute große Teile der Südhalbkugel einnehmen. Dieser Großkontinent blieb noch während des größten Teils des Mesozoikums bestehen, zerbrach dann aber und driftete auseinander. Auch einige Tiergruppen sind auf Gebiete beschränkt, deren Verbindung mit anderen Erdteilen seit langem unterbrochen ist. Dies ist z.B. bei den Beuteltieren der Fall, welche in Australien weit verbreitet, aber in den anderen Kontinenten fast zur Gänze ausgestorben sind, oder bei den Lemuren, welche vor vielen Millionen Jahren auch in Europa lebten, die es aber heute praktisch nur noch auf Madagaskar gibt. Ein klassisches Beispiel ist die auffallende Ähnlichkeit zwischen den landbewohnenden Reptilien des Perms der Art *Mesosaurus*, die auf den einander gegen-

überliegenden Seiten des Atlantik, in Afrika und in Südamerika, vorkamen, ebenso wie die »*Glossopteris*-Flora«. Das Auffinden jener Fossilien war einer der Faktoren, welche den Deutschen Alfred Wegener auf den Gedanken brachten, dass die beiden Kontinente einmal verbunden gewesen sein müssten und ihn die Theorie von der Kontinentaldrift (1912) formulieren ließen.

Die Erdoberfläche verändert sich stetig. Der Sand in der algerischen Sahara formt marines Kalkgestein aus dem Silur, das, wie der Ausschnitt zeigt, fossile Nautiloideen (Orthoceren) enthält.

Das Aussterben von Organismen

Das Aussterben einer Spezies ist ein natürliches erdgeschichtliches Phänomen, da sich im normalen Verlauf der Evolution immer wieder neue Spezies bilden, während andere untergehen. Dies scheint ein einfaches Phänomen zu sein, ist aber in Wirklichkeit etwas komplexer als man meint. Man muss nämlich das echte vom scheinbaren Aussterben unterscheiden. Vom scheinbaren Aussterben spricht man, wenn sich eine Spezies nach und nach in eine neue umwandelt: hier handelt es sich nicht um ein echtes Aussterben einer Evolutionslinie, sondern um eine Weiterentwicklung.

Im Gegensatz dazu ist echtes Aussterben dann gegeben, wenn eine Spezies ausstirbt, ohne Nachfahren zu hinterlassen. Im Laufe der geologischen Zeitalter kam es immer wieder zum Auftauchen oder Verschwinden von Spezies. Zu manchen Zeitpunkten der Erdgeschichte starben viele Spezies gleichzeitig aus, sodass geradezu Gipfelpunkte erreicht wurden. Gerade diese Gipfelpunkte erlauben es uns, als deutliche Zäsuren, die geologische Zeit in Einheiten zu unterte-

len, die durch das Auftauchen oder Verschwinden gewisser Organismengruppen charakterisiert sind.

Bei weiterer Zunahme des Artensterbens kann eine Dimension erreicht werden, die man als Massensterben bezeichnet. Massensterben wurden durch weltweite Umweltkatastrophen ausgelöst, in deren Verlauf ganze Klassen und Ordnungen von Pflanzen und Tieren verschwanden. Solche gewaltige Umbrüche wiederholten sich z.B. im Äon Phanerozoikum mehrmals (ein Äon ist die größte chronostratigraphische Einheit und umfasst eine oder mehrere Ären), sodass es entsprechend jenen Massensterben in die Ären Paläozoikum, Mesozoikum und Känozoikum unterteilt werden konnte.

Das Ende des Paläozoikums fällt mit z.B. mit dem Verschwinden der tabulaten und rugosen Korallen, der Graptolithen und der Trilobiten zusammen, gemeinsam mit einer drastischen Reduktion der Vielfalt vieler anderer Tiergruppen. Der Übergang vom Mesozoikum zum Tertiär ist durch das Verschwinden vieler Reptilien (darunter die Dinosaurier und Flugsaurier), der Ammoniten und vieler Bivalven (Muscheln; darunter die Rudisten) gekennzeichnet.

Oben: Triceratops maximus; *die Dinosaurier verschwanden vor 65 Mio. Jahren durch eine der größten Umweltkatastrophen auf dem Planeten Erde.*
Unten: *Zumaya im Baskenland, Spanien; diese Schichten markieren den Übergang vom Mesozoikum zum Tertiär. Zu dieser Zeit verschwanden die Ammoniten, die Rudisten und die Dinosaurier, ausgelöst wahrscheinlich durch einen gewaltigen Meteoriteneinschlag.*

Es ist nicht immer leicht, die Gründe für diese Massensterben genau zu erforschen, da ihr Verlauf ziemlich komplex und zumeist das Ergebnis einer Reihe von kleinen Ursachen war. Nicht alle Wissenschafter sind bei diesen Problemstellungen vollkommen einer Meinung; die meisten neigen jedoch dazu, als Ursache Katastrophen anzunehmen, wie etwa bei der bekannten Hypothese eines Meteoriteneinschlags, der sich auf der Erde vor 65 Mio. Jahren ereignet und so das Aussterben der Dinosaurier bewirkt haben soll.

Wegen der außerordentlichen Vielfalt von Meeres- und Landbewohnern, welche von diesem Massensterben betroffen waren, glauben jedoch viele Forscher an ein Zusammenspiel von diversen ökologischen Ursachen, eine Entwicklung, die in einem vorher ziemlich ausgeglichenen System zu einer schweren Krise führen musste. Umweltveränderungen umfassen geologische Phänomene wie Vulkanausbrüche und deren Einfluss auf die Atmosphäre, den Wandel der Erdoberfläche, klimatische Veränderungen etc., welche einzeln oder gemeinsam in relativ kurzen geologischen Zeiträumen die normale Entwicklung der Evolution beeinflusst haben können. Analysiert man die paläontologischen Daten nach einem Massensterben, so kann man das Phänomen der raschen Ausbreitung neuer Lebewesen als Folge und Ausgleich für die ausgestorbenen Organismen beobachten. Nach dem Aussterben der Dinosaurier setzten sich im Känozoikum Säugetiere und Vögel durch, genauso war bei den Mollusken eine Ausbreitung der Lamellibranchiaten (Muscheln) und Gastropoden (Schnecken) auf Kosten der Kopffüßer zu beobachten.

Aussterben durch Erlöschen und scheinbares Aussterben der Arten durch Evolution sind die grundlegenden Erkenntnisse, die bei der Erforschung der Evolutionslinien der Lebewesen gewonnen werden konnten.

ÄRA	PERIODE, EPOCHE UND GROSSEREIGNISSE		BEGINN vor Mio. Jahren
KÄNOZOIKUM Dauer: 65 Mio. Jahre 	QUARTÄR Der erste *Homo sapiens*; ausgedehnte Vergletscherungen und Aussterben vieler Säugetiere.	Holozän	0,01
		Pleistozän	1,8
	JUNGTERTIÄR Erste Hominiden. Der Charakter von Fauna und Flora ist bereits dem heutigen ähnlich.	Pliozän	5
		Miozän	23
	ALTTERTIÄR Das milde Klima begünstigt die Bildung von üppigen Wäldern. Weite Verbreitung von Säugetieren.	Oligozän	37
		Eozän	55
		Paläozän	**65**
MESOZOIKUM Dauer: 185 Mio. Jahre  	KREIDE Ausbreitung von bedecktsamigen Blütenpflanzen (Angiospermen). Erste Plazentatiere. Aussterben der Dinosaurier und der Ammoniten.		140
	JURA Auftauchen von Vögeln. Höhepunkt des Artenreichtums bei Reptilien.		210
	TRIAS Auftauchen von Säugetieren und Verbreitung der ersten Dinosaurier. Weite Verbreitung der Reptilien.		**250**
PALÄOZOIKUM Dauer: 340 Mio. Jahre   	PERM Aufspaltung von Reptilien und ersten Säugetieren. Aussterben der Trilobiten.		290
	KARBON Farne und Schachtelhalme herrschen vor. Auftauchen von Reptilien. Maximale Expansion von Amphibien und Erscheinen von geflügelten Insekten.		360
	DEVON Erste nacktsamige Samenpflanzen (Gymnospermen). Auftauchen von Amphibien. Ausbreitung von Knochenfischen.		410
	SILUR Erste Lungenfische (Dipnoi) und Auftauchen von Stachelhaien (Acanthodier). Erste Urfarnpflanzen (Psilophyten).		440
	ORDOVIZIUM Rasche Entwicklung von marinen Wirbeltierarten (Vertebraten). Auftauchen der Ammoniten.		500
	KAMBRIUM Ausbreitung und Entwicklung der Hauptgruppen der Wirbellosen (Invertebraten). Erste marine Wirbeltiere.		**590**
ARCHÄOZOIKUM Dauer: 4160 Mio. Jahre	ALGONKIUM Erste Freisetzung von Sauerstoff durch Photosynthese und erste mehrzellige Lebensformen.		2500
	ARCHAIKUM Erste einzellige Lebensformen. Bildung der Kontinente.		4750

KLASSIFIKATION DER INVERTEBRATEN

Die folgende Tabelle ist ein Klassifikationsvorschlag der Hauptstämme der Invertebraten (Wirbellosen). Nicht aufgenommen wurden zahlreiche Stämme von Metazoen mit weichem Körper, deren Vorkommen paläontologisch nur wenig oder gar nicht belegt ist. Ebenso ist auch der Stamm *Chordata* mit dem Unterstamm *Vertebrata* (Wirbeltiere) nicht festgehalten, weil im Buch nicht enthalten.

Reich	**Stamm**	**Unterstamm**	**Überklasse**	**Klasse**
Protista	Sarcodina			Rhyzopodea, Reticularia, Radiolaria, Ciliata
	Archaeocyatha			Regulares, Irregulares
	Porifera			Demospongiae, Hexactinellida, Calcarea, Sclerospongiae, Stromatoporata
	Coelenterata			Protomedusae, Dipleurozoa, Scyphozoa, Hydrozoa, Anthozoa
	Arthropoda			Trilobitoidea, Trilobita
			Crustacea	Branchiopoda, Conchostraca, Malacostraca, Ostracoda, Cirripedia, Euthycarcinoidea
			Chelicerata	Merostomata, Arachnida
			Pycnogonida	
			Myriapoda	Archipolypoda, Arthropleurida, Diplopoda, Chilopoda, Symphyla, Pauropoda
			Hexapoda	Insecta
Metazoa	Mollusca	Amphineura		Aplacophora, Polyplacophora
		Diasoma		Rostroconchia, Scaphopoda, Bivalvia
		Cyrtosoma		Monoplacophora, Gastropoda, Cephalopoda
	Brachiopoda			Inarticolata, Articulata
	Bryozoa			Stenolaemata, Gymnolaemata
	Annelida			Oligochaeta, Polychaeta, Hirudinea, Archiannelida
	Nematoda			Adenophorea, Secernentea
	Echinodermata	Echinozoa		Echinoidea, Holothuroidea, Helicoplacoidea, Edrioasteroidea, Ophiocystoidea, Cyclocystoidea
		Asterozoa		Asteroidea, Ophiuroidea
		Homalozoa		Stylophora, Homostelea, Homoiostelea, Ctenocystoidea
		Blastozoa		Rhombifera, Diploporita, Blastoidea, Eocrinoidea
		Crinozoa		Crinoidea
	Hemichordata			Enteropneusta, Pterobranchia, Graptolithina

Führer zur richtigen Handhabung des Buches

Um die systematische Klassifikation in einer übersichtlichen Gestaltung darzustellen, wird jeder Block durch eine Beschreibung von Stamm, Klasse oder Unterklasse und Ordnung eingeleitet, zu welcher die jeweils beschriebene Gruppe gehört. Darüber hinaus sind diese Abschnitte mit erklärenden Zeichnungen versehen. Die einzelnen Ausführungen beziehen sich auf bestimmte Gattungen und sind so aufgebaut, dass sie dem Leser ein rasches und sicheres Erkennen der dazu gehörenden Fossilien gestatten.

VISITENKARTE

Jede Beschreibung ist mit einer farbigen Tabelle versehen, welche die Zugehörigkeit einer Gattung zu einer Klasse, Unterklasse, Ordnung und Familie sowie deren stratigraphische und geographische Verbreitung kurz zusammenfasst. Die Hintergrundfarbe der Visitenkarte bezieht sich auf das geologische Erdzeitalter, in dem die betreffende Gattung gelebt hat (für den Fall einer Verbreitung über mehrere Erdzeitalter sind spezielle Farben vorgesehen). Die Legende der Farben ist den unten stehenden Farbkästchen zu entnehmen.

Archäozoikum und Paläozoikum	**Mesozoikum**	**Känozoikum**
Archäozoikum bis Mesozoikum	**Archäozoikum bis Känozoikum**	**Mesozoikum und Känozoikum**

In einer kurzen Einführung werden die anatomischen und morphologischen Eigenschaften der jeweiligen Gattung erläutert, darauf folgen, wie beschrieben, zwei weitere Absätze.

Stratigraphische und geographische Verbreitung: Hier werden die wichtigsten Informationen über die Verbreitung einer Gattung in bestimmten Gesteinsschichten (z.B. Sedimentgestein mariner Herkunft von der Trias bis zum Eozän) und in verschiedenen geographischen Gebieten der Erde angegeben.

Anmerkung: In diesem Teil werden ganz bestimmte Aspekte, eventuell auffällige Unterschiede zwischen den einzelnen Arten der besprochenen Gattung und Besonderheiten bei den Lebensbedingungen, der Entwicklung oder beim Auffinden der Fundstücke beschrieben. Letztendlich werden auch Raritäten und neue Erkenntnisse hinsichtlich der Probleme bei der Klassifikation und Interpretation der Fossilien besprochen.

PROTISTA (URTIERCHEN)

Das Reich der Protisten (Protista) *umfasst verschiedene Stämme von einzelligen Lebewesen, welche von manchen Autoren zu einem einzigen Stamm der Protozoen vereint werden. Die Protisten sind einzellige Lebewesen und bilden mit den Tieren, Pflanzen und Pilzen gemeinsam die Domäne der Eukaryonten. Bei allen Eukaryonten sind die Nukleinsäuren (DNA und RNA) und die Proteine in einem Zellkern eingeschlossen, der von einer Membran ummantelt ist. Man kennt heute etwa 50.000 lebende Spezies von Protozoen, deren Zahl an Individuen jedoch viel größer ist als jene aller Metazoen (mehrzellige Lebewesen) zusammen. Das Studium fossiler Protisten ist eines der Hauptforschungsgebiete der Mikropaläontologie.*

ANATOMIE UND MORPHOLOGIE

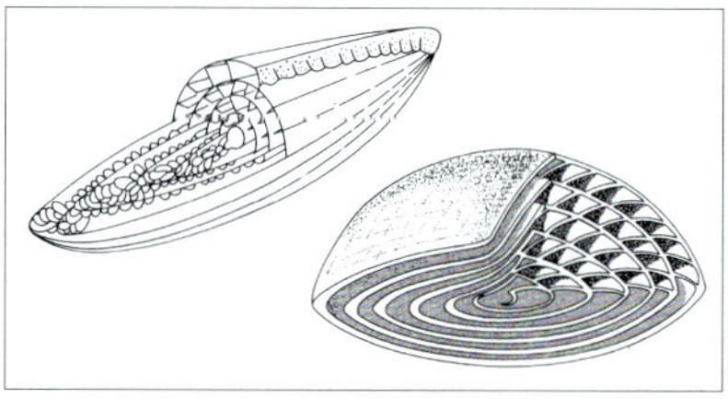

Protisten sind zumeist sehr kleine Lebewesen, können aber bis zu 10 cm groß werden. Ihre Form kann vollkommen unsymmetrisch, kugelförmig, zweiseitig symmetrisch oder radiärsymmetrisch sein. Viele Spezies weisen eine gleichbleibende Zellform auf, bei anderen kann sich die Zellform je nach Umgebung oder Alter aber verändern. Protozoen haben keine Organe oder Gewebeteile wie die Metazoen, können aber sehr häufig mineralische Komponenten wie Schalen oder Skelette absondern, welche dann nicht selten als Fossilien erhalten bleiben. Die Fortbewegung der Protozoen geschieht mittels Geißeln, Wimpern, Scheinfüßchen oder durch Bewegen der Zelle.

LEBENSRAUM UND VERBREITUNG

Fossile Überreste von Protisten sind ab dem Präkambrium bekannt. Das Hauptforschungsgebiet der Paläontologie bilden die Protisten des Stammes der Sarcodina.

Oben links: *schematische Darstellung einer* Fusulina; oben rechts: *und eines Nummuliten.*
Rechts: *Aggregat von* Tricites *sp., aus dem Karbon (Kansas); es handelt sich dabei um Foraminiferen der Gruppe* Fusulinida.

Foraminiferen (Lochschalenträger)
Die Foraminiferen (Ordnung Foraminiferida*) gehören zur Klasse* Reticularia *und sind ab dem Kambrium belegt. Es gibt etwa 18.000 bekannte rezente Spezies, welche vorwiegend im Wasser leben. Sie haben verschiedene Arten von Schalen (aus Chitin, Kalk, Agglutin oder in einigen Fällen Kieselsäure), welche aus einer oder mehreren Kammern bestehen und verschiedene Formen aufweisen können. Die Schale kann eine einzige Öffnung (nicht perforiert) oder viele kleine Öffnungen haben (perforiert). Manche Foraminiferen haften sich am Boden oder an anderen Organismen fest, manche kriechen am Boden, wieder andere gehören zum Nekton oder Plankton. Die Klassifizierung der Foraminiferen basiert auf der Form und Struktur ihres Skeletts, der Struktur der Kammern und auf der Ornamentierung. Bei der Untersuchung von fossilen Foraminiferen stellt man häufig fest, dass ihre*

Schalen oder Skelette einen großen Teil oder sogar den größten Teil des Sedimentgesteins ausmachen, in dem sie aufgefunden wurden. Die Fusuliniden (Unterordnung Fusulinina*) waren in den Meeren des oberen Paläozoikums sehr weit verbreitet, starben aber im Perm aus. Unter den Milioliden (Unterordnung* Miliolina*) – sie sind ab dem Karbon nachgewiesen und waren im Eozän (Känozoikum) stark verbreitet – gab es Spezies mit einer Größe von bis zu 10 cm.*

Oben: *Nummuliten aus dem Eozän, aus Ägypten.*
Unten: Neoschwagerina craticulifera, *Fusuliniden aus dem oberen Perm im Dünnschliff (Japan).*

Nummuliten
Die Nummuliten (Unterordnung Rotaliina*) mit ihrer charakteristischen kreisrunden Schale tauchten in der Kreidezeit auf und lagerten sich in den Sedimenten des Eozäns und des Oligozäns massenhaft ab. Um eine Vorstellung zu erlangen, wie reichhaltig die Ablagerung an Foraminiferen-Schalen in der Jetztzeit sind, muss man sich vor Augen halten, dass derzeit etwa ein Drittel des Meeresbodens (etwa 125 Mio. km²) von Schlamm bedeckt ist, der aus den Schalen abgestorbener und zu Boden gesunkener Foraminiferen besteht.*

Radiolarien (Strahlentierchen)
Radiolarien (Klasse Radiolaria*) sind ausschließlich im Meer lebende Protozoen, die bis auf wenige Ausnahmen frei schwimmen oder im Wasser schweben. Einige Spezies bilden Kolonien, großteils leben die Radiolarien aber solitär. Meist handelt es sich um sehr kleine Organismen, von wenigen Mikrometern bis zu einigen Millimetern Größe. Sie besitzen ein äußeres oder teilweise inneres Skelett aus Opal (amorphes Siliziumdioxid) oder in manchen Fällen aus Coelestin (Strontiumsulfat); seltener wird das Skelett aus Nadeln und Gallertmasse gebildet. Berechnungen zufolge sind derzeit 5 Mio. km² Meeresboden zwischen 3600 und 7300 m Tiefe mit von Radiolarien-Skeletten stammendem Kieselschlamm bedeckt. Aus dem Mesozoikum und Eozän stammen zahlreiche Radiolarite (kieselige Sedimentgesteine), welche sich hauptsächlich aus umgewandelten Radiolarien-Skeletten zusammensetzen. Bekannt ist auch der so genannte »Radiolarienschlamm« des Mittelmeeres aus dem Tertiär (Miozän), der sich aus gewaltigen Radiolarienablagerungen gebildet hat.*

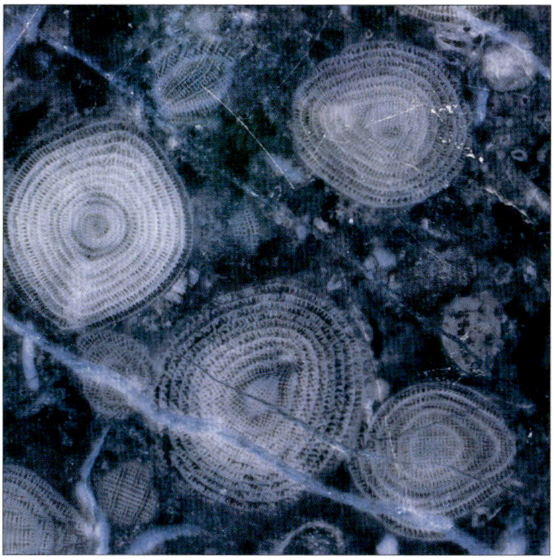

ARCHAEOCYATHA

Die Archaeocyathen (Stamm Archaeocyatha*) sind marine Organismen mit einem Kalkskelett in Form eines Kegels, dessen Basis nach oben gekehrt ist. Die systematische Stellung dieser Invertebraten, deren Vorkommen ausschließlich im Kambrium belegt ist, war immer umstritten, vor allem da im Fossil nur die Skelette, nicht aber die Weichteile erhalten geblieben sind. Es fehlen daher grundlegende Informationen, um die genaue Anatomie dieser Lebewesen darstellen zu können. In der Vergangenheit wurden sie verschiedentlich als Protozoen, Schwämme, Korallen oder Kalkalgen interpretiert. Heute halten die Wissenschafter die Archaeocyathen für einen eigenständigen Stamm des Tierreiches.*

ANATOMIE UND MORPHOLOGIE

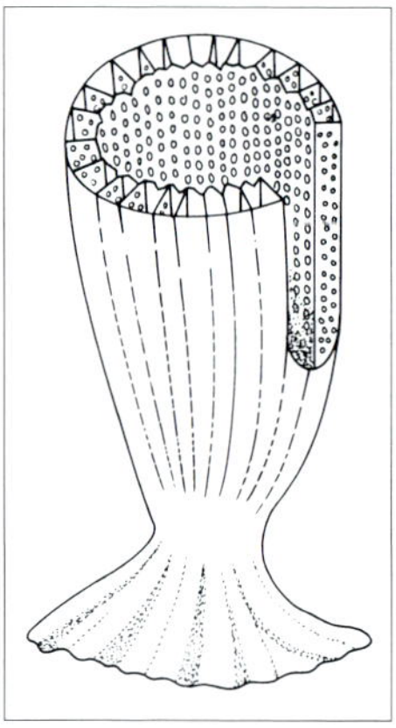

Rechts: *Umrisse eines Archaeocyathen.* Unten: *Kalkfragment eines Archaeocyathen des mittleren Kambriums aus Sardinien.* Gegenüberliegende Seite: *Bei diesem Kalkgestein aus dem Kambrium wurden durch Erosion Überreste eines Archaeocyathen freigelegt, bei dem man eine gekerbte Wand mit* Radialsepten *(Detailfoto) erkennen kann.*

Wie bereits erwähnt, kennen wir nur die Skelettteile dieser Organismen.
*Die Kegelform des Kalk-**Skeletts** ist nicht immer gegeben, es kann auch zylinderartig oder kelchartig sein. Das Skelett kann aus einer einzigen perforierten Wand oder häufiger aus zwei Wänden bestehen; diese sind durch Skelettelemente verbunden, welche den als **Intervall** bezeichneten Teil des Tieres einschließen. Diese Elemente können aus radial angeordneten vertikalen Scheidewänden oder **Septen** bestehen, oder aus **Pseudosepten** mit unregelmäßigerer Struktur und Anordnung.*
Das Skelett ist noch durch weitere, oft poröse oder perforierte Skelettelemente angereichert, welche die Form von Röhrchen, Blättchen etc. annehmen können. In der Mitte des Skeletts befindet sich ein großer Zentralraum, der beim lebenden Tier vermutlich ursprünglich leer war: das Tier lebte und entwickelte sich in dem als Intervall bezeichneten Raum.

LEBENSRAUM UND VERBREITUNG

Die Archaeocyathen waren die ersten Invertebraten (Wirbellosen), die ein Skelett absonderten, und zwar aus Kalziumkarbonat (Kalk). Ihre Überreste kommen besonders in den Kalksedimenten des unteren Kambriums massenhaft vor. Außer einigen scheibenförmigen Arten, welche wahrscheinlich mit den Meeresströmungen dahintrieben, waren die Archaeocyathen festsitzende Organismen. Sie trugen zum Bau der ersten Gesteinsriffe aus organischem Material bei, obgleich diese Riffe nicht die Bedeutung der Kalkalgenriffe erlangten.

Da die Archaeocyathen bereits im mittleren Kambrium ausstarben, sind sie wegen ihrer leichten Unterscheidbarkeit und ihrer Verbreitung in allen Weltmeeren zu Beginn des Kambriums sehr brauchbare stratigraphische Indikatoren für das untere Kambrium.

PORIFERA (SCHWÄMME)

Poriferen (Stamm Porifera*), allgemein unter dem Namen »Schwämme« bekannt, sind sehr primitive vielzellige Lebewesen, die von ihrem Bauplan her als Zwischenstufe zwischen den Protozoen und den echten Metazoen oder Eumetazoen (Organismen mit spezialisierten Zellen und Gewebeteilen) gelten. Daher werden sie in der Wissenschaft als »Parazoen« (Gewebelose) bezeichnet: sie sind mehrzellig, entwickeln nicht viele verschiedene Zellarten, kein echtes Gewebe und auch kein Nervensystem wie andere Tierstämme. Sie umfassen insgesamt mehr als 5000 heute bekannte Spezies, die auf fünf Klassen aufgeteilt sind. Ihre Form kann mikroskopisch klein sein, aber auch beträchtliche Größen erreichen (von 1 mm bis über 1 m).*

ANATOMIE UND MORPHOLOGIE

Die Schwammform kann innerhalb derselben Spezies erheblich variieren und hängt von den Bedingungen des Standortes ab (Strömungen, verfügbarer Raum, Unregelmäßigkeit des Meeresbodens). So tendieren Individuen, die in Gebieten mit starken Strömungen wachsen, zur Form einer Kugel oder bilden eine Art Kruste; in ruhigerem Wasser kann die Anpassung des Schwammes an die Umwelt zu recht verschiedenen Formen führen: zylindrisch, kegelförmig, verzweigt, fächerförmig oder glockenförmig.
Der ***Körper*** *eines Schwammes zeigt ursprünglich eine Sackform. Am oberen Ende befindet sich eine Öffnung, welche als* ***Osculum*** *bezeichnet wird. Die innere Höhle ist mit Zellen ausgekleidet, den* ***Choanocyten*** *oder* ***Kragengeißelzellen****. Die Bewegung dieser Geißeln bewirkt einen Wasserstrom, der durch Poren an der Außenwand, den* ***Ostia,*** *in den Körper eindringt und durch das Osculum wieder hinausfließt. Die Choanocyten sind mit einer gallertartigen Struktur (dem* ***Kragen****) versehen und fangen damit organische Partikel ein, die dann verdaut und durch andere Zellen im ganzen Schwamm verteilt werden.*

SKELETT

Nicht alle, aber die meisten Schwämme haben ein Skelett entwickelt, um das komplexe Netz von Poren und Kanälen zu stützen, insbesondere jene Spezies, die größere Dimensionen erreichen können. Manche Formen beschränken sich darauf, feste Geröllteile aufzunehmen, um die eigene Struktur zu verstärken, andere bilden ein Skelett aus einem kolloidalen Gel. Der größte Teil der lebenden Spezies besitzt jedoch entweder ein Skelett aus einer hornartigen Substanz (Spongin), oder es wird durch ***Spiculae*** *(Nadeln) aus Kalk, Kiesel oder Kalk und Kieselsäure gebildet. Die Spiculae werden je nach Größe in Megaskleren und Mikroskleren eingeteilt. Die Megaskleren haben große Bedeutung für die Taxonomie; Mikroskleren können sich nicht als Fossil erhalten und sind daher nur Forschungsobjekte der Zoologen.*

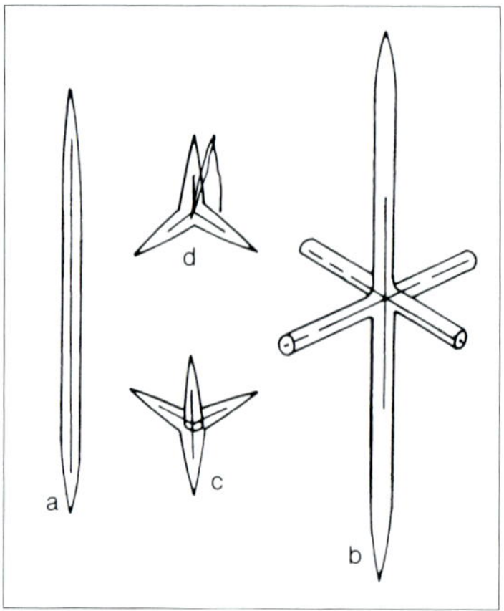

Schematische Darstellung der Schwammnadeln:
a) Monoaxone;
b) Triaxone oder Hexactine;
c) Tetraxone;
d) Triactine.

BAUPLAN

Es gibt bei den Poriferen drei Grundstrukturen des Körperbaues: ***Ascon-Typ****,* ***Sycon-Typ*** *und* ***Leucon-Typ****. Der Aufbau des Ascon-Typs ist radialsymmetrisch und besteht aus einem einzigen auf dem Boden oder auf einer Unterlage*

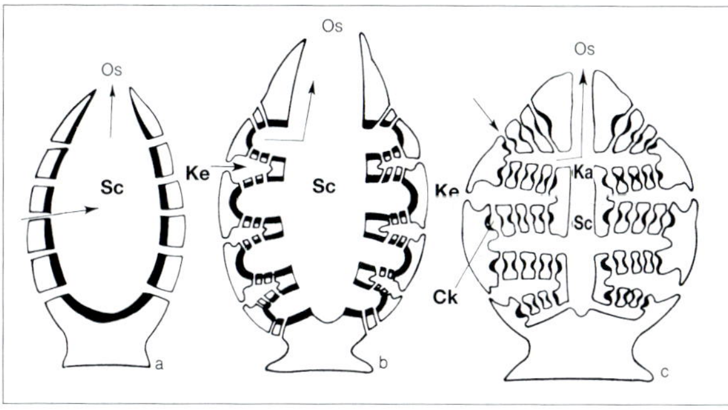

haftenden sackförmigen Körper mit einer einzigen großen Öffnung an der Oberseite; die innere Höhle ist mit Choanocyten überzogen. Der Aufbau des Sycon-Typs ist ebenfalls radialsymmetrisch, es sind jedoch mehrere Kammern des Ascon-Typs um einen Ausgangskanal zusammengefasst. Der Leucon-Typ ist nicht symmetrisch und besteht aus einer Einheit von Sycon-Typen, die in eine als ***Kloake*** *bezeichnete Höhle münden, von welcher durch das* ***Osculum*** *eine Verbindung nach außen besteht.*

Oben: *die drei Typen des Schwammaufbaus: a) Ascon-Typ; b) Sycon-Typ; c) Leucon-Typ; Ke) einführende Kanäle; Ka) ausführende Kanäle; Ck) Choanocytenkammern; Sc) Spongocoel; Os) Osculum.*
Unten: Plocoscyphia labrosa, *Kieselschwamm aus der Kreidezeit*

LEBENSRAUM UND VERBREITUNG

Die Schwämme sind großteils marine Lebewesen; nur wenige Arten haben sich an das Leben im Süßwasser angepasst. Sie sind festsitzend und ernähren sich je nach Spezies von organischen Partikeln, Bakterien oder auch von kleinen Tieren, wie etwa Ruderfußkrebsen, die aus dem Wasser gefiltert werden. Die Fortpflanzung geschieht entweder geschlechtlich oder durch Knospung. Die Einteilung der Schwämme in fünf Klassen erfolgt nach der Art der Megaskleren, oder bei einigen Gruppen nach allgemeinen morphologischen Eigenschaften: Demospongiae, Hexactinellida, Calcarea, Sclerospongiae, Stromatopora. *Diese Klassen sind in zahlreiche Ordnungen unterteilt. Poriferen sind ab dem Kambrium belegt. Als Fossil können sie oft nur anhand ihrer Nadeln unterschieden werden und die Klassifikation kann sich als sehr schwierig erweisen. Die fossilen Nadeln können derart zahlreich sein, dass sie den Hauptteil des Sedimentgesteins ausmachen und die so genannten* ***Spongiolithen*** *bilden. Im Paläozoikum gehörten die Stromatoporoiden unter anderen zu den Baumeistern von Korallenbänken, die 10–20 m starke Bioherme (Felsenriffe, die von Tieren oder Algen mit Kalkskelett stammen) bilden konnten.*

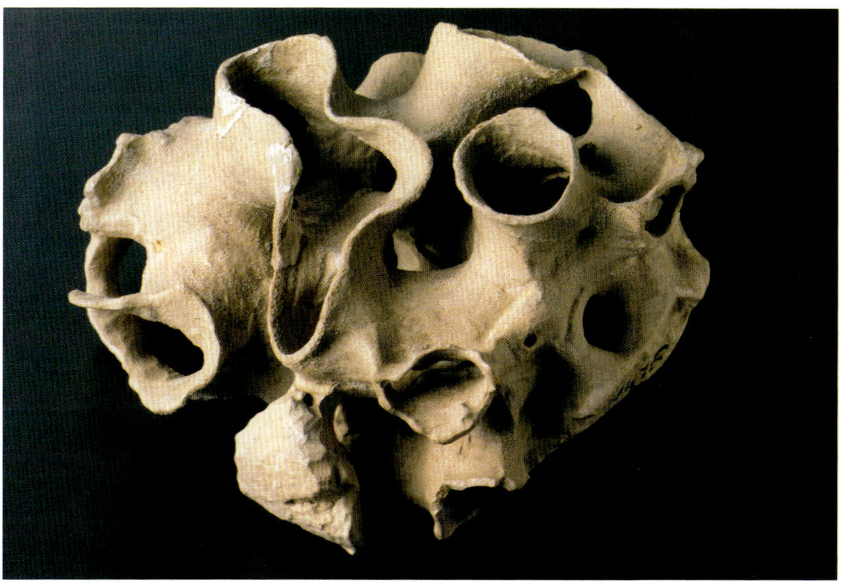

Coeloptychium

Visitenkarte

Klasse
Hexactinellida

Ordnung
Lychniskida

Familie
Coeloptychiidae

Stratigraphische Verbreitung
Kreide

Geographische Verbreitung
Europa

Vertreter dieser Schwammgattung entwickeln die charakteristische Form eines **Hutpilzes** und eine Art **Stiel**, mit dem sie am Boden festgeheftet sind. Die Oberseite zeigt sehr ausgeprägte strahlenförmige Furchen, während die Unterseite von strahlenförmigen, sehr stark verzweigten Falten durchzogen wird. Charakteristisch für die Klasse *Hexactinellida* (oder *Hyalospongiae*), zu der *Coeloptychium* gehört, ist ein **Skelett** des **Leucon-Typs**, das aus **Kieselspiculae** besteht. Die Ordnung *Lychniskida* fand mit zahlreichen, sehr verschiedenartigen Spezies in der Kreide die größte Verbreitung. Im Tertiär wurden die Spezies seltener, heute ist die Ordnung nahezu ausgestorben.

Stratigraphische und geographische Verbreitung: Die stratigraphische Verbreitung der Art ist auf die obere Kreide beschränkt. Das Exemplar auf dem ***Foto*** stammt aus der oberen Kreide und wurde in Deutschland gefunden; es gehört zur Spezies *C. agaricoides*.

Anmerkung: Die lebenden Schwämme der Klasse *Hexactinellida* sind typisch für tropische Meere und leben meist in großen Tiefen unterhalb von 450 m.

Jerea

Visitenkarte

Klasse
Demospongiae

Ordnung
Lithistida

Familie
Jereidae

Stratigraphische Verbreitung
Kreide

Geographische Verbreitung
Europa

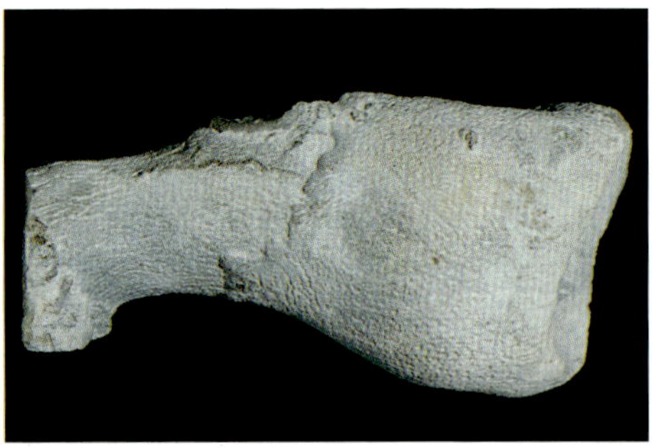

Vertreter dieser Schwammgattung besitzen ein festes **Skelett**, das sich als Fossil gut erhalten kann, denn die umgebenden **Spiculae** sind sehr eng miteinander verbunden und bilden auf diese Weise ein stabiles Netz. Wie bei den anderen Schwämmen der Ordnung *Lithistida* sind die Nadeln robust und verschiedentlich verzweigt – sie werden als **Desmen** bezeichnet. Die Art *Jerea* hat meist die Form einer mehr oder weniger lang gezogenen eiförmigen Zwiebel, die nach unten hin schmäler wird, um so einen **Stiel** zu bilden.

Stratigraphische und geographische Verbreitung: Die Art ist uns aus den marinen Sedimentgesteinen der Kreide in Europa bekannt, besonders aus Mitteleuropa. Das Exemplar auf dem ***Foto*** zählt zur Spezies *J. pyriformis*, stammt aus der Kreide und wurde in Frankreich gefunden.

Anmerkung: Die Schwämme der Ordnung *Lithistida* sind ab dem Kambrium bekannt und waren dann in den Meeren des Ordoviziums zahlreich vertreten; in der Kreidezeit erreichten sie ihre größte Verbreitung: Sie kommen auch heute noch in allen Weltmeeren vor, vor allem in großen Tiefen, in welche das Licht nicht mehr vordringen kann (aphotischer Bereich).

Chaetetes

Die *Chaetetida* sind Organismen, welche Kolonien aus vertikal oder radial angeordneten Röhrchen bilden. Diese Röhrchen sind auf der gleichen Ebene durch horizontale oder, bei radialer Anordnung, durch konzentrische Scheidewände getrennt. Die Ebenen entsprechen den Wachstumsstadien. Dieser typische Bauplan erleichtert das Erkennen von fossilen Exemplaren, bei welchen ein Bruch den inneren Bereich der Kolonie freigelegt hat.

Stratigraphische und geographische Verbreitung: Diese Gattung war im Paläozoikum, vom Ordovizium bis zum Perm, auf der ganzen Welt verbreitet. Danach sind noch Überreste in marinem Sedimentgestein aus der Trias und vermutlich auch aus dem Eozän bekannt. Auf dem ***Foto*** *C. milleporosus* aus dem Karbon, gefunden in den Vereinigten Staaten.

Anmerkung: Wegen der eigentümlichen Struktur der *Chaetetida* war die genaue Klassifikation lange Zeit ziemlich umstritten: abwechselnd wurden diese Organismen den Bryozoen (Moostierchen), den Schwämmen oder den tabulaten Korallen zugeordnet. Lange Zeit bevorzugte man die Zuordnung zu den Korallen, zuletzt aber wurde die neue Poriferen-Klasse *Sclerospongiae* geschaffen, um die *Chaetetida* und eine weitere Gruppe aufzunehmen, deren Zugehörigkeit ebenfalls lange diskutiert worden war, nämlich die Stromatoporoiden *(Stromatoporoida)*. Die Stromatoporoiden, nachgewiesen vom Kambrium bis zur Kreide, sind marine Lebewesen, deren Skelett aus horizontalen Lamellen, welche von vertikalen Pfeilern durchzogen werden, gebildet wird; die Oberfläche ist glatt oder zeigt leichte Erhebungen. In den Meeren des Devons waren sie unter den riffbauenden Organismen diejenigen, die am meisten zur Bildung der ersten, echten Bioherme beitrugen. Es ist unklar, welche Verwandtschaftsbeziehungen zwischen den beiden Gruppen bestehen, und auch ihre systematische Position ist nicht völlig geklärt. Vom Gesichtspunkt der Funktionalität erinnern sie an Schwämme, da sie vermutlich organische Partikel aus dem Wasser filterten. Es gibt aber gleichzeitig Hinweise auf die Bildung von Skelettstrukturen, die jenen der Coelenteraten ähnlich sind. Sie konnten ihre Skelettnadeln abwerfen.

Visitenkarte

Klasse
Sclerospongiae

Ordnung
Chaetetida

Familie
Chaetetidae

Stratigraphische Verbreitung
Ordovizium–Eozän

Geographische Verbreitung
Ganze Welt

Coelenterata (Hohltiere)

Korallen, Medusen (Quallen) und See-Anemonen sind Repräsentanten des Stammes der Coelenterata *oder* Cnidaria (Nesseltiere)*. Sie sind insofern die einfachsten der eigentlichen Metazoen, da die Zellen in Gewebeteilen zusammengefasst sind; sie sind radialsymmetrisch, wobei die Symmetrieachse durch den Mund geht. Die ersten Formen von ihnen sind vermutlich im oberen Präkambrium aufgetaucht. Heute bilden die Coelenteraten in den tropischen Meeren die Hauptkomponente der von Organismen gebildeten Riffe, oder* Biohermen*, welche allgemein als Korallenriffe bekannt sind. Es gibt eine festsitzende Form, als Polyp, und eine frei schwimmende, als Meduse, welche beide innerhalb derselben Spezies zeitlich nacheinander vorkommen können. Derzeit gibt es etwa 10.000 Spezies von lebenden Coelenteraten, die meisten sind Meeresbewohner.*

ANATOMIE UND MORPHOLOGIE

Die Vertreter der Coelenteraten leben allein oder in Kolonien. Jedes Individuum besitzt einen Verdauungsapparat, Muskelfasern und eine große Anzahl von Nesselkapseln. Der ***Aufbau*** *ist entweder* ***strahlenförmig*** *oder* ***biradial****; der* ***Körper*** *besteht aus einer inneren (****Entoderm****) und einer äußeren Zellschicht (****Ektoderm****). Zwischen den beiden Zellschichten befindet sich die* ***Mesogloea****, eine formlose nichtzelluläre Zwischenschicht. Die sessile Form, der* ***Polyp****, bildet die Form eines Halbzylinders und hat am oberen Ende einen Mund mit Tentakeln, Mund und Afteröffnung sind identisch; die Basis des Polypen, eine Fußscheibe, haftet an der Unterlage fest. Der frei schwimmende Typ, die* ***Meduse****, hat die Gestalt eines Schirms; der Mund liegt im Gegensatz zum Polypen unterhalb des Schirms, an dessen Rändern sich die* ***Tentakel*** *befinden.*
*Die Korallen – viele sind kolonienbildend – bilden ein Skelett aus Calcit oder Aragonit, das je nach Art verschiedene Formen annehmen kann. Die Reproduktion geschieht bei sessilen Arten (Polypen) gewöhnlich durch Knospung und bei frei schwimmenden Formen (Medusen) durch sexuelle Fortpflanzung, bei der ein Polypenstadium eingeschaltet wird. Dieser Polyp produziert danach asexuell frei schwimmende Medusen, welche sich wiederum sexuell fortpflanzen. Aus ihren Eiern entwickeln sich Larven mit Wimpern (****Planula****), aus welchen später Polypen schlüpfen und so fort.*
Die Polypen sind im Allgemeinen mikroskopisch klein, Kolonien können aber bis zu 2 m Höhe erreichen. Die Medusen können ebenfalls mehr als 2 m Durchmesser aufweisen, bei einer Spezies werden die Tentakel bis zu 10 m lang.

KLASSIFIKATION

Die Coelenteraten werden heute in drei Klassen lebender (Scyphozoa, Hydrozoa, Anthozoa) *und in zwei Klassen ausschließlich fossiler Arten* (Protomedusa, Dipleurozoa) *eingeteilt. Zur Klasse* Protomedusa *zählt nur die Art* Brooksella*, welche vom Präkambrium bis zum Ordovizium in Europa verbreitet war. Die Klasse* Dipleurozoa *umfasst* Dickinsonia *und ähnliche Formen des Präkambriums in Australien und Russland.*
Der größte Teil der bekannten Hohltiere gehört zu den drei noch existierenden Klassen.
Die Scyphozoa *umfassen die gewöhnlichen Medusen. Sie sind* ***tetramer-symmetrisch*** *(vierteilig), besitzen keine Mineralkomponenten und sind in allen Weltmeeren verbreitet. Die Wirkung ihrer* ***Nesselkapseln****, die ein starkes Brennen verursachen können, ist allgemein bekannt und gefürchtet; in manchen Meeren kann die Begegnung mit sehr großen Medusen auch*

Ein Exemplar der Tetrakoralle (Ordnung Rugosa*)* Hexagonaria *sp. aus dem Devon; Fundort: Michigan, Vereinigte Staaten.*

zum Tod eines Menschen führen. Die Scyphozoen (Scheibenquallen) werden in zwei Klassen unterteilt, die Scyphomedusae, *mit den soeben beschriebenen gewöhnlichen Medusen, und die* Conulata. *Die Letzteren umfassen ausgestorbene Formen, die vom Kambrium bis zur Trias lebten und mit einer Hülle aus Chitin ausgestattet waren.*

Die Hydrozoa *sind ab dem unteren Kambrium bekannt und umfassen* ***tetramer****- und* ***polymer-symmetrische*** *Formen. Das* ***Außenskelett*** *kann aus Chitin oder Kalk bestehen, es gibt aber auch Arten ohne Außenskelett. Die Arten kommen entweder in beiden Formen – als Polyp und Meduse – oder nur in Medusenform vor. Der Schirmrand der Meduse zieht sich nach innen und bildet einen »****Schleier****«; am Rand hängen meist vier Tentakel, in seltenen Fällen kann die Anzahl der Tentakel auch größer oder kleiner als vier sein.*

Zu den ab dem Kambrium belegten Anthozoa *gehören die Seeanemonen, Korallen und Gorgonien. Ihre Vertreter können einzeln oder in Kolonien leben und kommen nur noch in Form von Polypen vor. Sie weisen einen Zentralraum auf, der in Längsfalten unterteilt ist. Während die Anemonen (Unterklasse* Ceriantipatharia*) nur mit einer einzigen fossilen Spezies bekannt sind, sind die anderen Unterklassen,* Octocorallia *und* Zoantharia*, häufiger vertreten. Besonders von den* Zoantharia *gibt es eine große Anzahl von fossilen Spezies, da sich diese, durch ihr Kalkskelett begünstigt, leicht als Fossilien erhalten konnten. Speziell die* Zoantharia *haben seit dem Paläozoikum zum Bau von Riffen aus organischem Material (Bioherme oder Korallenriffe) beigetragen. Sie gehören nach wie vor zu den »Hauptbaumeistern« der Korallenbänke, wo übrigens heute noch die größte organische Lebensvielfalt unserer Weltmeere zu finden ist.*

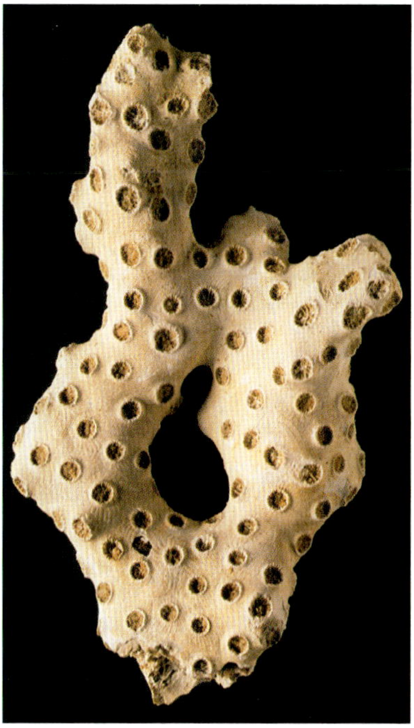

Links: *die Hexakoralle* Astrhelia palmata *aus dem Miozän, gefunden in den Vereinigten Staaten.*
Skizze unten: *Vergleichsschema der Entwicklungszyklen der Hauptgruppen der Coelenteraten.*

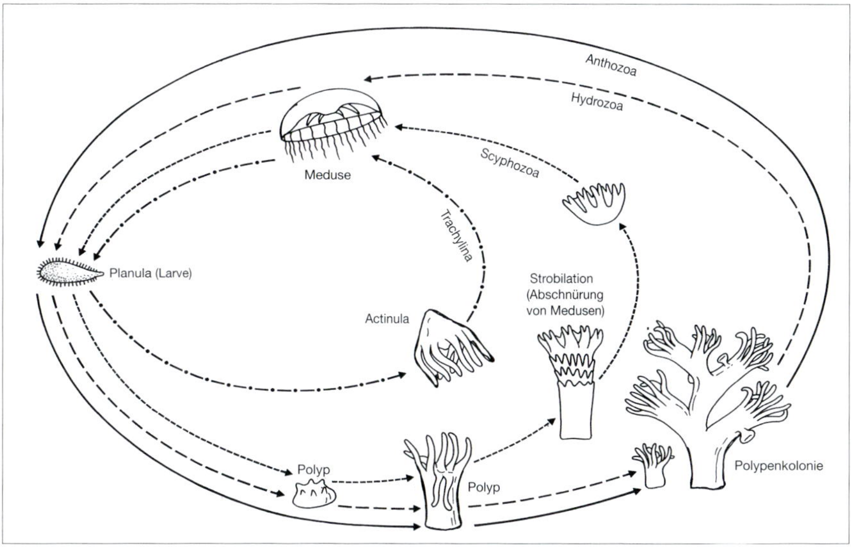

Brooksella

Visitenkarte

Klasse
Protomedusae

Ordnung
Brooksellida

Familie
Brooksellidae

Stratigraphische Verbreitung
Präkambrium–Ordovizium

Geographische Verbreitung
Nordamerika, Europa

Die Coelenteraten-Gattung *Brooksella* bildet nicht sehr große Medusen von einigen Zentimetern im Durchmesser mit halbelliptischer oder abgerundeter Form. An der Oberfläche trennen tiefe Furchen breite **Loben** voneinander, die bis zum Zentralraum reichen. Die Zahl der Loben kann beträchtlich schwanken, von 4 bis 15 oder sogar noch mehr. Sie reichen bis unterhalb des Schirmes oder tiefer und vereinigen sich in der Mitte; unterhalb des Schirmes können sich noch zusätzliche Loben befinden.

Stratigraphische und geographische Verbreitung: Die Gattung *Brooksella* wurde in marinem Sedimentgestein aus dem oberen Präkambrium (Algonkium) bis zum Ordovizium in Nordamerika, Schweden und Frankreich nachgewiesen. Das Exemplar auf dem ***Foto*** stammt aus dem mittleren Kambrium aus Alabama und gehört zur Spezies *B. alternata.*

Anmerkung: Ursprünglich wurde die Gattung den Scyphomedusen (Klasse *Scyphozoa*) zugeordnet, die *Brooksella* unterscheiden sich jedoch von den anderen Coelenteraten durch die besondere Art ihrer Loben und durch die zusätzlichen Loben unterhalb des Schirmes. Daher wurde für sie die Klasse *Protomedusae* eingeführt, die nur diese Art enthält.

Essexella

Visitenkarte

Klasse
Scyphozoa

Unterklasse
Scyphomedusae

Ordnung
Rhizostomatida

Stratigraphische Verbreitung
Karbon

Geographische Verbreitung
Illinois (Vereinigte Staaten)

Als Fossil zeigen sich Vertreter dieser Gattung meist als seitlich liegende Medusen und weisen dabei eine äußere Ähnlichkeit mit einem Herrenpilz auf. *Essexella* ist etwa 20 cm hoch mit einem Durchmesser von etwa 9 cm. Der »Pilzhut« entspricht dem **Schirm**, von dessen Rand, wie bereits erwähnt, eine Art **Schleier** oder Membran herabhängt. Die relative Größe der beiden Teile ist variabel: die Höhe des Schirmes kann etwa von einem Fünftel bis zu der Hälfte des ganzen Tieres ausmachen.
Falls vom Schirm herabhängende Teile am Fossil erhalten geblieben sind, so sind sie meist innerhalb des Schleiers. Diese Meduse hatte acht **Tentakel**.

Stratigraphische und geographische Verbreitung: Die Art (auf dem ***Foto*** die Spezies *Essexella asherae*) ist typisch für das obere Karbon des Pennsylvanium von Illinois in den Vereinigten Staaten. Sie ist ein charakteristischer Bestandteil der Fauna von Mazon Creek, einer der bekanntesten Konservat-Lagerstätten der Welt.

Anmerkung: Von der Gattung *Essexella* gibt es viele gut erhaltene Exemplare in unterschiedlicher Größe, die meist in den für die Fossilien von Mazon Creek typischen braunen Sideritknollen eingeschlossen worden sind.

Stylina

Die Vertreter dieser Korallengattung können in Form von massiven oder verzweigten Aggregaten vorkommen und so Kolonien mit **plocoider** Wuchsform bilden. Dabei weisen die **Korallite** die Form von Halbzylindern mit Scheidewänden auf, die untereinander durch Rippen und Querwände verbunden sind. Die **Septen** sind variabel angeordnet (hexamer, oktamer etc.).

Stratigraphische und geographische Verbreitung: Diese Gattung ist typisch für das Mesozoikum und kommt von der oberen Trias bis zur unteren Kreide vor. Ihre geographische Verbreitung ist sehr weit gestreut: *Stylina* wurde in Europa, Westasien, Afrika, Nordamerika und Südamerika gefunden. Das Exemplar auf dem ***Foto*** gehört zur Spezies *S. labechii* und stammt aus dem Jura aus Deutschland.

Anmerkung: Die Ordnung *Scleractinia* umfasst den größten Teil der Formen aus der Unterklasse *Zoantharia*. Die Spezies entwickeln ein Außenskelett aus Kalk, das vom Ektoderm ausgeschieden wird; das **Skelett** besteht aus **Radial-Septen** und einer Stützstruktur und manchmal einer umhüllenden **Außenwand**. Der Aufbau der Septen geschieht meist durch die Bildung der ersten sechs Septen, die nächsten Gruppen bilden dann jeweils ein Vielfaches an Septen aus (12, 24 etc.).

Visitenkarte

Klasse
Anthozoa

Unterklasse
Zoantharia

Ordnung
Scleractinia

Familie
Stylinidae

Stratigraphische Verbreitung
Trias–Kreide

Geographische Verbreitung
Ganze Welt

Montlivaltia

Die Gattung *Montlivaltia* umfasst einzeln lebende Korallen, deren **Skelett** generell solitär, also nicht mit anderen Tieren verbunden ist. Mit größtenteils lang gestreckt zylindrischem oder annähernd kreisförmigem Bau. Das Skelett zeigt seitlich deutliche **Streifen**, welche das Wachstum anzeigen und eine nicht besonders ausgeprägte **Columella** (zentrale Schalenachse) von elliptischer Form.

Stratigraphische und geographische Verbreitung: Die Gattung ist aus der oberen Trias bis zur Kreide bekannt und kommt in marinen Sedimenten auf der ganzen Welt vor, an bestimmten Stellen auch in großen Massen. Das Exemplar auf dem ***Foto*** stammt aus der oberen Kreide von Madagaskar.

Anmerkung: Unter den Spezies der Familie *Montlivaltiidae* gibt es einzeln lebende und auch kolonienbildende Formen. Sie waren von der mittleren Trias bis zum Eozän verbreitet. Lebende Spezies sind keine bekannt.

Visitenkarte

Klasse
Anthozoa

Unterklasse
Zoantharia

Ordnung
Scleractinia

Familie
Montlivaltiidae

Stratigraphische Verbreitung
Trias–Kreide

Geographische Verbreitung
Ganze Welt

Agathiphyllia

Visitenkarte

Klasse
Anthozoa

Unterklasse
Zoantharia

Ordnung
Scleractinia

Familie
Faviidae

Stratigraphische Verbreitung
Oligozän

Geographische Verbreitung
Europa, Amerika

Diese Korallengattung bildet Kolonien aus einzelnen, etwa halbzylindrischen **Koralliten**, die sich von einer Linie ausgehend entwickeln. Die Kolonien sind daher nicht besonders kompakt und die einzelnen Koralliten nahezu solitär lebend, da sie nicht stark aneinander geheftet sind.

Stratigraphische und geographische Verbreitung: Die Gattung *Agathiphyllia* war im Oligozän in Nord- und Südamerika sowie in der Karibik und stellenweise auch in Europa verbreitet. Das Exemplar auf dem ***Foto*** stammt aus dem Oligozän und wurde im Piemont, Italien, gefunden.

Anmerkung: Die Ordnung *Scleractinia* oder *Madreporaria*, zu der diese Gattung gehört, umfasst den Großteil der heute noch lebenden und fossilen Korallen ab dem Paläozoikum. Vertreter der Gattung *Scleractinia* sind derzeit die größten Riffbauer.

Conularia

Visitenkarte

Klasse
Anthozoa

Ordnung
Rugosa

Familie
Goniophyllidae

Stratigraphische Verbreitung
Devon

Geographische Verbreitung
Ganze Welt

Das **Skelett** dieser eigenartigen Coelenteraten weist die Form einer Pyramide mit quadratischem Grundriss auf. An der Spitze befindet sich eine **Scheibe**, mit der sich das Lebewesen an der Unterlage festsetzen konnte. Die Seiten sind dicht mit regelmäßigen, feinen horizontalen **Rippen** ornamentiert, zwischen denen sich ebenfalls sehr feine vertikale Rippen befinden. Außerdem sind an den Seiten gut ausgebildete Falten und Furchen zu sehen. Wegen der starken Ähnlichkeit der äußeren Form ist es nicht einfach, die verschiedenen Arten dieser Gattung voneinander zu unterscheiden.

Stratigraphische und geographische Verbreitung: Die Gattung ist weltweit vom Kambrium bis zum Perm verbreitet. Das Exemplar auf dem ***Foto*** ist aus dem Devon und stammt aus Bundenbach in Deutschland.

Anmerkung: Conularien lebten vom mittleren Kambrium bis zur unteren Trias und waren immer schon eine schwer zu klassifizierende Gruppe. Nunmehr sind die Paläontologen übereingekommen, sie den *Scyphozoa* zuzuordnen. Die meisten Formen besitzen eine Haftscheibe, aber es ist nicht ausgeschlossen, dass die größeren Arten, deren Skelett mehr als 10 cm lang sein kann, wie Medusen schwimmen konnten.

Calceola

Wie viele andere Formen der Ordnung *Rugosa* umfasst die Gattung *Calceola* eine solitäre Koralle mit der Form eines halbkreisförmigen Zylinders oder Kelches mit abgeflachtem Rückenteil. Der fast glockige **Kelch** weist außer dem Haupt-**Septum** zahlreiche Nebensepten auf und konnte durch einen an der Rückenlinie befestigten **Deckel** verschlossen werden.

Stratigraphische und geographische Verbreitung: Die Art ist vom unteren Devon in Europa und Asien belegt; in Afrika, Nordamerika und Australien wurde sie in marinen Sedimenten des mittleren Devon gefunden. Auf den ***Fotos oben und in der Mitte***: die Art *C. sandalina*, Ansichten von oben und von der Seite, aus dem mittleren Devon, gefunden in der Eifel, Deutschland. ***Foto unten***: Im Unterschied zu den Arten der Gattung *Calceola* sind manche Tetrakorallen der Ordnung *Rugosa* kolonienbildend, wie dieses Exemplar der Gattung *Acervularia*.

Anmerkung: Die Gattung *Calceola* ist von der Form her anderen Organismen mit Kalkschale ähnlich, wie z.B. den Brachiopoden (Armfüßern) und Bivalven (Muscheln), die sich ebenfalls an das Leben in den Korallenriffen angepasst haben. Zu ihrer Lebenszeit lagen die Tiere vermutlich mit der abgerundeten Bauchseite auf dem Sediment.

Visitenkarte

Klasse
Anthozoa

Ordnung
Rugosa

Familie
Goniophyllidae

Stratigraphische Verbreitung
Devon

Geographische Verbreitung
Ganze Welt

Hexagonaria

Visitenkarte

Klasse
Anthozoa

Ordnung
Rugosa

Familie
Phillipsastreidae

Stratigraphische Verbreitung
Ordovizium–Karbon

Geographische Verbreitung
Ganze Welt

Hexagonarien bilden massive cerioide Kolonien (mit **Koralliten**, die eng zusammenlebten und nur durch Wände voneinander getrennt sind). Die dicht aneinander liegenden Koralliten weisen in etwa eine hexagonale Form auf, wovon sich auch der Name der Gattung ableitet. Die **Wände** stehen dicht zusammen und die Septen sind fein und lang gezogen. Der **Kelch** hat in der Mitte eine gut erkennbare Vertiefung und dessen Wände heben sich deutlich ab.

Stratigraphische und geographische Verbreitung: Die verschiedenen Spezies der Gattung *Hexagonaria* kommen in den Sedimenten des Devons auf der ganzen Welt vor. Die Vertreter dieser Gattung konnten auch im unteren Karbon in China nachgewiesen werden. Das aus dem Ordovizium stammende Exemplar auf dem ***Foto*** fand man in Mauretanien.

Anmerkung: Die Familie *Phillipsastreidae*, zu der die Gattung *Hexagonaria* gehört, war vom mittleren Silur bis zum mittleren Karbon verbreitet und erreichte ihre größte Vielfalt im Devon. Sie umfasste außer den kolonienbildenden auch einzeln lebende Formen.

Lithostrotion

Vertreter der Gattung *Lithostrotion* sind kolonienbildend, also Formen, bei denen die einzelnen **Koralliten** miteinander verbunden sind und ein gemeinsames **Skelett** bilden. Die Kolonien können massig oder in Bündeln angeordnet sein. Bei den massigen Formen sind die Skelette dicht zusammengedrängt und voneinander durch eine Außenwand getrennt (cerioide Kolonie); bei den gebündelten Formen sind die Koralliten parallel nebeneinander angeordnet und wachsen nicht so dicht aneinander gedrängt.

Stratigraphische und geographische Verbreitung: Diese Gattung ist im unteren Karbon weltweit, im oberen Karbon nur in Europa und Asien verbreitet. Das Korallenbündel auf dem ***Foto*** stammt aus dem Karbon von Tennessee in den Vereinigten Staaten.

Anmerkung: Diese Gattung umfasst die meisten der wenigen kolonienbildenden Formen der Ordnung *Rugosa* oder *Tetracorallia*. Sie war während des Paläozoikums, vom Ordovizium bis zum Perm, weit verbreitet, bis die ganze Ordnung infolge der größten Umweltkatastrophe, welche die Erde je erlebte, am Ende des Perms ausstarb.

Visitenkarte

Klasse
Anthozoa

Ordnung
Rugosa

Familie
Lithostrotionidae

Stratigraphische Verbreitung
Karbon

Geographische Verbreitung
Ganze Welt

Halysites

Die Vertreter der Gattung *Halysites* sind sehr charakteristisch aussehende Korallen, die an der Büschelform ihrer Kolonien leicht zu erkennen sind. Die einzelnen **Koralliten** weisen eine längliche Form mit zylindrischem oder ovalem Querschnitt auf und sind durch Mikrokoralliten voneinander getrennt. Die Koralliten selbst sind meist in kurzen Reihen angeordnet, die sich dann wie in einem Netz weiterentwickeln – es werden zumeist einreihige Ketten gebildet, selten auch zwei- oder dreireihige.

Stratigraphische und geographische Verbreitung: Diese Gattung ist nur im unteren Paläozoikum in den Sedimenten des Ordoviziums und Silurs in Europa, Asien, Afrika, Australien und Nordamerika nachgewiesen.

Anmerkung: Die Ordnung *Tabulata*, der die Art *Halysites* angehört, kommt fast ausschließlich im Paläozoikum vor, mit einigen wenigen Spezies aber auch noch in der Trias. Die größte Verbreitung der *Tabulata* ist vom Ordovizium bis zum Devon nachgewiesen, im Karbon und Perm ist die Ordnung nicht mehr so artenreich.

Visitenkarte

Klasse
Anthozoa

Ordnung
Tabulata

Familie
Halysitidae

Stratigraphische Verbreitung
Ordovizium–Silur

Geographische Verbreitung
Ganze Welt

BRYOZOA (MOOSTIERCHEN)

Die Bryozoen (Stamm Bryozoa*) sind Organismen, welche verzweigte kleine Kolonien bauen und zumeist in großen Meerestiefen, aber auch im Süßwasser leben. Die einzelnen Individuen sind sehr klein und haben eine gewisse Ähnlichkeit mit den Korallen. Moostierchen stellen den derzeit am weitesten verbreiteten Stamm der Lophophoraten dar, der außerdem noch die Brachiopoden (Armfüßer) und die Pogonophoren umfasst. Die erwachsenen Individuen der diversen Stämme unterscheiden sich in ihrem Körperbau und Dimensionen beträchtlich voneinander, haben aber eine Gemeinsamkeit: die* ***Lophophoren****. Es handelt sich dabei um eine Falte im hinteren Teil des Körpers, die mit bewimperten Tentakeln versehen ist und um die Mundöffnung herumführt. Die Bryozoen umfassen derzeit etwa 4000 lebende Spezies, weitere 15.000 fossile Spezies sind bekannt.*

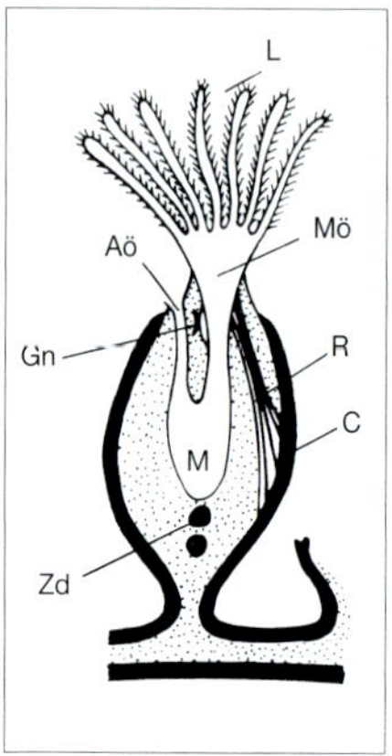

ANATOMIE UND MORPHOLOGIE

Die einzelnen Individuen, die bis zu 1 mm breit und 3 mm lang werden können, werden als ***Zooide*** *bezeichnet. Sie verfügen über ein* ***Cystid****, eine röhrenförmige Chitinhülle, die durch Kalzit oder Aragonit verstärkt sein kann und die Weichteile oder* ***Polypide*** *umschließt. Das hintere Ende eines Polypids trägt die Krone mit den bewimperten* ***Tentakeln*** *der Lophophoren, welche einen Wasserstrom erzeugen können, um die Mikroorganismen, von denen sich das Tier ernährt, zum Mund zu leiten. Die Lophophoren und die anderen Körperteile können mittels kräftiger Rückziehmuskeln (Retraktoren) in das Cystid zurückgezogen werden.*

LEBENSRAUM, VERBREITUNG UND KLASSIFIKATION

Von den Bryozoen wurden fossile Exemplare ab dem Kambrium gefunden, aber auch heute sind sie noch immer weit verbreitet. Sie bilden ein Larvenstadium in Planktonform; sobald eine Larve sich an einer Unterlage festgesetzt hat, ist dies der Beginn einer neuen Kolonie, die krustenförmig, baumförmig verzweigt oder massig sein kann. Die Bryozoen werden in drei Klassen unterteilt: die Phylactolaemata *sind derzeit ausschließlich Süßwasserformen, deren Cystide nicht kalkhaltig sind; die* Gymnolaemata *sind vorwiegend marin, umfassen den Großteil der heute lebenden Spezies und sind ab dem Ordovizium bekannt; die* Stenolaemata, *ebenfalls marin, sind ab dem oberen Kambrium bekannt.*

Oben: *Skizze der Anatomie eines Moostierchens: Aö) Afteröffnung; Mö) Mundöffnung; Zd) Zwitterdrüse; Gn) Ganglion (Nervenknoten); L) Lophophoren; R) Rückziehmuskeln; M) Magen; C) Cystid.*
Rechts: *das Moostierchen* Pseudohornera bifida.

Archimedes

Tiere der Gattung *Archimedes* bilden verästelte Kolonien, wobei die Äste untereinander durch Querbalken verbunden sind und je zwei Längsreihen von **Cystiden** tragen. Auf den Querbalken befinden sich keine Cystiden. Die Kolonie wird von einer **Achse** getragen, um die sie sich in Form einer Spirale entwickelt. Wegen ihrer Robustheit konnten sich die Achsen besser erhalten als die Weichteile und wurden daher häufig fossiliert. Da nach wie vor vergleichbare Wuchsformen existieren, ist die Gattung leicht zu bestimmen.

Stratigraphische und geographische Verbreitung: Vertreter dieser Gattung kommen im oberen Karbon besonders zahlreich in Nordamerika und im Perm auch in Europa vor. Die Steinplatte auf dem ***Foto*** zeigt zwei fossile robuste Achsen der Spezies *A. wortheni,* sie stammt aus dem Karbon von Indiana in den Vereinigten Staaten.

Anmerkung: Die verzweigte zarte Kolonie, in der die Tiere lebten, wirkt wie ein dünnes Netz aus Spitzen und ist viel feiner als die Achse. Selten blieben auch verstreute Reste der Kolonie selbst im Gestein rund um die Achse erhalten.

Visitenkarte

Klasse
Stenolaemata

Ordnung
Fenestrata

Familie
Fenestellidae

Stratigraphische Verbreitung
Karbon–Perm

Geographische Verbreitung
Europa, Nordamerika

Fenestella

Vertreter dieser Gattung bilden trichter-, fächer-, oder röhrenförmige **Kolonien** mit engen, geraden oder gewundenen Verästelungen, die durch regelmäßig angeordnete Querbalken miteinander verbunden sind. Die Äste tragen zwei Reihen von **Cystiden**, die durch einen Kiel getrennt sind. Es können auch Stacheln vorhanden sein.

Stratigraphische und geographische Verbreitung: Fossilien dieser Gattung sind in den Sedimentgesteinen aus dem Paläozoikum in Europa und Nordamerika sehr verbreitet.

Anmerkung: Diese Moostierchen-Gattung ist allgemein verbreitet, eine korrekte Identifizierung der Arten ist jedoch für Nichtspezialisten nicht immer leicht, da es äußerst ähnliche Formen gibt. Die typische *Fenestella*-Kolonie zeigt sich als Fossil wie dieses Exemplar auf dem ***Foto***. Es stammt aus dem Devon, gehört zur Spezies *F. bohemica* und wurde in Deutschland gefunden; häufig sind sie auch in Form von trichterförmigen Sieben anzutreffen.

Visitenkarte

Klasse
Stenolaemata

Ordnung
Fenestrata

Familie
Fenestellidae

Stratigraphische Verbreitung
Ordovizium–Perm

Geographische Verbreitung
Europa, Nordamerika

BRACHIOPODA (ARMFÜSSER)

Brachiopoden (Stamm Brachiopoda*) sind marine Lebewesen, die auf den ersten Blick eine gewisse Ähnlichkeit mit Muscheln zeigen. Wie diese besitzen sie ebenfalls eine äußere Hülle, die aus zwei Schalenklappen besteht, sie haben aber verwandtschaftlich mehr mit den* Bryozoa *(Moostierchen) und* Phoronidea *(Hufeisenwürmer) gemeinsam, da sie Lophophoren besitzen, welche einen Kranz um den Mund bilden und mit* ***bewimperten Tentakeln*** *versehen sind. Daher fasst man Armfüßer gemeinsam mit den Moostierchen und Hufeisenwürmern zum Stamm der* Tentaculata *(Kranzfühler) zusammen. Sie sind heute nur noch in geringer Artenzahl verbreitet; man kennt bis jetzt etwas mehr als 260 rezente und ca. 30.000 fossile Spezies von Brachiopoden.*

ANATOMIE UND MORPHOLOGIE

Wie die Bryozoen und Phoroniden (Hufeisenwürmer) ernähren sich auch die Brachiopoden mit Hilfe der Tentakelkränze ihrer ***Lophophoren****. Die Lophophoren selbst befinden sich bei den Armfüßern innerhalb der Schale und sind lang gezogen und spiralig eingedreht, um damit die Oberfläche zum Einfangen der Beute zu vergrößern. Ihre Nahrung besteht aus kleinen im Wasser schwebenden organischen Partikeln, die bei geöffneten Schalen gemeinsam mit dem Wasser in das Innere der Hülle transportiert wird. Die wesentlichen Teile des Tierkörpers befinden sich in dem als* ***Körperhöhle*** *bezeichneten hinteren Teil der* ***Schale****. Die vordere Hälfte wird von den Lophophoren, vom* ***Mund****, und, falls vorhanden, vom* ***After*** *eingenommen. Die Muskeln der Armfüßer dienen hauptsächlich zum Öffnen und Schließen der Schalen. Bei den inarticulaten (ohne Gelenk) Brachiopoden geschieht das Öffnen der Schalenklappen mittels Drehung der Kommissur; bei den Articulaten bewegen Muskeln (Schließ- und Öffnungsmuskeln) ein* ***Scharnier****, wodurch sich die Klappen schließen bzw. öffnen.*

Tetractinella trigonella, *Brachiopode der Familie* Spiriferidae *aus der oberen Trias. Fundort: Recoaro, Italien.*

DIE SCHALE

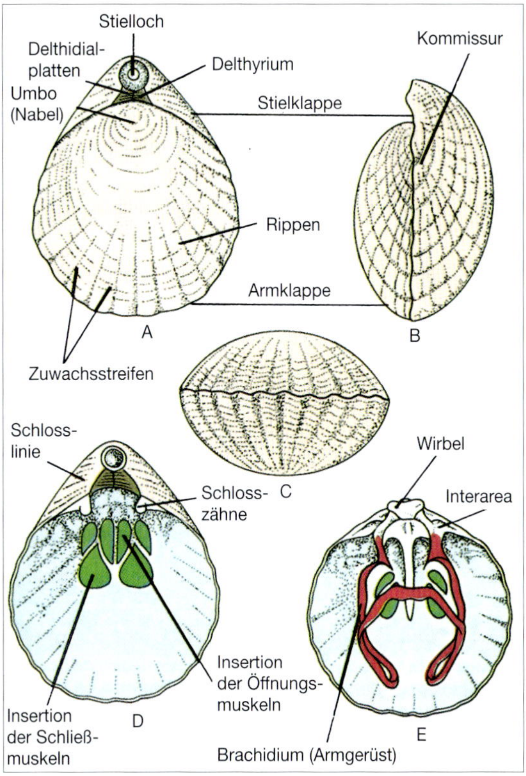

Skizzen eines articulaten Brachiopoden (Magellania flavescens), Ansichten von außen (A: Rückenansicht; B: Seitenansicht; C: Vorderansicht) und von innen (D: Stielklappe; E: Armklappe).

Im Gegensatz zu den Schalen der Lamellibranchiaten (Muscheln), bei denen sich die Schalenklappen in den Lateralebenen des Körpers rechts und links befinden, besteht die Schale der Brachiopoden aus einer Rücken- und einer Bauchklappe. Die Form der ***beiden Klappen*** *ist unterschiedlich: die Stielklappe weist nach außen eine Krümmung auf, den* ***Umbo*** *(Nabel); oberhalb von diesem geht ein durch ein Stielloch führender Stiel aus, mit dem sich das lebende Tier an der Unterlage verankert; die Armklappe trägt das* ***Brachidium*** *(Armgerüst), eine Skelettstruktur als Stütze der Lophophoren. Die Schale der Armfüßer ist bilateral symmetrisch (d. h., dass sich, bei einem Schnitt durch die Medianebene, beide Seiten jeder Schalenhälfte spiegelbildlich gleichen). Oft sind die Schalen auch strukturell ornamentiert. Die häufigste* ***Ornamentierung*** *besteht aus* ***Radialrippen****, die vom Apex der Klappen ausgehen und meist sehr fein, aber durchaus ausgeprägt sein können. Manchmal tritt eine Ornamentierung mit konzentrischen Rippen auf, welche häufig die Wachstumslinien anzeigen. Die Verwachsungsstellen der Adduktoren- und Reduktorenmuskeln hinterlassen charakteristische Abdrücke auf der Innenwand der Schale. Diese sind auch im fossilen Stadium noch erkennbar und können ebenso wie andere Schalenmerkmale für die Klassifikation der Fundstücke herangezogen werden.*

ENTWICKLUNG

Die Brachiopoden eroberten schon die Meere des Kambriums und zeigten während des ganzen Paläozoikums eine bemerkenswerte Vielfalt und Verbreitung: Abgesehen von einigen Ausnahmen ist in den darauf folgenden Ären ein deutlicher Rückgang der Armfüßer festzustellen. Heute leben die wenigen verbliebenen Arten am Boden der Meere gemäßigter Zonen und sind, verglichen mit anderen Stämmen, unbedeutend. Die rezenten Formen leben sessil, sie verankern sich mit ihrem Stiel an einer festen Unterlage.

Im Paläozoikum existierten Formen, die sogar auf schlammigen Meeresböden lebten und lange Stacheln an ihren Schalen entwickelten, mit deren Hilfe sie ein Einsinken im Schlamm verhindern konnten. Im oberen Paläozoikum passten sich einige Formen an das Leben in bewegterem Wasser an und trugen in weniger tiefem, sauerstoffreichem Wasser lebend mit ihren Schalen zum Bau von Biohermen (Riffe aus organischem Material) bei. Inarticulate Brachiopoden (ohne Gelenk) waren besonders im Kabrium verbreitet. 95% der Brachiopoden gehörten jedoch zur Klasse Articulata *(mit Gelenk), welche im Ordovizium und in den folgenden Perioden eine besonders große Vielfalt hervorbrachte. Jene Brachiopoden, welche die große Umweltkatastrophe zu Ende des Perms überlebten, wurden dann in der Trias noch seltener. In den späteren Erdperioden konnten die Brachiopoden keine so große Artenvielfalt mehr wie im Paläozoikum hervorbringen und waren daher auch nicht mehr so weit verbreitet.*

Lingulella

Visitenkarte

Klasse
Inarticulata

Ordnung
Lingulida

Familie
Obolidae

Stratigraphische Verbreitung
Kambrium–Ordovizium

Geographische Verbreitung
Ganze Welt

Die Arten der Gattung *Lingulella* gehören mit ihren weniger als 20 mm langen Schalen zu den kleineren inarticulaten Brachiopoden. Ihre **Schale** ist sehr dünn und kann eine nahezu ovale bis dreieckige Form annehmen. Die **Rückenklappe** ist stärker gewölbt als die **Bauchklappe**, welche nach hinten spitz zuläuft. Die **Ornamentierung** wird aus feinen, aber gut sichtbaren Wachstumslinien gebildet. Die Schale besteht aus Chitin und Kalziumphosphat.

Stratigraphische und geographische Verbreitung: Diese Gattung kam vom unteren Kambrium bis zum mittleren Ordovizium in allen Meeren der Welt vor, und es gibt auch Hinweise für eine Präsenz im oberen Ordovizium, was jedoch nicht sicher belegt ist. Die Exemplare auf dem ***Foto*** zählen zur Spezies *L. ampla* aus dem oberen Kambrium und wurden in Wisconsin (Vereinigte Staaten) gefunden.

Anmerkung: *Lingulella* hat eine gewisse Ähnlichkeit mit der rezenten Brachiopodengattung *Lingula*. Diese ist wegen ihres beständigen Vorkommens bekannt – sie ist vom Silur bis heute nachgewiesen und eines der heute am häufigsten vertretenen »**lebenden Fossilien**«. *Lingulella* weist jedoch einige Unterschiede zu *Ligula* auf und gehört einer anderen Familie innerhalb der gleichen Ordnung an. Sie wurde besonders zahlreich in Lagerstätten gefunden, die von Meeresböden mit geringer Tiefe stammten und lebte vermutlich ebenso wie *Lingula* sesshaft – höchstwahrscheinlich bereits zu Lebzeiten im Sediment vergraben.

Orbiculoidea

Visitenkarte

Klasse
Inarticulata

Ordnung
Acrotretida

Familie
Discinidae

Stratigraphische Verbreitung
Silur–Perm

Geographische Verbreitung
Ganze Welt

Die Schalen dieser sehr kleinen Brachiopoden sind konisch und weisen einen runden Querschnitt auf. Die Größe der **Klappen** reicht meist nur bis zu 6 mm. Die **Ornamentierung** besteht aus feinen oder durch Lamellen betonten konzentrischen Wachstumsstreifen. Die **Bauchklappe** kann auch abgeflacht oder nach innen gewölbt sein und besitzt von der Mitte oder bis fast am hinteren Rand ein enges **Stielloch**. Die **Rückenklappe** ist stärker gewölbt und ihr Apex befindet sich nahezu in der Mitte.

Stratigraphische und geographische Verbreitung: Diese Gattung hat eine bemerkenswerte stratigraphische Verbreitung, da sie in allen Meeren des Silurs und des Perms verbreitet war. Es gab auch Meldungen über Funde in den Sedimenten des Ordoviziums, die jedoch nicht mit Sicherheit belegt sind. Das Exemplar auf dem ***Foto*** gehört zur Spezies *O. subtrigonalis* aus dem oberen Karbon und wurde in Illinois (Vereinigte Staaten) gefunden.

Anmerkung: Vertreter dieser Gattung kommen auch in Ablagerungen tieferer Meeresböden gemeinsam mit Graptolithen vor. Da man sie oft in Sedimenten sauerstoffarmer und daher wenig lebensfreundlicher Meerestiefen findet, wird heute angenommen, dass sich diese Brachiopoden meist an auf der Wasseroberfläche treibenden Körpern wie etwa Algen festhefteten.

Schizophoria

Die **Schalen** von Vertretern der Gattung *Schizophoria* sind bis zu 25 mm breit und etwas weniger als 20 mm lang. Die Klappen sind fast kreisförmig oder elliptisch. Die **Bauchklappe** besitzt im **Schlossfeld** gut ausgeprägte Schlosszähne. Außerdem zeigt sie nahe dem vorderen Rand eine sehr ausgeprägte Mittelfalte, der eine breite Ausbuchtung auf der **Rückenklappe** entspricht. Die **Ornamentierung** besteht aus zahlreichen feinen Radialrippen.

Visitenkarte

Klasse
Articulata

Ordnung
Orthida

Familie
Schizophoridae

Stratigraphische Verbreitung
Silur–Perm

Geographische Verbreitung
Ganze Welt

Stratigraphische und geographische Verbreitung: Fossilien dieser Art sind in den Sedimenten des Paläozoikums, ab dem mittleren Silur bis zum oberen Perm, weltweit zu finden. Sie gehörten zu den häufigsten Brachiopoden des Devons und waren in den späteren Perioden viel weniger stark vertreten. Das Exemplar auf dem ***Foto*** gehört zur Spezies *S. striatula* und stammt aus dem Devon aus Deutschland.

Anmerkung: Die Ordnung *Orthida*, der *Schizophoria* angehört, ist im ganzen Paläozoikum, vom Kambrium bis zum Perm, verbreitet und umfasst die ältesten bekannten Arten der Klasse *Articulata* (aus dem unteren Kambrium).

Pulchratia

Die Brachiopoden der Gattung *Pulchratia* sind nur von kleinerer bis mittlerer Größe; ihre **Schalen** können bis zu etwa 20 mm breit und 16 mm lang werden, ihr Profil ist in etwa quadratisch, wobei die **Bauchklappen** deutlich gewölbt, fast kugelförmig, und die **Rückenklappen** flach oder schwach nach innen gewölbt sein können. Die Außenseite der Schale zeigt eine dichte **Ornamentierung** mit konzentrischen Reihen kleiner, deutlich sichtbarer, nahezu gleichartiger **Stacheln**. Auch die Innenseite kann mit Stacheln ornamentiert sein.

Visitenkarte

Klasse
Articulata

Ordnung
Strophomenida

Familie
Echinoconchidae

Stratigraphische Verbreitung
Karbon

Geographische Verbreitung
Nordamerika

Stratigraphische und geographische Verbreitung: Die Gattung ist im oberen Karbon (Pennsylvanium) von Nordamerika belegt. Das Exemplar auf dem ***Foto*** gehört zur Spezies *P. symmetrica*.

Anmerkung: Arten der Gattung *Pulchratia* zeigen eine starke Ähnlichkeit mit anderen Arten, die während des Karbons und des Perms auf der ganzen Welt verbreitet waren. Die verschiedenen Formen können dennoch je nach Lage im Sediment und nach der Größe der Stacheln deutlich unterschieden werden.

Leptaena

Visitenkarte

Klasse
Articulata

Ordnung
Strophomenida

Familie
Rafinesquinidae

Stratigraphische Verbreitung
Ordovizium–Devon

Geographische Verbreitung
Ganze Welt

Die **Schalen** der Vertreter aus der Gattung *Leptaena* haben etwa die Form eines Halbkreises oder Quadrats, die **Bauchklappen** sind leicht gewölbt und die **Rückenklappen** ganz wenig nach innen gewölbt. Beide Gehäusehälften bilden nahe dem Rand deutliche Falten. Die **Ornamentierung** besteht aus feinen Radialrippen, die sich mit breiteren konzentrischen Falten kreuzen. Die **Schlossränder** sind gerade und verlaufen nahezu über die ganze Breite der Schale. Die **Muskelabdrücke** auf der Bauchklappe sind oval und durch kleine Septen begrenzt.

Stratigraphische und geographische Verbreitung: Diese Gattung ist vom mittleren Ordovizium bis zum Devon weltweit verbreitet; es gibt viele Untergattungen mit zahlreichen Spezies, welche als Leitfossilien gelten. Das Exemplar auf dem ***Foto oben*** zählt zur Spezies *L. analoga*, stammt aus dem Karbon und wurde in Wales gefunden. Auf dem ***Foto unten***: im Sediment eingebettete Exemplare von *Leptaena* sp.

Anmerkung: Während die meisten *Articulata* sich mit ihren Stielen an einer festen Unterlage (Felsen, andere Lebewesen mit Schale) verankerten, hatten sich Tiere der Gattung *Leptaena* vermutlich an das Leben in schlammigen Meerestiefen angepasst. Die Vertreter lagen mit den Bauchklappen, deren Radialfalten für eine stabile Lage sorgten, nach unten auf dem Substrat.

Strophomena

Die **Schalen** dieser Gattung können klein bis mittelgroß sein und zeigen eine etwa halbkreisförmige bis quadratische Form. Die **Schlossränder** sind gerade und befinden sich an der breitesten Stelle der Schale. Bei jüngeren Exemplaren ist die **Bauchklappe** nach außen und die **Rückenklappe** nach innen gewölbt. Bei ausgewachsenen Strophomenen ist die Anordnung umgekehrt: hier ist die Bauchklappe nach innen und die Rückenklappe nach außen gewölbt. An der Bauchklappe befindet sich nur ein sehr kleines **Stielloch**. Die **Ornamentierung** besteht außen aus feinen Radialstreifen und innen aus leichten Buckeln. Der **ventrale Muskelabdruck** ist kreisförmig oder oval.

Stratigraphische und geographische Verbreitung: Diese Gattung war mit zahlreichen Spezies im mittleren und oberen Ordovizium weltweit vertreten. Das Exemplar auf dem ***Foto oben*** gehört zur Spezies *S. planaconvexa* aus dem Ordovizium und wurde in Peru gefunden. ***Foto unten***: *S. concordensis* aus dem Ordovizium der Vereinigten Staaten.

Anmerkung: Das sehr enge Stielloch lässt vermuten, dass der Stiel dieser Tiere nicht sehr kräftig war. Man nimmt an, dass er das ausgewachsene Tier nicht stützen konnte und dass dieses daher mit einer Schalenhälfte – wahrscheinlich der Bauchklappe – am Substrat lag.

Visitenkarte

Klasse
Articulata

Ordnung
Strophomenida

Familie
Strophomenidae

Stratigraphische Verbreitung
Ordovizium

Geographische Verbreitung
Europa, Nordamerika

Derbyia

Visitenkarte

Klasse
Articulata

Ordnung
Strophomenida

Familie
Derbyiidae

Stratigraphische Verbreitung
Karbon–Perm

Geographische Verbreitung
Ganze Welt

Die **Schalen** dieser mittelgroßen Armfüßer sind annähernd dreieckig bis rund, über 30 mm breit und etwas weniger lang. Beide **Klappen** sind gewölbt und meist etwas unregelmäßig geformt. Die **Ornamentierung** besteht aus eng aneinander gereihten Radialrippen auf der Außenseite und kleinen Höckern auf der Innenseite der Schale. Die **Bauchklappe** weist innen ein Mittelseptum auf, das mit den Dentallamellen verbunden ist.

Stratigraphische und geographische Verbreitung: Tiere dieser Gattung kamen auf der ganzen Welt vom unteren Karbon bis zum oberen Perm vor. Das Exemplar auf dem ***Foto*** gehört zur Spezies *D. cymbula* aus dem Karbon und stammt aus Idaho (Vereinigte Staaten).

Anmerkung: Untersuchungen dieser Armfüßer in den unterschiedlichen Entwicklungsstadien ergaben, dass die jugendlichen Formen haarähnliche Fäden zum Festhaften ähnlich den Byssusfäden der Lamellibranchiaten (Muscheln) hervorbrachten. Sobald die Schalen größer und schwerer wurden und somit eine gewisse Stabilität gewährleistet war, lagen die Tiere vermutlich auf dem Substrat des Untergrundes.

Pentamerus

Visitenkarte

Klasse
Articulata

Ordnung
Pentamerida

Familie
Pentameridae

Stratigraphische Verbreitung
Silur

Geographische Verbreitung
Nordamerika, Eurasien

Tiere der Gattung *Pentamerus* brachten große, breite **Schalen** hervor, die über 10 cm messen können, wobei die Längsausdehnung etwas kürzer ist. Die leichte Wölbung der **Klappen** bildet eine tropfenähnliche Form. Die Außenseiten der Schalen sind glatt oder zeigen schwache, eher breite Radialrippen. Die **Bauchklappe** weist eine Art Plattform auf, das *Spondylium*, an welchem die Muskeln ansetzten.

Stratigraphische und geographische Verbreitung: Diese Gattung war auf das Silur beschränkt und besonders in Nordamerika und Europa weit verbreitet. Das Exemplar auf dem ***Foto***, ein *Pentamerus* sp., stammt aus dem unteren Silur von Quebec in Kanada.

Anmerkung: Man vermutet, dass die deutlich abgehobenen Platten als Ansatzstelle der Muskeln im Inneren der Schale dieser Armfüßer wegen ihrer großen Körperdimensionen und der stark gewölbten Form der Schalen entwickelt wurden. Durch diese Platten konnte wahrscheinlich die Distanz verringert und die Hebelwirkung vergrößert werden, welche die Muskeln für das Schließen der beiden Klappen benötigten. Die Ordnung *Pentamerida*, welcher die Art *Pentamerus* ihren Namen gegeben hat, war vom mittleren Kambrium bis zum Devon verbreitet.

Mucrospirifer

Vertreter dieser Brachiopodengattung entwickelten mittelgroße **Schalen** mit der charakteristischen Form der *Spiriferidina* (Unterordnung). Das Gehäuse ist deutlich breiter als lang und weist an der **Schlosslinie,** an der die Klappen beweglich verbunden sind und ihre breiteste Stelle erreichen, eine Gerade auf, sodass das Gehäuse zwei scheinbare Flügel mit zugespitzten Enden bildet. Die Klappen sind deutlich gewölbt; die **Bauchklappe** zeigt eine Mittelfurche, die **Rückenklappe** eine entsprechende, aber nicht sehr stark akzentuierte Falte. Außerhalb des gefalteten Bereichs in der Mitte ist die Schale mit Radialrippen **ornamentiert**.

Stratigraphische und geographische Verbreitung: Diese Gattung war nur im mittleren Devon in Europa und Nordamerika verbreitet. Das Exemplar auf dem ***Foto oben*** zählt zur Spezies *M. thedfordensis* und stammt aus dem Devon von Ontario in Kanada.

Anmerkung: Diese Arten lebten auf schlammigem Untergrund, ohne sich an einer Unterlage festzuheften. Die flügelartige Schale diente wahrscheinlich dazu, den Wasserstrom zu regulieren, der durch die »Flügel« eintrat, die Lophophoren passierte und dann am vorderen Rand wieder ausströmte.

Visitenkarte

Klasse
Articulata

Ordnung
Spiriferida

Familie
Spiriferidae

Stratigraphische Verbreitung
Devon

Geographische Verbreitung
Europa, Nordamerika

Links, von oben nach unten:
M. thedfordensis, *Devon, Kanada;*
M. mucronatus, *Devon, New York;*
M. medfordensis, *Devon, Kanada.*

Terebratula

Visitenkarte

Klasse
Articulata

Ordnung
Terebratulida

Familie
Terebratulidae

Stratigraphische Verbreitung
Miozän–Pliozän

Geographische Verbreitung
Europa

Die **Schalen** dieser Armfüßergattung sind mittelgroß oder etwas größer, mit gewölbten, länglichen **Klappen**, die vorne mit einer Doppelfalte versehen sind. Die Schalenklappen sind außen glatt oder weisen nur eine **Ornamentierung** von feinen Wachstumsstreifen auf. Der massive **Umbo** ist gerade oder gebogen und besitzt ein relativ großes Stielloch (Foramen). Durch die Form der Klappen und des Umbo nimmt die Schale das charakteristische Aussehen einer antiken Öllampe an.

Stratigraphische und geographische Verbreitung: Diese Gattung ist im Miozän und Pliozän von Europa bekannt. Das Exemplar auf dem ***Foto oben*** gehört zur Spezies *T. ampulla* und ist typisch für die Gesteinsschichten des Pliozäns in Italien.

Anmerkung: Die Vertreter der Ordnung *Terebratulida* sind seit dem unteren Devon bekannt und rezent noch immer verbreitet. Sie bilden heute die größte und artenreichste Brachiopodengruppe. Sie leben sessil und verankern sich mit ihren **Stielen** am Gestein oder an anderen festen Unterlagen.

Vier Exemplare von Terbratula *aus italienischen Lagerstätten,* oben links: T. ampulla, *Pliozän, Apenninen;* oben rechts: Terebratula *sp., Pliozän, Asti;* unten links: Terebratula *sp., Quartär, Favignana;* unten rechts: Terebratula *sp., Miozän, Salent.*

Pygope

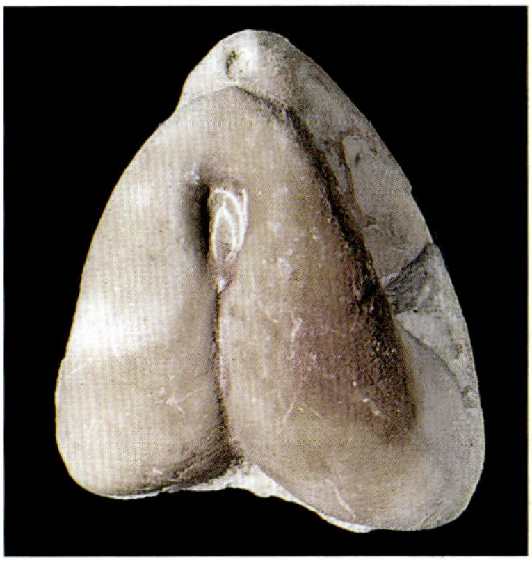

Die **Schalenform** dieser und ähnlicher Brachiopodenarten ist sehr charakteristisch, da sie zwei ausgeprägte und während des Jugendstadiums separierte **Seitenloben** entwickeln; im adulten Stadium wachsen diese dann allmählich zusammen, sodass sich letztlich auch die mittlere **Trennlinie** schließen kann. Die Schalenform ist im Allgemeinen in etwa dreieckig mit abgerundeten Ecken. Die **Ornamentierung** ist nicht sehr ausgeprägt und besteht aus Falten und feinen konzentrischen Streifen.

Stratigraphische und geographische Verbreitung: Diese Gattung ist typisch für den oberen Jura und die untere Kreide, ihre geographische Verbreitung aber auf die Alpen beschränkt. Das Exemplar auf dem ***Foto*** gehört zur Spezies *P. dyphia* und stammt aus marinen Kalken der italienischen Voralpen.

Anmerkung: Die untereinander häufig sehr ähnlichen Arten dieser charakteristischen Familie sind durch ihre Loben und die eigentümliche Trennlinie leicht erkennbar, auch wenn diese schon sehr stark verwachsen ist. Vertreter dieser Familie waren nur relativ kurze Zeit verbreitet – sie tauchten im mittleren Jura auf und starben in der unteren Kreide aus.

Visitenkarte

Klasse
Articulata

Ordnung
Terebratulida

Familie
Pygopidae

Stratigraphische Verbreitung
Jura, Kreide

Geographische Verbreitung
Europa

Tetractinella

Vertreter der Gattung *Tetractinella* waren klein und entwickelten bikonvexe **Schalen,** wobei die **Bauchklappe** eine längliche Einsenkung aufweist, der eine Außenwölbung auf der **Rückenklappe** entspricht. Der Umriss der Klappen ist meist fünfeckig. Es treten keine deutlichen lamellenartigen Wachstumslinien wie bei ähnlichen Gattungen auf, dafür aber vier sehr ausgeprägte, spitze **Radialrippen** auf jeder Klappe.

Stratigraphische und geographische Verbreitung: Tiere dieser Gattung kamen lediglich in der Trias vor und sind ausschließlich in den marinen Sedimenten der Alpen anzutreffen. Das Fossilienaggregat auf dem ***Foto*** zeigt mehrere Exemplare der für die Gattung typischen Spezies *T. trigonella*. Der Fund stammt aus der Trias der Venezianischen Voralpen in Italien.

Anmerkung: Die Gattung *Tetractinella* brachte die letzten Vertreter der im oberen Silur erstmals aufgetauchten Familie *Athyrididae hervor*. Die meisten Mitglieder dieser Familie hatten die große Umweltkatastrophe, die das Ende des Paläozoikums markierte und sich auf viele Brachiopodengruppen negativ auswirkte, überlebt, starben aber dann im Laufe der Trias endgültig aus.

Visitenkarte

Klasse
Articulata

Ordnung
Spiriferida

Familie
Athyrididae

Stratigraphische Verbreitung
Trias

Geographische Verbreitung
Europa

ANNELIDA (RINGELWÜRMER)

*Die Arten des Stammes Ringelwürmer (*Annelida*), wurmförmige Lebewesen, sind heute weltweit zahlreich verbreitet. Sie umfassen die Klassen: Wenigborster (*Oligochaeta*), Vielborster (*Polychaeta*) und Egel (*Hirudinea*). Die Oligochaeten (Regenwürmer und Verwandte) leben zumeist im Boden und Süßwasser, während die Vielborster ausschließlich im Meer leben. Die Egel leben entweder in Süßwasser oder auf feuchten Böden. Die diversen Arten der Ringelwürmer haben sich auf höchst unterschiedliche Weise zu verschiedenen Lebensformen entwickelt; so existieren Formen, die in Tunneln oder Röhren leben, frei herumkriechen oder sich räuberisch bzw. parasitisch ernähren (Ektoparasiten und Endoparasiten).*

ANATOMIE UND MORPHOLOGIE

Unten: *Wohnröhren eines Vielborsters der Gattung* Serpula, *in mesozoischem Sediment fossilisiert.* Gegenüberliegende Seite, oben: *ein Ringelwurm der Gattung* Hicetes *auf der Koralle* Pleurodictyum problematicum *aus dem unteren Devon (Deutschland);* unten: *Wohnröhren einer* Serpula *aus dem unteren Jura von Deutschland.*

Der ***Körper*** *der Anneliden weist einen bilateral-symmetrischen Bau auf und ist typischerweise in ringförmige* ***Segmente*** *(****Metamere*** *oder* ***Somiten****) unterteilt; der Stamm leitet seinen Namen vom lateinischen* anulus *(»Ring«) ab. Die äußere Gliederung in hintereinander gereihte Metamere erstreckt sich auch auf die inneren Organe wie Muskeln, Nerven usw. Die Körperlänge kann bei den Oligochaeten beträchtlich variieren – von weniger als 1 mm bis 2 m bei bestimmten australischen und brasilianischen Regenwurmarten. Ähnliche Größenunterschiede sind auch bei Vielborstern zu verzeichnen (sie können bis zu 3 m lang werden), während die größten Egel nur eine Länge von maximal 20 cm erreichen können.*
Der ***Kopf*** *der Vielborster ist mit Fühlern versehen und setzt sich vom restlichen Körper deutlich ab, der aus mehr als 200 mit* ***Chitin-Borstenbüscheln*** *ausgestatteten Metameren bestehen kann. Die Oligochaeten zeigen hingegen keinen sich von den Metameren unterscheidenden Kopfteil und nur mikroskopisch kleine Borstenbüschel. Entsprechend ihrer Anpassung an die Umwelt können die Körperformen der Polychaeten natürlich beträchtlich variieren.*

LEBENSRAUM UND VERBREITUNG

Wegen des völligen Fehlens von Hartteilen gibt es verständlicherweise nahezu keine Fossilien von Regenwürmern oder Egeln und die wenigen gefundenen Exemplare konnten nicht mit Sicherheit bestimmt werden. Fossile Überreste von Borstenwürmern konnten aber in Konservat-Lagerstätten entdeckt werden, und es sind vor allem

ihre Wohnröhren, Gänge oder einzelne Borsten schon ab dem Kambrium bekannt. Nachdem es sich um Tiere mit weichem Körper handelt, sind Abdrücke oder Steinkerne ihrer Körper nur ausnahmsweise erhalten. Häufiger als Fossilien in der Tiefe sind ***Wohnröhren*** *von Polychaeten-Formen, welche sich durch Herbeistrudeln und Filtern des Wassers ernährten, aufzufinden. Sie verankerten ihre Röhren entweder an einer festen Unterlage oder lebten im Sand vergraben in ihren selbst errichteten Gehäusen; mit einer einziehbaren fächerförmig-spiraligen* ***Tentakelkrone*** *wurde Nahrung aus dem Meer gefiltert. Es gab auch zahlreiche frei lebende Formen von Borstenwürmern, die keine mineralischen Strukturen, wie z.B. Wohnröhren, bildeten.*

Fossile Reste von Polychaeten kommen in vielen Konservat-Lagerstätten ab dem Kambrium vor. Sie sind zwar auch in diesen Lagerstätten nicht in ihrer ganzen Vielfalt erhalten geblieben, doch wurden immerhin vollständig erhaltene Borstenwürmer verschiedener Spezies aus dem oberen Karbon von Mazon Creek, Illinois, und aus der oberen Kreide im Libanon gefunden. In den Gesteinsschichten des Paläozoikums und des Mesozoikums sind jedoch zahlreiche isolierte »Zähnchen« – ***Scolecodonten*** *– erhalten, die zu den Mundwerkzeugen (Kiefer) frei lebender meist räuberischer Borstenwürmer gehören. Die Scolecodonten sind Forschungsgebiet der Mikropaläontologie und haben für die stratigraphische Forschung heute eine gewisse Bedeutung.*

Eunicites

Visitenkarte

Klasse
Polychaeta

Ordnung
Eunicida

Familie
Eunicidae

Stratigraphische Verbreitung
Trias–Eozän

Geographische Verbreitung
Europa, Kleinasien

Die Gattung *Eunicites* umfasst frei lebende Vielborster ohne Wohnröhren aus Kalk oder anderen Substanzen. Sie zeigen typisch wurmförmige, in **Metamere** gegliederte Körper mit deutlich **abgesetztem Kopf**. Bei den fossilen Exemplaren erkennt man die Metamerie durch die reihenweise, paarige Anordnung der **Aciculae**, und, falls erhalten, auch durch die **Setolae** (Borsten). Die Chitin-Aciculae, dunkelfarbige Nadeln, die im Fossil gut sichtbar sind, sind meist in Bündeln von 2 bis 3 Stück angeordnet, können aber auch in größerer Anzahl gebündelt sein. Jedes Aciculae-Bündel wird von einem **Parapodium**, einer zweilappigen stummelartigen Ausbuchtung, getragen, die der Fortbewegung diente. Auf den einzelnen Parapodien sitzen Borstenbüschel, die bei guten Fossilisationsbedingungen noch erhalten bleiben können oder zarte Abdrücke hinterlassen. In einigen wenigen Fällen war es möglich, auch **Cirren**, das sind rankenartige **Fortsätze am Kopf,** festzustellen. Gemeinsam mit dem Kopf konservierten sich fast immer auch die **Mundwerkzeuge**: ein Paar mineralisierter **Mandibeln** (Oberkiefer) von heller Farbe, die sehr robust gebaut waren und die Form eines auf dem Kopf stehenden Dreiecks aufweisen, sowie eine Reihe von **Zähnchen** aus Chitin, welche im Fossil meist durch ihre schwarze Färbung zu erkennen sind.

Stratigraphische und geographische Verbreitung: Vertreter dieser Gattung sind von der oberen Trias bis zum Eozän nachgewiesen, möglicherweise sind ihr auch einige Funde aus dem Karbon von Nordamerika zuzurechnen. Fossilien dieser Arten kommen auch in verschiedenen europäischen und libanesischen Fossilien-Lagerstätten vor. Das Exemplar auf dem ***Foto oben*** aus der Kreide stammt aus dem Libanon. ***Foto unten***: *Eunicites* aus dem Jura (Osteno, Italien).

Anmerkung: Diese Gattung wurde erstmals in der zweiten Hälfte des 19. Jh.s nach Funden in der Lagerstätte Solnhofen in Bayern als dem oberen Jura zugehörig beschrieben. Zum ersten Mal hatte man damals ein Fossil von einem Wurm mit weichem Körper und ohne Hartteile aufgefunden. Diese Gattung gehört ebenso wie die rezente Spezies *Eunice gigantea*, die bis zu 3 m lang werden kann, zur Familie der *Eunicidae*. Von der fossilen Gattung *Eunicites* sind Exemplare bis zu 40 cm Länge bekannt.

Palaeoaphrodite

Tiere dieser Gattung hatten das charakteristische Aussehen der als »Seemäuse« bekannten rezenten (heutigen) Vielborster. Ihre **Körperform** kann von länglich elliptisch bis oval ausgeprägt sein. Die Arten von *Palaeoaphrodite* besaßen zwei Reihen von Bündeln robuster **Aciculae**, die sehr dicht standen und nach hinten gerichtet waren. Bei den Fossilien liegen die oberen und unteren Bündelreihen zumeist plattgedrückt übereinander, sind aber gut erkennbar. Außerdem waren Büschel von längeren **Borsten** vorhanden, die wesentlich weniger robust als die Aciculae sind. **Rückenschuppen**, wie sie bei rezenten Formen vorkommen, sind bei Fossilien im Allgemeinen nicht erhalten geblieben.

Stratigraphische und geographische Verbreitung: Die Art ist in der unteren Trias (Madagaskar) und in mehreren Lagerstätten der oberen Trias in den Alpen belegt. Das Exemplar auf dem ***Foto*** gehört zur Spezies *P. rhaetica* aus der oberen Trias und wurde in Italien gefunden.

Anmerkung: *Aphroditidae* sind heute in verschiedenen Meeresgebieten stark verbreitet; fossil sind sie ab der Trias mit der Gattung *Palaeoaphrodite* und einigen Formen aus der Kreide im Libanon bekannt. Weitere Formen aus dem Paläozoikum und Mesozoikum, die der Familie zugeschrieben werden, sind noch umstritten.

Visitenkarte

Klasse
Polychaeta

Ordnung
Aphrodita

Familie
Aphroditidae

Stratigraphische Verbreitung
Trias

Geographische Verbreitung
Europa, Afrika

Serpula (Kalkröhrenwurm)

Von den sessil lebenden Borstenwurmarten leben manche in selbst gebildeten pergamentartigen, andere in kalkhaltigen **Röhren,** die an einer festen Unterlage haften. Die Arten der Gattung *Serpula* bilden größere kalkhaltige Röhren, die zuweilen zahlreich in fossilisiertem Zustand abgelagert sind. Die Röhren sind unregelmäßig gewachsen, erscheinen häufig wie aufgewickelt und haften mit dem hinteren Ende am Boden. Die Oberfläche der Röhren zeigen zarte konzentrische **Rippen**. Bei heute noch lebenden Formen ist der **Körper** in zwei Regionen unterteilt. Der Vorderteil mit dem Thorax wird aus sieben Segmenten mit Borsten auf der Rückenseite gebildet und trägt einen **hornigen Deckel** zum Verschließen der Röhre.

Stratigraphische und geographische Verbreitung: Fossilien dieser Gattung sind ab dem Silur aus Europa und Nordamerika bekannt. Das Exemplar auf dem ***Foto*** stammt aus dem Pleistozän und wurde in Ägypten gefunden.

Anmerkung: Diese fossilen Arten sind wegen ihrer ziemlich robusten und daher häufig erhalten gebliebenen Kalkröhren bekannt. Von ihren Weichteilen wurden bis dato jedoch keine Fossilien gefunden. Die meisten Arten der rezenten *Serpulidae* sind Meeresbewohner, es gibt aber auch Formen, die sich an das Süßwasser angepasst haben.

Visitenkarte

Klasse
Polychaeta

Ordnung
Sabellida

Familie
Serpulidae

Stratigraphische Verbreitung
Silur–heute

Geographische Verbreitung
Europa, Nordamerika

NEMATODA (FADENWÜRMER)

Die Nematoden (Stamm Nematoda*) unfassen einen der vielen Stämme wurmförmige Organismen. Man kennt heute mehr als 12.000 beschriebene Spezies, es ist aber wahrscheinlich, dass die bekannten nur einen bescheidenen Anteil der tatsächlich existierenden Arten ausmachen. Da sie meist keine leicht konservierbaren Teile mit mineralischen Komponenten besitzen, werden sie als Fossil nur sehr selten aufgefunden. Offensichtlich fehlen hier sehr viele paläontologische Daten – denn die Fadenwürmer sind heute so artenreich und außerordentlich weit verbreitet, dass sie sicherlich bereits eine sehr lange Entwicklungsgeschichte hinter sich haben.*
Nematoden können fast alle Lebensräume bewohnen oder als Parasiten nahezu jeden Organismentyp, einschließlich Wirbeltiere und Menschen, befallen und zahlreiche Krankheiten hervorrufen (vor allem in den tropischen Gebieten). Frei lebende Nematoden machen in manchen Gebieten einen großen Teil der **Biomasse** *aus: z.B. können auf einer 8 cm mal 1 m^2 großen Fläche von Schwemmland bis zu 750.000, und in einer 2,5 cm mal 1 m^2 großen Strandfläche bis zu 250.000 Stück dieser Individuen leben.*

Unten: *Fossilien eines Fadenwurms aus der Kreide, Libanon.*
Gegenüberliegende Seite, oben: *fossilisierter Fisch mit Fadenwurm aus der Kreide, Libanon;*
unten: Eophasma jurasicum, *ein Fadenwurm aus der Jura-Lagerstätte von Osteno, Italien.*

ANATOMIE UND MORPHOLOGIE

*Nematoden bilden wurmförmige zylindrische Körper (*nema *bedeutet »Faden«), die an den beiden Enden nahezu spitz zusammenlaufen. Die Männchen weisen je ein Paar* **Spiculae** *am Hinterende auf, die zur Fortpflanzung dienen. Der* **Mund** *ist mit einem muskulösen* **Pharynx** *als Schlundpumpe zum Aufsaugen der Nahrung ausgestattet. Der Körper vieler frei lebender Spezies ist mit* **Borsten** *oder* **Schuppen** *bedeckt, mit deren Hilfe sich die Tiere fortbewegen. Einige frei lebende räuberische Formen bilden* **Zähne** *aus Chitin aus.*

LEBENSRAUM UND VERBREITUNG

Fadenwürmer haben sich im Lauf ihrer Entwicklung an das Leben in unterschiedlichen Lebensräumen angepasst, seien es Wüsten, Feuchtböden, Süßwasser oder Salzwasser; viele Formen leben als Parasiten an und in Pflanzen und Tieren. Berechnungen ergaben, dass die derzeit bekannten Spezies vermutlich nur den fünfzigsten Teil der tatsächlich vorhandenen Nematodenarten ausmachen. Obwohl sie heute überall verbreitet sind, sind nur sehr wenige fossile Spezies bekannt. Aus diesem Grund können die paläontologischen Daten nur wenig zur Darstellung der Stammesgeschichte dieser Tiere beitragen. Es konnten bis heute nur Fossilien zweier Spezies im Sedimentgestein von zwei verschiedenen Lagerstätten aus dem Jura (Osteno, Italien) und der Kreide (Libanon) aufgefunden werden. Gewisse Nematoden-Spezies haben sich ab der Trias in Bernstein erhalten, besonders aus dem Eozän des Baltikums und vom Oligozän bis zum Miozän der Dominikanischen Republik sowie in Mexiko sind Funde bekannt.

ARTHROPODA (GLIEDERFÜSSER)

Die Arthropoden (Stamm Arthropoda*) sind in allen Ökosystemen der Erde in ungeheurer Individuen- und Artenzahl vorherrschend, die ältesten nachgewiesenen Fossilien dieses Stammes reichen bis zum Beginn des Kambriums zurück. Viele Zoologen und Paläontologen stimmen darin überein, dass sich die Gliederfüßer aus primitiven Borstenwürmern oder anderen ursprünglichen gegliederten Formen entwickelt haben. Diese Hypothese wird dadurch unterstützt, dass Arthropoden und Anneliden die einzigen Stämme sind, die eine deutliche* **Metamerie,** *also Gliederung in Segmente, aufweisen; andere Gemeinsamkeiten sind etwa ein* **Verdauungsrohr**, *das vorne beim Mund beginnt und bis zum After am Hinterende führt, und die Konzentration der Sinnesorgane an der Kopfregion. Der Stamm* Arthropoda *umfasst drei große Gruppen:* Trilobita *(ausgestorben),* Chelicerata *mit drei Klassen (*Merostomata, *marin lebend, viele fossile Formen;* Arachnida, *meist am Land lebend;* Pantopoda, *marin lebend) und* Mandibulata *mit zwei Klassen:* Crustacea *(Krebse) und* Insecta *(Insekten).*

ANATOMIE UND MORPHOLOGIE

Drei gut erhaltene Exemplare des Trilobiten Basidechenella rowi *aus dem Devon, Vereinigte Staaten.*

Allgemeines Merkmal der Gliederfüßer und Grundlage ihrer überaus erfolgreichen Stammesentwicklung ist das Vorhandensein eines stabilen **Außenskeletts** *aus Chitin. Dieses dient einerseits als Stützstruktur und, da es für Gase und Flüssigkeiten nahezu gänzlich undurchlässig ist, zum Schutz gegen das unkontrollierte Ein- und Ausströmen von Gasen und Flüssigkeiten mit darin gelösten Stoffen. Ein weiterer Vorteil liegt in der Beweglichkeit, da das Außenskelett als Ansatzpunkt für eine Reihe von Muskeln dient, welche die steife Skelettumhüllung direkt bewegen. Dieses Fortbewegungssystem funktioniert nicht nur im Wasser, sondern auch auf dem Festland, da die festen Skelettteile einen Panzer bilden und so den Körper tragen.*

Den beschriebenen Vorteilen ist nur ein Nachteil entgegenzusetzen: das nicht dehnbare Außenskelett behindert das Größenwachstum während der verschiedenen Entwicklungsphasen dieser Tiere. Vor Beginn einer Wachstumsphase müssen Gliederfüßer ihr altes Außenskelett abstreifen und durch ein neues, größeres ersetzen. Dieser Vorgang wird als **Häutung** *bezeichnet. Der* **Körper** *der Gliederfüßer kann in zwei Teile gegliedert sein, nämlich* **Kopf** *und* **Rumpf**, *der wiederum in* **Thorax** *und* **Abdomen** *unterteilt ist. Kopf und Thorax sind oft mehr oder weniger verschmolzen (z.B. bei den Fühlerlosen und Krebstieren) und bilden einen* **Cephalothorax**. *Auf dem Kopf befinden sich mehrere Fortsätze, wobei man* **Antennen** *(Fühler)*

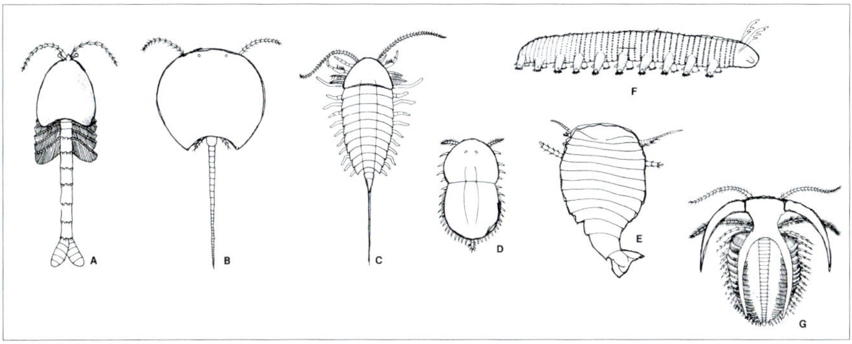

*und **Mundwerkzeuge** unterscheidet. Je nach Arthropodengruppe trägt der Thorax eine unterschiedliche Anzahl von gegliederten **Beinpaaren**, die zumeist der Fortbewegung dienen. Da das Außenskelett in Relation zum restlichen Körper ein erhebliches Gewicht aufweist, werden Gliederfüßer in den meisten Fällen nicht sehr groß. Ausnahmen bilden z.B. Fossilien von Eurypteriden (Breitflossern), welche bis über 3 m lang wurden, und von Insekten aus der Gruppe der Libellen, welche eine Flügelspannweite von über 70 cm erreichten.*

Oben: *Rekonstruktion von Vertretern der* Trilobitoidea *aus dem Kambrium von Burgess Shale.* *A)* Waptia fieldensis*;* *B)* Burgessia bella*;* *C)* Emeraldella brooki*;* *D)* Naraoia compacta*;* *E)* Sidneya inexpectans*;* *F) Rekonstruktion des Stummelfüßers* Aysheaia pedunculata*;* *G)* Marrella splendens. Bild unten: *ein Fossil von* Marella splendens.

LEBENSRAUM UND VERBREITUNG

Wie bereits erwähnt haben die Gliederfüßer nahezu alle Lebensräume erobert. Der größte Teil der Krustazeen (Krebstiere) lebt in geringen Tiefen gemäßigter oder kalter Meeresgebiete und teilt diese mit den wenigen Cheliceraten. Süßwasser wird hingegen hauptsächlich von Insekten und niederen Krebsen, etwa von Ruderfußkrebsen und Wasserflöhen (Ausnahme: diverse Flusskrebse und Garnelen), bevölkert. Das Land ist fast ausschließlich den vielen Ordnungen der Cheliceraten (Skorpionen und Spinnen) sowie den Insekten vorbehalten. Von den Krustazeen hat nur die Gruppe der Asseln das Festland als ausschließlichen Lebensraum erobert.

ANMERKUNG

Die Klasse Trilobitoidea *ist nach neueren Erkenntnissen von Paläontologen, die sich mit den Arthropoden des Altertums beschäftigen, keine homogene, systematisch aufgebaute Gruppe, sondern eher eine Klasse, die sich aus äußerst unterschiedlichen Gliederfüßern zusammensetzt. Sie wird jedoch in diesem Werk beibehalten, da die neue Klassifikation dieser Formen derart komplex ist, dass dies nicht auf wenigen Seiten abgehandelt werden könnte.*
So scheinen in dieser scheinbar homogenen Gruppe auch viele Lebewesen aus dem Kambrium auf, welche man heute aufgrund ihrer anatomischen Besonderheiten für die Vorfahren anderer Arthropodengruppen hält – von Gruppen, die sich in den nachfolgenden Perioden der Erdgeschichte zum Teil sehr stark verändert haben.

Trilobita (Dreilapper)

Die heute zur Gänze ausgestorbenen Trilobiten (Klasse Trilobita) *sind die ursprünglichste Gruppe von marinen Gliederfüßern. Ihr Name bezieht sich auf die typische Dreiteilung des Körpers in* **Loben**. *In Längsrichtung sind ein Mittelteil und zwei Seitenteile zu erkennen, in Querrichtung sind die Trilobiten in* **Kopfschild** *(Cephalon), aus bis zu 30 Segmenten bestehendem* **Thorax** *und* **Schwanzschild** *(Pygidium) unterteilt. Neben dem mittleren Teil des Kopfschildes, der* **Glabella**, *befanden sich zwei seitliche* **Wangen**, *und in vielen Fällen zwei gut ausgebildete nierenförmige Augen. Die* **Komplexaugen** *bestanden aus einer variablen Anzahl von sechseckigen* **Einzelaugen** *(von 100 bis 15.000), die von einer feinen Hornhaut überzogen waren. Außerdem befanden sich am Cephalon ein* **Antennenpaar**, *vermutlich mit Tastfunktion, und vier Paar* **zweiästige und gegliederte Extremitäten** *zum Ergreifen der Nahrung. Jedes Thorax-Segment trug ebenfalls ein Paar zweiästiger Extremitäten; diese besaßen einen inneren Ast (Endopodit) mit Fortbewegungsfunktion und einen äußeren Ast mit fadenförmigen Bildungen (Kiemen), die vermutlich der Atmung dienten. Die genannten* **Extremitäten** *von* **Cephalon** *und* **Thorax** *blieben nur selten als Fossilien erhalten.*

Rechts: Ellipsocephalus hoffi *aus dem Kabrium, gefunden in Böhmen.*
Unten: *Vorderansicht eines Trilobitenkopfes; man sieht die Glabella, die beiden Seitenwangen und die nierenförmigen Komplexaugen.*

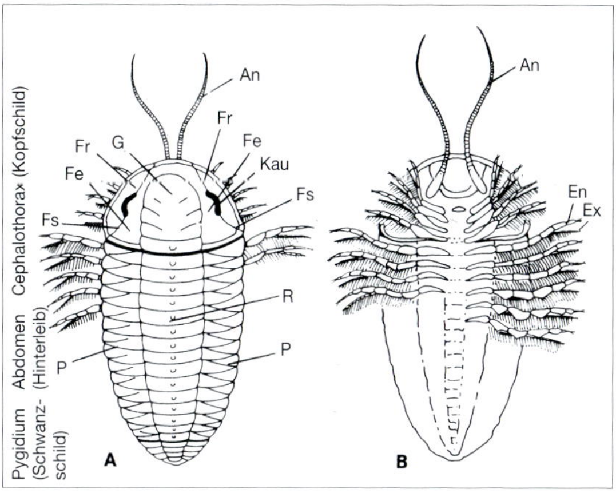

*Durch die zahlreichen gut erhaltenen Fossilien des Außenskeletts in den Sedimentgesteinen konnte man drei markante Entwicklungsstadien der Trilobiten erkennen. Im ersten Stadium entwickelt die Larve (***Protaspis***) durch mehrere Häutungen die Metameren (Segmente). Die Larve des zweiten Stadiums (***Meraspis***) hatte einen Körper mit bereits differenzierteren Körperregionen. Im letzten Stadium nahm die Larve (***Holaspis***) schließlich das Aussehen der erwachsenen Tiere an. Manche Trilobiten konnten sich aufrollen, wie es auch bei einigen rezenten Krebstieren (Asseln), Insekten (Schaben) und Tausendfüßern zu beobachten ist. Das Aufrollen geschah vermutlich zum Schutz vor Räubern. Die Trilobiten brachten im Allgemeinen eher kleine Formen hervor (Gesamtlänge zwischen 5 und 8 cm), einige Arten konnten aber bis zu 70 cm lang werden.*

Links: *Schematische Darstellung eines Trilobiten (A, Rückenseite; B, Bauchseite): An) Antenne (Fühler); En) Endopodit; Ex) Exopodit; G) Glabella; Fr) Freiwange; Fe) Festwange; Kau) Komplexauge; P) Pleura; R) Rachis; Fs) Facial-Sutur. Pygidium (Schwanzschild) Abdomen (Hinterleib) Cephalothorax (Kopfschild)*
Unten: *Kriechspuren eines Trilobiten aus dem Kambrium, Indiana (Vereinigte Staaten).*

STRATIGRAPHISCHE UND GEOGRAPHISCHE VERBREITUNG

Die Trilobiten waren ausschließlich Meeresbewohner und passten sich im Laufe ihrer Evolutionsgeschichte verschiedenen marinen Lebensräumen an. Diese Gruppe von Gliederfüßern trat ab dem Präkambrium auf, erreichte im Kambrium und Ordovizium ihren größten Entwicklungsschub und starb im Karbon schließlich ganz aus (mit Ausnahme einer Art, die noch im Perm lebte). Bis heute wurden mehr als 4000 Spezies beschrieben, die in sieben Ordnungen zusammengefasst sind.

LEBENSRAUM

Der abgeflachte Körper sowie die Lage der Augen und des Mundes lassen vermuten, dass die Dreilapper am Meeresboden lebende Gliederfüßer waren, welche im Sediment gruben oder sich an der Bodenoberfläche bewegten. Diese Annahme wurde durch zahlreiche erhalten gebliebene Trilobitenspuren in den Sedimenten des Erdaltertums bestätigt.
Die Dreilapper waren höchstwahrscheinlich Kleintier- und Planktonfresser, die sich von organischem Schlamm und darin lebenden Mikroorganismen am Meeresboden ernährten.

Acadagnothus

Visitenkarte

Klasse
Trilobita

Ordnung
Agnostida

Familie
Spinagnostidae

Stratigraphische Verbreitung
Kambrium

Geographische Verbreitung
Europa, Vereinigte Staaten

Die Gattung *Acadagnothus* gehört zur Ordnung *Agnostida*, welche kleinere Trilobitenformen umfasst, deren Körperform durch **Kopf-** und **Schwanzschild** der gleichen Gestalt und Größe charakterisiert sind. Die *Agnostida* besitzen keine Augen und ihr **Abdomen** besteht nur aus zwei Segmenten. *Acadagnothus* konnte sich wie andere Dreilapper einrollen, was vermutlich zum Zwecke der Verteidigung geschah.

Stratigraphische und geographische Verbreitung: Fossilien dieser Gattung wurden in Lagerstätten aus dem mittleren Kambrium in Europa und in den Vereinigten Staaten gefunden. Auf dem ***Foto***: Steinplatte mit *Agnostiden* aus dem Kambrium (Vereinigte Staaten).

Anmerkung: Vertreter der Gattung *Acadagnothus* waren wie alle *Agnostida* sehr klein, sie wurden kaum länger als 0,5 cm. Diese Arten lebten am Boden tiefer Meere. Nachdem die Dreilapper sich wie alle Gliederfüßer häuten müssen, um wachsen zu können, findet man nicht selten auf ein und derselben Steinplatte mit Fossilien zahlreiche Exemplare, welche die verschiedenen Wachstumsstadien repräsentieren.

Dalmanites

Visitenkarte

Klasse
Trilobita

Ordnung
Phacopida

Familie
Dalmanitidae

Stratigraphische Verbreitung
Silur–Devon

Geographische Verbreitung
Europa, Nordamerika, Südamerika, Australien

Die Arten der Gattung *Dalmanites* weisen im Gegensatz zu anderen Trilobiten der gleichen Ordnung einen sehr kompakten **Carapax** mit zwei kräftigen **stachelartigen Fortsätzen** (einen kurzen und einen langen) am vorderen und am hinteren Körperende auf. Darüber hinaus sind die Fortsätze an der Seite des Kopfes nach hinten verlängert und die **Hinterleibssegmente** verlaufen nach hinten zugespitzt. Die **Glabella** ist sehr deutlich entwickelt, die nierenförmigen **Komplexaugen** sitzen auf der Rückenseite der Glabella.

Stratigraphische und geographische Verbreitung: Diese Gattung ist in den Meeren des Silurs bis zum Devon weit verbreitet. Die Exemplare auf dem ***Foto*** gehören zur Spezies *D. limulurus.*

Anmerkung: Nach dem genauen Studium der Anatomie ausgezeichnet konservierter Exemplare hält man es heute für wahrscheinlich, dass die langen Stacheln vom Tier zur Verteidigung genutzt wurden oder dass sie auf weichen sandigen Böden das Gewicht des Körpers trugen und ein zu tiefes Einsinken verhinderten. *Dalmanites*-Arten lebten am Boden in großen Meerestiefen.

Greenops

Vertreter dieser Dreilappergattung waren sehr klein, hatten einen leicht gewölbten **Kopfschild** mit seitlich geraden Rändern. Die **Glabella** ist nach hinten deutlich abgesetzt und wird nach vorne hin breiter. Seitlich sitzen an der Glabella die typischen nierenförmigen und gut entwickelten **Komplexaugen**. Die **Wangen** gehen nach hinten in zwei robuste **Stachelfortsätze** über, die ziemlich lang gezogen sind. Die **Hinterleibssegmente** können seitlich ebenfalls längliche Stacheln aufweisen. Der **Schwanzschild**, der aus einer variablen Anzahl von Segmenten (meist 7 bis 10) besteht, wird nach hinten zu konstant schmäler. Charakteristisches Merkmal dieser Gattung sind die robusten stacheligen Fortsätze an den Schwanzsegmenten, welche als Stütze der Außenränder dienten.

Stratigraphische und geographische Verbreitung: Die Gattung *Greenops* ist typisch für das mittlere Devon und kommt in Form von Fossilien häufig in europäischen und nordamerikanischen Lagerstätten aus dieser Zeit vor. Das Exemplar auf dem ***Foto*** gehört zur Spezies *G. boothi.*

Anmerkungen: Wegen der deutlich unterschiedlichen Morphologie von Abdomen und Schwanz dieser Tiere haben die Paläontologen die Gattung in zwei Untergattungen unterteilt: *Greenops*, typisch für Nordamerika, und *Neometacanthus*, charakteristisch für Funde aus Europa.

Visitenkarte

Klasse
Trilobita

Ordnung
Phacopida

Familie
Dalmanitidae

Stratigraphische Verbreitung
Mittleres Devon

Geographische Verbreitung
Europa, Nordamerika

Calymene

Die Vertreter der Gattung *Calymene* haben einen halbkreisförmigen **Kopfschild**, mit einer zentralen, deutlich hervortretenden konvexen **Glabella**, die nach vorne bis zu den seitlichen **Wangen**, welche stachellos sind, verlängert. Das **Abdomen** ist gut entwickelt und besteht aus 13 Segmenten, die sich zum Schwanz hin gleichmäßig verjüngen. Der **Schwanzschild** besteht aus sechs Segmenten, ist kurz, etwa dreieckig und nach hinten hin abgerundet.

Stratigraphische und geographische Verbreitung: Diese Gattung war im Silur und Devon sehr weit verbreitet, wie die vielen Fossilienreste, die in Europa, Nordamerika, Südamerika und Australien gefunden wurden, bestätigen. Das Exemplar auf dem ***Foto*** gehört zur Spezies *C. tristani.*

Anmerkung: Die Vertreter dieser Gattung erreichten eine Körperlänge von etwa 4 bis 6 cm. Sie lebten sicherlich benthisch, also in direktem Kontakt mit dem Meeresboden. Da im 19. Jh. derart viele Fossilien von *Calymene* in schwedischen und britischen Lagerstätten gefunden wurden, nannten die Mineure sie liebevoll »Dudley-Bugs« (»Dudley-Käfer«).

Visitenkarte

Klasse
Trilobita

Ordnung
Phacopida

Familie
Calymenidae

Stratigraphische Verbreitung
Silur–Devon

Geographische Verbreitung
Europa, Nordamerika, Südamerika, Australien

Paciphacops

Visitenkarte

Klasse
Trilobita

Ordnung
Phacopida

Familie
Phacopidae

Stratigraphische Verbreitung
Devon

Geographische Verbreitung
Vereinigte Staaten

Tiere dieser Dreilappergattung sehen Vertretern der Gattung *Phacops*, der Namengeber in der Familie *Phacopidae,* überaus ähnlich. Der **Kopfschild** zeigt eine auffällig mit Knötchen bedeckte **Glabella**, die hinten eher schmal ist und sich nach vorne verbreitert. Die zumeist sehr großen, zusammengesetzten **Augen** liegen eher seitlich auf der Glabella. Das **Abdomen** setzt sich aus zahlreichen Segmenten mit abgerundeten Pleurenrändern zusammen. Der **Schwanz** aus Segmenten ist halbkreisförmig mit großteils ebenfalls abgerundeten Rändern.

Stratigraphische und geographische Verbreitung: Fossilien dieser Gattung werden häufig in marinen Sedimenten des Devons in den Vereinigten Staaten gefunden. Das Exemplar auf dem ***Foto*** gehört zur Spezies *P. logani.*

Anmerkung: Dieser Trilobit erreichte eine Größe von 4 bis 5 cm. Auf der Unterseite des Kopfes befand sich eine deutliche Furche, die dazu diente, den hinteren Teil des Schwanzes aufzunehmen, wenn sich das Tier bei drohender Gefahr zusammenrollte.

Isotelus

Visitenkarte

Klasse
Trilobita

Ordnung
Ptychopariida

Familie
Asaphidae

Stratigraphische Verbreitung
Mittleres und oberes Ordovizium

Geographische Verbreitung
Europa, Nordamerika, Grönland

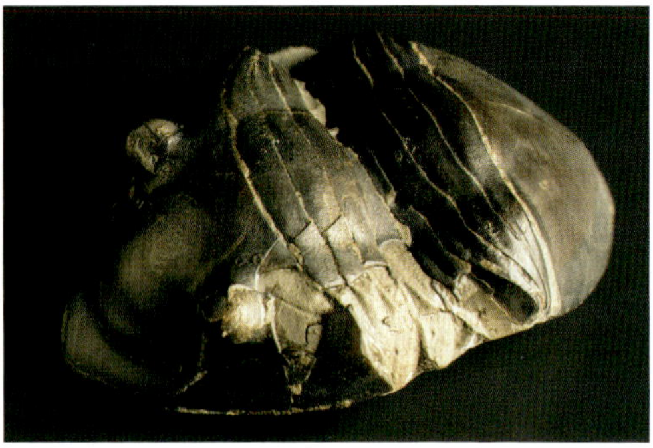

Vertreter der Gattung *Isotelus* waren Trilobiten von mittlerer Größe mit einem ähnlichen **Körperbau** wie die Agnostiden. Die Vertreter dieser Gattung besaßen einen **Kopfschild** und einen **Schwanzschild** in annähernd gleicher Form und Größe. Der etwa dreieckige Kopf wirkt glatt, mit einer nur wenig hervortretenden **Glabella,** die **Komplexaugen** treten deutlich hervor. Die schwach ausgebildeten **Wangen** tragen keine Seitenstacheln. Das **Abdomen** ist aus acht Segmenten nahezu gleicher Größe mit spitz endenden Pleurenrändern zusammengesetzt. Der dreieckige Schwanz ist glatt.

Stratigraphische und geographische Verbreitung: Trilobiten dieser Gattung waren in den Meeren des mittleren und oberen Ordoviziums weit verbreitet. Fossilien diverser Arten werden in Lagerstätten von Europa, Nordamerika und Grönland häufig gefunden. Das Exemplar auf dem ***Foto*** gehört zur Spezies *I. gigas.*

Anmerkung: Bei diesen Tieren handelte es sich höchstwahrscheinlich um Benthos-Trilobiten, die am Meeresboden lebten, auf dem sie sich mittels kleiner Sprünge fortbewegten.

Acadoparadoxides

Die Vertreter dieser eher urtümlichen Trilobitengattung konnten mit einer Körperlänge von bis zu etwa 20 cm relativ groß werden. Der **Kopfschild** ist gut entwickelt, mit einer kugelförmigen **Glabella**, die nach vorne zu breiter wird. Die **Komplexaugen** befinden sich am hinteren Teil der **Wangen** und sind seitlich und nach hinten gerichtet. Die Wangen tragen zwei bogenförmig gekrümmte lange und kräftige **Stachelfortsätze**. Das **Abdomen** besteht aus einer variablen Anzahl von Segmenten (insgesamt zwischen 16 und 21), wobei die Pleurenränder in schräg nach hinten gebogene Stacheln übergehen, die umso länger werden je weiter hinten sie liegen. Das hinterste Stachelpaar ist das kräftigste, es steht über den **Schwanzschild** hinaus, der dadurch verkürzt erscheint.

Stratigraphische und geographische Verbreitung: Die Vertreter der Gattung *Acadoparadoxides* sind typische Trilobiten des mittleren Kambriums und sind in marinen Sedimenten von Böhmen und Marokko als Fossilien zu finden. Auf dem ***Foto***: *Acadoparadoxides* sp.

Anmerkung: Diese Trilobiten bewohnten die Böden flacher Meeresteile bevorzugt mit sandigem und schlammigem Substrat.

Visitenkarte

Klasse
Trilobita

Ordnung
Redlichiida

Familie
Paradoxididae

Stratigraphische Verbreitung
Mittleres Kambrium

Geographische Verbreitung
Marokko, Böhmen

Ellipsocephalus

Die eher kleinen Trilobiten der Gattung *Ellipsocephalus* weisen einen **Kopfschild** mit wenig hervortretender **Glabella** auf, an deren Seiten sich zwei kleine **Komplexaugen** befinden. Die **Wangen** haben abgerundete Seitenränder und besitzen keine nach hinten gerichteten Stacheln. Das **Abdomen** besteht aus zwölf Segmenten mit abgerundeten Pleurenrändern. Der kurze **Schwanzschild** setzt sich nur aus zwei oder drei Segmenten zusammen, ist aber ziemlich breit.

Stratigraphische und geographische Verbreitung: Vertreter dieser Gattung waren während des unteren und mittleren Kambriums in Europa und Marokko stark verbreitet. Es wurden auch von kambrischen Sedimenten in Australien Funde gemeldet, deren systematische Stellung jedoch ungewiss ist. Das Exemplar auf dem ***Foto*** gehört zur Spezies *E. hoffi.*

Anmerkung: Die Familie *Ellipsocephalidae* umfasst nach den heutigen Erkenntnissen 15 kleinere Arten von Boden bewohnenden Trilobiten mit mehr oder weniger ähnlicher Körperform.

Visitenkarte

Klasse
Trilobita

Ordnung
Redlichiida

Familie
Ellipsocephalidae

Stratigraphische Verbreitung
Unteres und mittleres Kambrium

Geographische Verbreitung
Europa, Marokko

Bumastus

Visitenkarte

Klasse
Trilobita

Ordnung
Ptychopariida

Familie
Illaenidae

Stratigraphische Verbreitung
Mittleres Ordovizium–Silur

Geographische Verbreitung
Ganze Welt

Die Gattung *Bumastus* umfasst typische Trilobiten der Familie *Illaenidae*, kleine Dreilapper mit **Kopf-** und **Schwanzschild** von nahezu gleicher Größe und Form. Die **Glabella** ist nicht sehr deutlich abgesetzt, außen, nahe der Seitenränder, befinden sich gut entwickelte **Komplexaugen**, die **Wangen** sind sehr klein und tragen keine Seitenstacheln. Das **Abdomen** besteht aus einer variablen Anzahl von Segmenten (von acht bis zehn), die in etwa gleich breit sind und abgerundete Pleurenränder aufweisen. Der **Schwanzschild** wird aus einem einzelnen großen, stark abgerundeten Segment mit glatten Seitenrändern gebildet und zeigt keinerlei Ornamentierung.

Stratigraphische und geographische Verbreitung: Trilobiten dieser Gattung waren vom Ordovizium bis zum Silur in allen Meeren der Welt vertreten. Auf dem ***Foto***: *Bumastus* sp.

Anmerkung: Die Vertreter dieser Familie gehörten als Bodenbewohner dem Benthos an und schoben sich vermutlich durch kurze, schnelle Bewegungen über das Substrat am Meeresboden.

Olenoides

Visitenkarte

Klasse
Trilobita

Ordnung
Corynexochida

Familie
Dorypygidae

Stratigraphische Verbreitung
Kambrium

Geographische Verbreitung
Nordamerika, Südamerika, Grönland, Europa, Asien, Australien

Diese kleinen bis mittelgroßen Trilobitenarten der Gattung *Olenoides* zeichnen sich durch eine ziemlich breite **Glabella** aus, neben der sich zwei deutlich ausgebildete seitliche **Wangen** mit kräftigen, nach hinten stehenden **Stachelfortsätzen** befinden. Die **Augen** liegen an beiden Seiten der Glabella; sie sind nierenförmig und sehr klein. Das **Abdomen** wird aus sieben bis acht Segmenten mit spitz zulaufenden Pleurenrändern zusammengesetzt. Der breite und kräftige **Schwanzschild** trägt an den Seitenrändern spitz zulaufende und nach hinten zu länger werdende Stacheln. Das Außenskelett ist am Rücken mit unzähligen kleinen **Knötchen** bedeckt.

Stratigraphische und geographische Verbreitung: Trilobiten der Gattung *Olenoides* waren während des Kambriums in allen Meeren der Welt stark verbreitet. Ihre fossilen Überreste wurden in Nord- und Südamerika, Grönland, Europa, Asien und Australien gefunden. Er war eine für die Meere des Kambriums typische Art. Das Exemplar auf dem ***Foto*** gehört zur Spezies *O. nevadensis.*

Anmerkung: Wie andere Gattungen der gleichen Familie lebten Vertreter von *Olenoides* vermutlich benthisch am Meeresboden und schützten sich gegen räuberische Attacken nicht nur durch Zusammenrollen, sondern vor allem auch durch ihre kräftigen Stachelfortsätze an Kopf, Abdomen und Schwanz.

Zacanthoides

Diese Trilobitengattung gehört der gleichen Ordnung an wie die Gattung *Olenoides*. Ihre Vertreter entwickeln ebenso wie diese mittelgroße **Körper, Kopfschilde** mit schmaler **Glabella** und zwei breiten seitlichen **Wangen**, die in zwei lange gebogene **Stachelfortsätze** übergehen und weit nach hinten reichen. Das **Abdomen** ist aus acht bis neun gleich großen Segmenten mit spitz zulaufenden Pleurenrändern zusammengesetzt, die deutlich nach hinten verlängert sind. Die Seitenränder des **Schwanzschildes** tragen eine Reihe mehr oder weniger gut ausgebildeter Stacheln.

Stratigraphische und geographische Verbreitung: Fossilien dieser Gattung sind nur aus den Gesteinsschichten des mittleren Kambriums in der berühmten Lagerstätte von Burgess Shale in British Columbia (Kanada) bekannt. Das Exemplar auf dem ***Foto*** gehört zur Spezies *Z. typicalis.*

Anmerkung: Wie andere Vertreter der gleichen Ordnung wird auch die Gattung *Zacanthoides* als dem Benthos zugehörig eingestuft. Die Tiere konnten sich gegen räuberische Angriffe mittels kräftiger Stacheln an den Seiten von Kopf und Rumpf schützen.

Visitenkarte

Klasse
Trilobita

Ordnung
Corynexochida

Familie
Zacanthoididae

Stratigraphische Verbreitung
Mittleres Kambrium

Geographische Verbreitung
Nordamerika

Auf dieser Seite:
oben: *ein gut erhaltenes Exemplar von* Agnostus *sp.;*
rechts: *ein Trilobit der Gattung* Ceraurus;
unten: Phacops circumspectans, *Devon, Marokko.*

Gegenüberliegende Seite:
oben: Pseudogygites latimarginatus, *Ordovizium, Ontario;*
in der Mitte links: *ein Exemplar von* Tariccoia *sp.;*
in der Mitte rechts: Phacops rana *im eingerollten Zustand, Devon, Ohio;*
unten: Lloydolithus ornatus, *Ordovizium, England.*

Crustacea (Krebstiere)

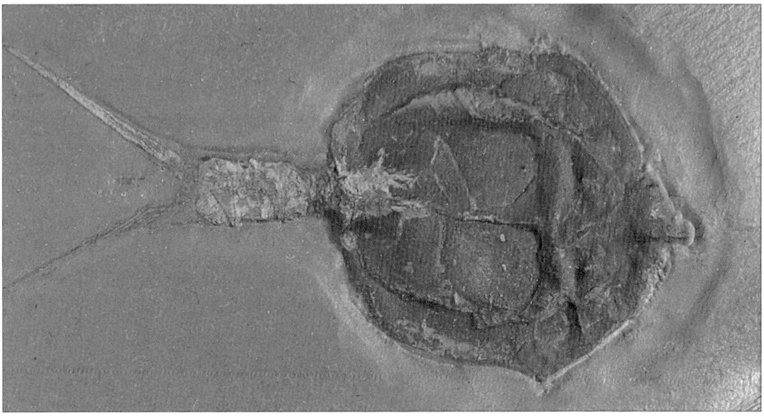

Zur Gruppe der Krustazeen (Überklasse Crustacea) *gehören unter anderem Wasserflöhe, Seepocken, Garnelen, Langusten, Einsiedlerkrebse, Krabben usw. Man kann die Krebstiere wegen der zwei Antennenpaare, die sie tragen, leicht von anderen Mandibulaten, z.B. von Insekten, unterscheiden. Der* **Körperbau** *zeigt eine deutliche* **Metamerie** *(Segmentierung): die urtümlichen Formen, z.B. Ruderfußkrebse, Wasserflöhe, weisen stets eine große Anzahl an Metameren auf (bis zu 60), die höher entwickelten Krebse haben hingegen eine geringere Anzahl (bis zu 19). Darüber hinaus ist bei den primitiven Vertretern der Körper meist nicht sehr deutlich in verschiedene Körperabschnitte gegliedert. Bei den höher entwickelten Krebsen kann man* **Kopf**, **Thorax** *und* **Abdomen** *deutlich unterscheiden. Auf dem Kopf befinden sich mehrere Fortsätze: zwei Paare von* **Antennen**, **Mandibeln** *(Oberkiefer) und mehrere* **Maxillen** *(Unterkiefer). Die Körperextremitäten sind bei ursprünglichen Formen zweiästig, bei den höheren Formen einastig, zum Teil mit Scheren versehen. Die gegliederten Beine haben im Allgemeinen eine doppelte Funktion: sie dienen einerseits der Fortbewegung und andererseits zum Ergreifen der Nahrung. Die Abdominalbeine (***Pleopoden***) werden meist zum Schwimmen eingesetzt oder sie dienen der Fortpflanzung.*

Die ursprünglichen Gruppen der Krebstiere werden in sieben Klassen unterteilt, die im Folgenden kurz beschrieben werden sollen. Die einfachsten Krustazeen fasst man zu den Cephalocarida *zusammen. Diese sind garnelenähnlich und haben etwa gleich lange dreiästige Körperextremitäten. Die Klasse* Brachiopoda *umfasst primär kleine Süßwasserkrebschen, die zumeist Teiche und Seen bewohnen und den größten Anteil am Plankton in diesen Lebensräumen bilden. Zur Klasse* Ostracoda *(Muschelkrebse) gehören sehr kleine Krebstiere, die komplett in einen zweiklappigen Carapax aus Chitin umhüllt sind. Die Vertreter der Klasse* Copepoda *(Ruderfußkrebse) kommen sehr zahl- und artenreich in allen Weltmeeren vor, wo sie den Hauptanteil des Planktons bilden. Wenig bekannt sind*

Oben: *ein Krebs der Art* Nahecaris stürtzi *aus dem Devon, Deutschland.*
Unten: *eine Krabbe der Gattung* Lophoranina *aus dem Eozän.*

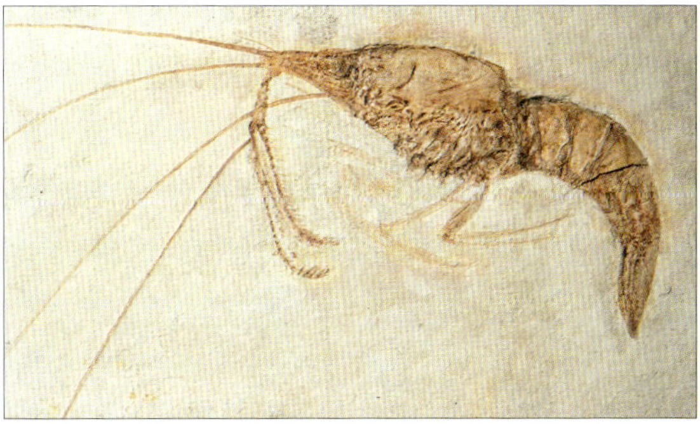

meist die an der Körperoberfläche von Fischen schmarotzenden Fischläuse, kleine Vertreter der beiden Klassen Branchiura *und* Mystacocarida. *Eine Besonderheit bilden die Cirripedia, die Rankenfußkrebse. Bei diesen hoch entwickelten Krebstieren ist der Körper von einem Gehäuse aus Kalkplatten umhüllt, welches an einer Unterlage festgewachsen ist, z.B. bei den Seepocken.*

Die am höchsten entwickelten Arten gehören zur Klasse Malacostraca. *Sie umfassen mehr als zwei Drittel aller bis heute bekannten Krustazeenarten. Auch diese Klasse unterteilt man in zahlreiche Unterklassen. Die artenreichste von diesen ist jene der* Eucarida, *zu der mehr als 90% aller Malakostraken-Spezies gehören. Am bekanntesten sind wohl die Vertreter der Ordnung der* Decapoda (Zehnfußkrebse), *wie z.B. Hummer, Flusskrebse, Langusten und Krabben.*

Oben: *die Art* Aeger insignis *aus dem oberen Jura in Solnhofen (Deutschland).*
Links: *Rankenfußkrebse der Gattung* Balanus *überziehen die Schale der Muschelgattung* Flabellipecten *aus dem Pliozän, Sizilien.*
Unten: *Exemplar der Gattung* Palinurus *aus dem Eozän, Monte Bolca (Italien).*

STRATIGRAPHISCHE UND GEOGRAPHISCHE VERBREITUNG

Viele Formen von Krebstieren sind heute in nahezu allen Lebensräumen weit verbreitet, ihre Entwicklungsgeschichte geht bereits auf den Beginn des Kambriums zurück. Für stratigraphische Studien sind unter den ursprünglichen Krustazeen die Muschelkrebse (Ostracoda) *von besonderer Bedeutung, dies vor allem im Hinblick auf deren Fossilien in den Sedimenten des Paläozoikums. In den Siebziger- und Achtzigerjahren des vergangenen Jh.s konnte durch die Entdeckung von Fossilien-Lagerstätten aus dem Mesozoikum in Norditalien (Cene, Ponte Giurino, Val Vestino, Forni und Osteno) auch die Evolutionsgeschichte der Zehnfußkrebse* (Decapoda) *beträchtlich erhellt und eine Vielzahl neuer Formen beschrieben werden.*

LEBENSRAUM

Der Großteil der Krebstiere bewohnt die Meere, es gibt auch viele Vertreter unter ihnen, die Brack- oder Süßwasser bevorzugen; einige, z.B. die Isopoden (Asseln), haben sogar das Festland erobert und sind von Wasserlebensräumen gänzlich unabhängig geworden. Gewöhnlich leben die Krebstiere als Vaganten, es gibt aber auch zahllose Planktonformen unter ihnen; Rankenfußkrebse sind sessil (festgewachsen) – und nicht wenige Formen leben in Symbiose oder als Schmarotzer auf oder in anderen Tieren, wie z.B. Schwämmen oder Walen.

Aenigmacaris

Visitenkarte

Klasse
Malacostraca

Ordnung
Aeschronectida

Familie
Aenigmacarididae

Stratigraphische Verbreitung
Karbon

Geographische Verbreitung
Vereinigte Staaten

Der **Körper** dieses Krebstiers der Unterklasse *Hoplocarida* ist in einen dünnen, etwa rechteckigen **Carapax** (Kopfbruststück) und ein **Abdomen** mit sechs dreieckigen **Somiten** gegliedert. Vom Carapax geht eine Reihe von feinen, langen, scherenlosen **Beinen** aus. Wegen des schlechten Erhaltungszustandes der bisher gefundenen fossilen Exemplare konnte die Bauweise des Schwanzes noch nicht detailliert erforscht werden.

Stratigraphische und geographische Verbreitung: Krebse dieser Gattung sind aus den marinen Sedimenten des Karbons von Bear Gulch (Montana, Vereinigte Staaten) bekannt und zählen dort zu den häufiger vorkommenden Fossilien. Das Exemplar auf dem ***Foto*** gehört zur Spezies *A. cornigerum.*

Anmerkung: Die Paläontologen haben über die Lebensweise dieser Krustazeen unterschiedliche Ansichten. Manche meinen, dass es sich um schwimmende Krebsarten handelte, die sich durch Filtration ernährten, während andere diese Art der Nahrungsgewinnung bezweifeln.

Dithyrocaris

Visitenkarte

Klasse
Malacostraca

Ordnung
Archaeostraca

Familie
Rhinocarididae

Stratigraphische Verbreitung
Devon–Perm

Geographische Verbreitung
Vereinigte Staaten

Die verschiedenen Arten dieser Gattung aus der Familie *Rhinocarididae* konnten mit Körperlängen von mehr als 10 cm relativ groß werden. Wie bei allen Krustazeen besteht ihr **Körper** aus **Carapax** (vorne) und **Abdomen** (hinten), an welches der **Schwanz** anschließt. Der Carapax setzt sich aus zwei **Klappen** zusammen, welche durch eine Naht in der Mitte des Rückens verbunden und seitlich mit teils sehr robusten **Kielen** versehen sind. Am Ende des aus zahlreichen **Somiten** zusammengesetzten Abdomen schließt ein **Telson** an, das seitlich von zwei kräftigen **Uropoden** flankiert wird.

Stratigraphische und geographische Verbreitung: Diese Krustazeengattung ist ab dem Devon bekannt und starb zu Ende des Perms aus. In den Karbon-Lagerstätten von Mazon Creek, Illinois, und Bear Gulch, Montana (Vereinigte Staaten), konnten ausgezeichnet erhaltene fossile Exemplare gefunden werden. Das Exemplar auf dem ***Foto*** gehört zur Spezies *D. rolfei.*

Anmerkung: Durch Untersuchung des Kauapparates konnte man feststellen, dass sich diese Krebse räuberisch oder von Aas ernährt hatten. Die Tiere lebten am Meeresboden und konnten sich schwimmend oder sprunghaft fortbewegen und so an die Beute, welche aus lebenden oder toten Organismen bestand, gelangen.

Ceratiocaris

Die Arten der Gattung *Ceratiocaris* sind typische Vertreter der *Phyllocarida*, welche im Gogonsatz zu den Zehnfußkrebsen einen aus zwei seitlichen **Klappen** bestehenden **Carapax** aufweisen, aus dem der hintere Teil der Körpers herausragt. Darüber hinaus besitzen die *Phyllocarida* zum Unterschied von anderen Krebstieren eine äußerst kräftige, bewegliche **Rostralplatte** am Vorderende des eiförmigen Carapax. An der Unterseite des Thorax befindet sich eine Reihe von **Beinen**, welche nur selten fossil erhalten sind. Das **Abdomen** besteht aus einer Reihe von mit Schuppen bedeckten **Somiten**. Das **Telson,** welches am letzten Somit des Abdomens sitzt, zeigt zwei lange Fortsätze und eine mit Stacheln besetzte **Furca**.

Stratigraphische und geographische Verbreitung: Fossilien dieser Gattung kommen in den Lagerstätten des Paläozoikums auf der ganzen Welt vor. Diese Krebsarten bewohnten die Meere ab dem Ordovizium und starben zu Ende des Devons aus. Die Exemplare auf den ***Fotos*** wurden beide in Schottland gefunden und stammen aus dem Silur (***oben***) bzw. aus dem Ordovizium (***unten***).

Anmerkung: Die heutigen Vertreter der *Phyllocarida* sind sehr kleine Lebewesen, sie erreichen nur Längen von maximal 4 cm. Die fossilen Formen dieser Krebstiergruppe konnten aber bemerkenswerte Dimensionen erreichen und mitunter über 75 cm lang werden.

Visitenkarte

Klasse
Malacostraca

Ordnung
Archaeostraca

Familie
Ceratiocarididae

Stratigraphische Verbreitung
Ordovizium–Devon

Geographische Verbreitung
Ganze Welt

Canadaspis

Visitenkarte

Klasse
Malacostraca

Ordnung
Canadaspidida

Familie
Canadaspididae

Stratigraphische Verbreitung
Kambrium

Geographische Verbreitung
Kanada

Die Vertreter der Gattung *Canadaspis* zählen nach heutigem Wissen zu den ältesten bekannten Krebstierarten. Der vordere Teil ihres Körpers besitzt einen gut ausgebildeten **Carapax**, der aus zwei **Klappen** besteht und Kopf und Thorax bedeckt, während das **Abdomen** unbedeckt bleibt. Am vorderen Teil des Carapax befinden sich die **Komplexaugen**, zwei Paare Antennen und der **Kauapparat**. An der Bauchseite des Carapax ragen die Enden der Beine hervor. Der **Thorax** besteht aus acht Segmenten, die ein Paar von Extremitäten tragen. Das **Abdomen** ist aus sieben **Somiten** zusammengesetzt. Diese tragen keine Extremitäten oder Anhänge, mit Ausnahme des letzten, der mit einem beweglichen **Telson** verbunden ist, welches den Schwanz bildet.

Stratigraphische und geographische Verbreitung: Fossilien der Gattung *Canadaspis* sind nur von der berühmten Lagerstätte Burgess Shale in British Columbia (Kanada) aus dem unteren Kambrium bekannt. Das Exemplar auf dem ***Foto*** gehört zur Spezies *C. perfecta*.

Anmerkung: Untersuchungsergebnisse von Fossilienresten lassen darauf schließen, dass die Arten der Gattung *Canadaspis* am Meeresgrund lebten, sich gut bewegen und vielleicht sogar schwimmen konnten. Höchstwahrscheinlich waren sie gute Jäger mit kräftigen Kauwerkzeugen.

Linuparus

Visitenkarte

Klasse
Malacostraca

Ordnung
Decapoda

Familie
Palinuridae (Langusten)

Stratigraphische Verbreitung
Kreide–heute

Geographische Verbreitung
Deutschland, Großbritannien, Frankreich, Italien, Kanada, Vereinigte Staaten, Mexiko, Neuseeland, Antarktis

Krebse der Gattung *Linuparus* sind typische Vertreter der Familie *Palinuridae*. Die äußere Form des **Körpers** dieser Krebstierarten erinnert in etwa an rezente Langusten. Sie entwickeln eine mehr oder weniger rechteckige **Carapaxform**, mit deutlichen dorsalen **Knötchen** und zwei kräftigen **Frontalzähnen** sowie typischen **Furchen** in Form eines »Y«. Am **Kopf** sitzen die charakteristischen und sehr langen geißelförmigen Antennen. Im Gegensatz zu anderen Dekapoden-Gruppen sind die Arten der Familie *Palurinidae* sehr leicht daran zu erkennen, dass ihre Gliederfüße keine Scheren aufweisen, sondern in einer spitzen **Kralle** enden. Das **Abdomen** wird aus sechs **Somiten** gebildet, an deren letztem sich ein beweglicher Schwanzfächer befindet. Dieser ist aus einem etwa rechteckigen **Telson** und beiderseits je einem **Uropoden** zusammengesetzt.

Stratigraphische und geographische Verbreitung: Vertreter dieser Gattung sind ab der oberen Kreide bekannt und kommen als Fossilien in Sedimenten von Europa (Deutschland, Großbritannien, Frankreich), Kanada, Antarktis, in den Vereinigten Staaten, Mexiko und Neuseeland vor. Rezent leben einige Arten in den Küstengebieten von China und Australien, im indopazifischen Raum und im Kanal von Moçambique. Das Exemplar auf dem ***Foto*** repräsentiert die Art *Linuparus* sp.

Anmerkung: Die Vertreter der Familie *Palinuridae* traten in den Meeren des Mesozoikums in zahlreichen Formen auf. Ihre Entwicklung reicht bis in die obere Trias zurück, wie Fossilienreste von *Archaeopalinurus* aus der Lagerstätte in Cene (Lombardei, Italien) beweisen. Es handelt sich dabei um den ältesten bis heute bekannten Fund eines Fossils aus der Verwandtschaft der Langusten.

Coleia

Die Gattung *Coleia* zählt zur sehr altertümlichen Gruppe der *Eryonidea* und wird durch einen rückenseitig zusammengedrückten, flachen und breiten Körper charakterisiert, ein typisches Merkmal jener Formen, welche in engem Kontakt mit dem Meeresboden leben. Der **Carapax** weist meist eine trapezähnliche Form mit länglichem **Mittelkiel** und tiefen Furchen auf, seine Oberfläche kann glatt bis stark knotig sein. Die **Thorakalsegmente** tragen fünf **Beinpaare**, von welchen die ersten vier mit mehr oder weniger kräftigen **Scheren** versehen sind. Meist ist das erste Beinpaar samt Scheren stärker ausgebildet und länger als die anderen. Das **Abdomen** besteht aus sechs **Somiten**, deren letztes mit einem beweglichen **Schwanzfächer** verbunden ist.

Stratigraphische und geographische Verbreitung: Vertreter dieser Gattung sind von der Trias bis zur Kreide bekannt. Ihre Fossilienreste wurden in marinen Sedimenten in Europa (Deutschland, Frankreich, Großbritannien, Italien und Russland), in Madagaskar und Indien gefunden. Bis vor kurzem war sie erst ab dem unteren Jura bekannt. In jüngster Zeit entdeckte man Fossilien von *Coleia* aus der unteren Trias in Japan – damit konnte die Zeitspanne ihrer Verbreitung deutlich erweitert werden. Das Exemplar auf dem ***Foto*** gehört zur Spezies *C. viallii.*

Anmerkung: Die am besten erhaltenen Fossilien der Gattung *Coleia* wurden in der Jura-Lagerstätte von Osteno (Lombardei, Italien) entdeckt. *Eryonidea* sind heute mit nur wenigen Arten vertreten, welche jetzt in großen Meerestiefen leben.

Visitenkarte

Klasse
Malacostraca

Ordnung
Decapoda

Familie
Coleiidae

Stratigraphische Verbreitung
Trias–Kreide

Geographische Verbreitung
Europa,
Madagaskar,
Indien,
Japan

Palaeosculda

Die Gattung *Palaeosculda* gehört zur Ordnung der *Stomatopoda* (Maulfüßer). Ihre Körperform erinnert deutlich an den Großen Heuschreckenkrebs *(Squilla mantis)*. Der **Carapax** ist stark reduziert und bedeckt den **Thorax**, hinter welchem sich ein sehr langes **Abdomen** aus sechs **Somiten** erstreckt, nur teilweise. Der letzte Somit ist mit einem Schwanzfächer verbunden, der aus einem zentralen **Telson** mit gezähnten Rändern und je einem **Uropoden** auf den beiden Seiten, ebenfalls mit gezähnten Rändern, besteht. Ein typisches morphologisches Merkmal, das nur bei den *Stomatopoda* vorkommt, ist der Fangapparat des zweiten Beinpaares, welcher aus einem einklappbaren Endglied mit kräftigen Stacheln nach Art der Fangschrecken besteht.

Stratigraphische und geographische Verbreitung: Fossilien dieser Gattung sind aus den marinen Sedimenten der oberen Kreide im Libanon und aus libanesischen Lagerstätten bekannt. Das Exemplar auf dem ***Foto*** gehört zur Spezies *P. levis.*

Anmerkung: Wie rezente Heuschreckenkrebse lebten auch diese Krustazeen räuberisch. Sie bewohnten seichte, schlammige oder sandige Meeresböden, in die sie Gänge gruben, um sich darin vor Räubern zu verbergen und gleichzeitig der Beute aufzulauern.

Visitenkarte

Klasse
Malacostraca

Ordnung
Stomatopoda

Familie
Sculdidae

Stratigraphische Verbreitung
Obere Kreide

Geographische Verbreitung
Libanon

Harpactocarcinus

Visitenkarte

Klasse
Malacostraca

Ordnung
Decapoda

Familie
Xanthidae

Stratigraphische Verbreitung
Eozän

Geographische Verbreitung
Europa, Afrika, Vereinigte Staaten

Die Vertreter dieser Krabbengattung haben eine typische **Carapaxform**, die breiter als lang ist und abgerundete Seitenränder aufweist. Die Rückenseite des Carapax ist glatt und nicht gegliedert, sie weist kleine **Knötchen** auf, Seitenränder und Vorderseite sind mit kräftigen **Stacheln** versehen. Die **Scheren** des ersten Beinpaares sind kräftig und unterschiedlich groß.

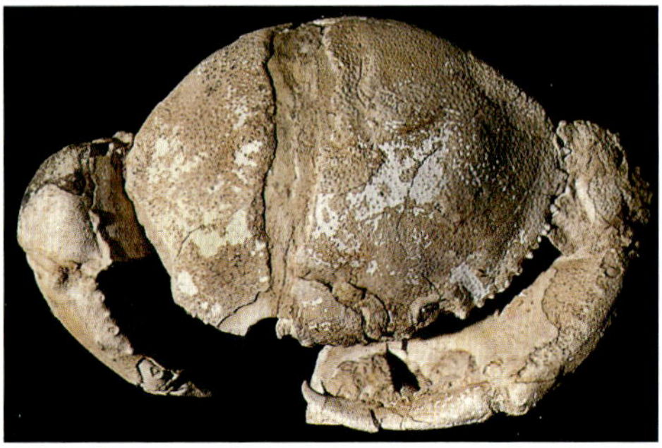

Stratigraphische und geographische Verbreitung: Vertreter dieser Gattung sind nur aus den marinen Sedimenten des Eozäns bekannt und in Sedimenten aus dieser Zeit in Europa, Afrika und den Vereinigten Staaten als Fossilien weit verbreitet. Das Exemplar auf dem ***Foto*** gehört zur Spezies *H. punctulatus* aus dem Oligozän und stammt aus Vicenza, Italien.

Anmerkung: Die am besten erhaltenen Fossilien-Exemplare dieser Gattung wurden in Eozän-Schichten des Veneto (Italien) gefunden. Es handelte sich bei diesen Krabben höchstwahrscheinlich um grabende Formen, da die fossilen Exemplare meist in natürlicher Lebensstellung sehr gut erhalten sind. Diese Krabben gruben sich sicherlich im Sand ein, um sich einerseits vor Räubern zu verbergen und andererseits um Beutetiere zu ergreifen, die in Reichweite ihrer großen Scheren kamen.

Cancer

Visitenkarte

Klasse
Malacostraca

Ordnung
Decapoda

Familie
Cancridae

Stratigraphische Verbreitung
Miozän–heute

Geographische Verbreitung
Europa, Afrika, Burma, Japan, Nordamerika

Zahlreiche gut erhaltene Fossilien aus den Lagerstätten des Miozäns und Pliozäns ermöglichten den Paläontologen eine genaue Erforschung dieser Gattung. Der **Carapax** aller Arten von *Cancer* ist breiter als lang. Die Oberfläche des Rückenpanzers ist mit feinen **Knötchen** bedeckt und die darunterliegenden Regionen für Magen und Herz durch Furchen deutlich markiert. Die vorderen und seitlichen Ränder sind abgerundet und werden durch Zähne in zehn **Loben** unterteilt. Die **Gruben** für die **Komplexaugen** sind klein, die Frontalregion des Schildes ist mit drei **Zähnen** versehen. Wie auch bei anderen Gattungen derselben Familie ist bei diesen Krabben ein deutlicher Größenunterschied zwischen den beiden Scheren des ersten Beinpaares zu beobachten.

Stratigraphische und geographische Verbreitung: Krabben der Gattung *Cancer* waren und sind auch heute noch Bewohner von gemäßigten und kalten Meeren. Ihre Fossilien sind ab dem Miozän bekannt und wurden in marinen Sedimentschichten in Europa, Afrika, Burma, Japan und Nordamerika gefunden. Das Exemplar auf dem ***Foto*** gehört zur Spezies *C. sismondai.*

Anmerkung: Der stark abgeplattete Carapax dieser Arten begünstigte höchstwahrscheinlich das Eingraben in sandigen Meeresböden. Die kräftigen Scheren machten diese Krebse vermutlich zu geschickten Jägern von kleinen Fischen und wirbellosen Tieren.

Lophoranina

Die Gattung *Lophoranina* ist mit der rezenten Gattung *Ranina* (Froschkrabbe) direkt verwandt und durch die rechteckige Form ihres **Carapax** charakterisiert, der dorsal von parallel verlaufenden deutlichen **Kämmen** überzogen ist. Die **Augengruben** sind breit und tief, die **Scheren** des ersten Beinpaares kräftig und ebenfalls von parallelen Kämmen bedeckt sowie mit robusten **Seitenstacheln** versehen.

Stratigraphische und geographische Verbreitung: Fossilien dieser Gattung sind von marinen Sedimenten ab dem Eozän aus Europa bekannt. Die am besten erhaltenen Exemplare stammen aus Eozän-Schichten des Veneto (Italien). Das Exemplar auf dem ***Foto*** gehört zur Spezies *L. marestiana.*

Anmerkung: Die Kämme auf der Rückenoberfläche erleichterten das Eingraben der Tiere im sandigen Sediment, um sich einerseits vor Räubern zu verbergen und gleichzeitig der eigenen Beute aufzulauern. Die Arten waren meist klein, konnten aber in manchen Fällen auch Gesamtlängen von mehr als 60 cm erreichen.

Visitenkarte

Klasse
Malacostraca

Ordnung
Decapoda

Familie
Raninidae

Stratigraphische Verbreitung
Eozän

Geographische Verbreitung
Europa

Thalassina

Krebstiere dieser Gattung sind typische Vertreter der Gruppe *Anomura* (Mittelkrebse), mit einem extrem flachen abgeplatteten **Körperbau**. Der **Carapax** ist meist zylindrisch und in seiner ganzen Länge von einer **Furche** der Thalassinicallinie durchzogen. Der Dorsalrand des Carapax wird durch ein schwach ausgeprägtes **Rostrum** verlängert. Die Endglieder des ersten **Beinpaares** tragen je eine kräftige **Subchela**, die zum Graben tiefer Gänge im sandigen oder schlammigen Boden verwendet wurde.

Stratigraphische und geographische Verbreitung: Diese im indopazifischen Raum weit verbreiteten Krebstiere sind in fossiler Form ab dem Pleistozän bekannt. Die meisten und am besten erhaltenen Exemplare von Fossilien stammen aus Australien. Das Exemplar auf dem ***Foto*** gehört zur Spezies *T. sauamifera.*

Anmerkung: Krebse dieser Gattung gruben tiefe Gänge in den Sandboden und filterten organische Partikel aus dem Sediment. Meist werden ihre fossilen Überreste samt ihren Gängen konserviert aufgefunden.

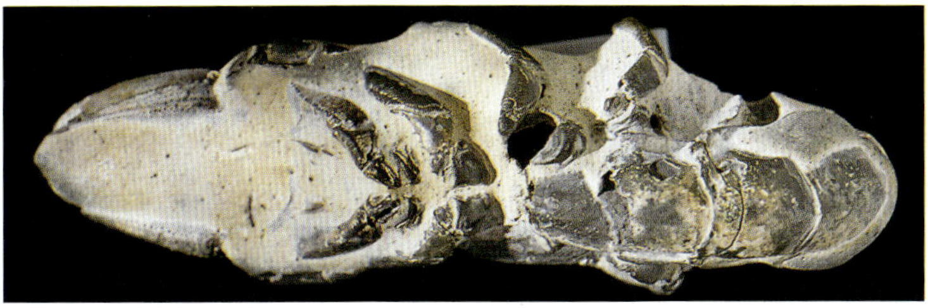

Visitenkarte

Klasse
Malacostraca

Ordnung
Decapoda

Familie
Thalassinidae

Stratigraphische Verbreitung
Pleistozän–heute

Geographische Verbreitung
Indopazifik

Upogebia

Visitenkarte

Klasse
Malacostraca

Ordnung
Decapoda

Familie
Upogebiidae

Stratigraphische Verbreitung
Oligozän–heute

Geographische Verbreitung
Ganze Welt

Einige Vertreter dieser Gattung, die zu den *Anomura* zählt, sind rezent, das heißt, sie leben auch heute noch. Wie die *Thalassinidae,* deren Namengeber die Gattung *Thalassina* ist, zeigen auch auch die Arten der Gattung *Upogebia* seitlich stark zusammengepresste **Körper** mit extrem verkürztem **Carapax** und ersten **Beinpaaren** mit je einer kräftigen **Subchela**, die zum Graben im sandigen Sediment verwendet wurden.

Stratigraphische und geographische Verbreitung: Krebse der Gattung *Upogebia* sind rezent in allen Weltmeeren weit verbreitet. Die ältesten bis heute bekannten Fossilien stammen aus dem Oligozän, wobei die am besten erhaltenen Exemplare aus den Sedimentschichten des Oligozäns von Perarolo (Veneto, Italien) kommen. Der ausgezeichnete dreidimensionale Erhaltungszustand ihrer Körper erlaubte genaue morphologische Analysen dieser Krebstiere. Das Exemplar auf dem ***Foto*** gehört zur Spezies *U. perarolensis.*

Anmerkung: Wie bei den *Thalassinidae* üblich, gruben auch die Vertreter der Gattung *Upogebia* Gänge in sandiges oder schlammiges Sediment – nicht nur um sich vor Räubern zu schützen, sondern um dabei auch an Beute (kleine Weichtiere und andere Krebstiere) zu gelangen.

Balanus (Seepocken)

Visitenkarte

Klasse
Cirripedia

Ordnung
Thoracica

Familie
Balanidae

Stratigraphische Verbreitung
Eozän–heute

Geographische Verbreitung
Ganze Welt

Krebstiere der Gattung *Balanus* gehören zu den Cirripediern (Rankenfüßern), einer besonderen Krebstiergruppe. Diese Tiere leben in **Gehäusen** aus einer Reihe von Kalkplatten (meist vier bis sechs), die miteinander verbunden und unten an einer festen Unterlage festgewachsen sind. Diese beweglichen **Platten** bilden zusammen eine feste **Hülle**, die mehr oder weniger die Form eines Kegelstumpfes aufweist. Ganz oben befindet sich die Öffnung, aus der jedes Tier seine als **Cirren** bezeichneten Extremitäten periodisch hinausstreckt und wieder zurückzieht. Sie dienen zur Aufnahme des Sauerstoffes und zum Ergreifen winziger Nahrungsteilchen.

Stratigraphische und geographische Verbreitung: Diese Cirripediergruppe ist heute weltweit verbreitet. Die ältesten bekannten Fossilien von *Balanus* (Seepocken) stammen aus marinen Sedimenten des Eozäns. Ihre äußerst robusten Schalen sind häufig zur Gänze als Fossil erhalten geblieben. Das Exemplar auf dem ***Foto*** zeigt *Balanus* sp.

Anmerkung: Am Ende des Larvenstadiums verwachsen die Cirripedier an einer festen Unterlage (Felsen, Holz oder Bootskiele) und ernähren sich dann von organischen Partikeln, die sie mit den Rankenfüßen aus dem Wasser filtern. Die meisten Arten bewohnen die Küstenzonen zwischen Ebbe und Flut.

Ostenocaris

Die Gattung *Ostenocaris* umfasst recht stattliche Krebstiere mit trapezförmigem **Carapax**, der bei manchen Arten mehr als 20 cm lang werden kann und fast den ganzen **Körper** umschließt. Die Dorsalseite des Carapax ist leicht bis fast gar nicht gewölbt. Unter seinem vorderen Rand ragt ein sackartiger Kopf hervor, der in zwei **Lateralloben** gegliedert ist, welche häufig Reste von Knorpel- und Knochenfischen oder auch Kiefer von Kopffüßern enthalten. An den ventralen Rändern des **Carapax** ragen drei Paar sehr langer und deutlich nach vorne gebogener Extremitäten heraus. Eine Reihe dreieckiger, stark verkürzter **Extremitäten** am hinteren Drittel des Carapax bilden an ihren Ansatzstellen fast kreisförmige Abdrücke. Eine **Ornamentierung** fehlt. Die **Kiemen** sind sehr gut entwickelt, in Reihen angeordnet und nehmen den größten Teil im Inneren des Carapax ein.

Visitenkarte

Klasse
Thylacocephala

Ordnung
Conchyliocarida

Familie
Conchyliocaridae

Stratigraphische Verbreitung
Jura

Geographische Verbreitung
Europa

Stratigraphische und geographische Verbreitung: Vertreter dieser Gattung sind aus dem unteren Jura in Italien und aus dem mittleren Jura in Frankreich belegt. Auf dem ***Foto oben*** Abdrücke von Kiemen und Weichteilen in der Mitte des Carapax von *Ostenocaris* sp. Das Exemplar auf dem ***Foto unten*** gehört zur Spezies *O. cypriformis*, ist typisch für die Lagerstätten von Osteno (Varese, Italien) und stammt aus dem unteren Jura.

Anmerkung: Die *Thylacocephala* bilden eine eigene Klasse von fossilen Krebstieren und waren höchstwahrscheinlich vom Kambrium bis zur Kreide verbreitet. Sie weisen keinerlei Ähnlichkeiten mit lebenden Krebstieren auf, sodass viele Unklarheiten über ihre Anatomie, ihre Lebensweise und die Lebensräume, die sie bewohnten, bestehen. Sie waren möglicherweise Aasfresser, wie auch die Zusammensetzung der in den Loben gefundenen Nahrungsreste bestätigt.

Auf dieser Seite,
oben: Aeger *sp., aus dem unteren Jura, Osteno;*
in der Mitte links: Eryma modestiformis, *aus dem oberen Jura, Solnhofen;*
unten links: Acanthochirana cenomanica, *aus der oberen Kreide, Libanon;*
rechts: Homarus hakelensis, *aus der oberen Kreide, Libanon.*

Gegenüberliegende Seite,
oben: Eryon arctiformis, *aus dem oberen Jura, Deutschland;*
in der Mitte: Archaeocypoda veronensis, *aus dem Eozän, Monte Bolca;*
unten: Coloia viallii, *aus dem unteren Jura, Osteno.*

Conchostraca (Muschelschaler)

Die Gruppe der Conchostraken (Klasse Conchostraca) umfasst kleinere Krebstiere, deren Körper von einem ***Carapax****, der aus zwei gleich großen* ***Klappen*** *besteht, umhüllt ist. Der* ***Rumpf*** *ist deutlich in einen* ***Kopf*** *und zahlreiche* ***Thorakalsegmente*** *gegliedert, welche mit einer Reihe einander ähnlicher* ***Beine*** *ausgestattet sind, die zur Fortbewegung, zum Atmen und Filtern von Nahrungspartikeln verwendet werden. Das letzte Thorakalsegment ist mit einer kleinen und kurzen* ***Furka*** *verbunden. Die Außenseite der Klappen weist meist eine charakteristische* ***Ornamentierung*** *mit konzentrischen Streifen auf.*

STRATIGRAPHISCHE UND GEOGRAPHISCHE VERBREITUNG

Fossilien dieser Klasse sind ab dem Devon bekannt, und zwar meist in Brackwasser- oder Süßwassersedimenten. Gut erhaltene Exemplare aus der unteren Trias wurden in Deutschland und Madagaskar gefunden.

Zu den für die Klassifikation wichtigsten Merkmalen der Muschelschaler gehört die Ornamentierung der Klappen mit konzentrischen Streifen.

LEBENSRAUM

Die Muschelschaler sind ein wichtiger Planktonbestandteil in Süßwasserlebensräumen. Die meisten rezenten Spezies schwimmen oder schweben im Wasser und entwickeln Fortsätze, um sich damit fortzubewegen, zu atmen und organische Substanzen aus dem Wasser zu filtern.

Ostracoda (Muschelkrebse)

Die Gruppe der Ostrakoden (Klasse Ostracoda*) umfasst kleine bis sehr kleine Krebstiere (maximal 5 mm lang), deren* **Körper** *vollständig von einem dünnen* **Carapax** *umschlossen sind. Dieser besteht aus zwei gleich oder verschieden großen* **Klappen,** *welche von* **Poren** *durchsetzt sind, aus welchen* **Sinneshaare** *nach außen ragen. Die Schalen werden von* **Adduktormuskeln**, *die am Körper des Tieres ansetzen, geschlossen. Die Außenseite der Klappen kann Körnchen, Knoten, Streifen, Furchen oder einen Stachelbesatz aufweisen. Der Tierkörper selbst erscheint äußerlich nicht segmentiert. Von der* **Kopfregion** *gehen vier* **Paare von Fortsätzen** *aus (zwei Antennenpare, Mandibeln und Maxillen als Mundwerkzeuge), von der* **Thoraxregion** *ein bis drei* **Beinpaare**, *die der Fortbewegung dienen. Es gibt zwar keine genauen Kriterien für die systematische Klassifikation dieser Organismen, im Allgemeinen basiert diese aber auf morphologischen Unterscheidungsmerkmalen. So werden etwa die Ornamentierung, die Art der Scharniere des Carapax und die Größe herangezogen, um die Arten voneinander zu unterscheiden.*

Oben: Cythere phillipsiana *aus dem Silur von der Insel Gotland.*
Unten: Leperditia canadensis *aus dem Ordovizium, gefunden in Kanada.*

STRATIGRAPHISCHE UND GEOGRAPHISCHE VERBREITUNG

Die Muschelkrebse sind in den marinen Sedimenten des Ordoviziums sehr häufig, in Schichten mit Ablagerungen des Festlandes aber eher selten vertreten. Die diversen fossilen Spezies aus dem Karbon und der Kreide erweisen sich als besonders geeignet für die Erforschung der Veränderungen der Lebensräume des Festlandes, des Brackwassers und der Meere.

LEBENSRAUM

Die heute lebenden Ostrakoden-Spezies sind in Meeren, in Brackwasser und in Süßwasser weit verbreitet. Meist handelt es sich dabei um Organismen, welche sich mittels Filtration des Wassers ernähren, es gibt aber auch räuberische und parasitäre Ostrakoden. Die Hauptnahrungsquelle bilden Kieselalgen, Bakterien und Protozoen. Einige Spezies gehören dem Plankton an, der größte Teil lebt aber benthisch, dicht am Boden, die Tiere wühlen bei der Nahrungssuche das Substrat auf.

Arachnida (Spinnentiere)

Oben: Eophrynus prestvici *aus dem oberen Karbon.* Gegenüberliegende Seite: *Die besterhaltenen Fossilien von Spinnen sind zweifellos Einschlüsse in Bernstein oder in jüngeren versteinerten Harzen, wie etwa Kopal. Die beiden Exemplare stammen aus Madagaskar.*

Die Arachniden (Klasse Arachnida) *umfassen nicht nur die größte Gruppe der Cheliceraten (Fühlerlose), sie sind auch jene mit der erfolgreichsten Entwicklung. Die rezenten Formen sind fast ausschließlich Landtiere, die Paläontologen schließen aber auf eine Abstammung von Formen, die im Wasser lebten und den Eurypteriden ähnlich waren. Der* ***Körper*** *der Spinnentiere ist in zwei Abschnitte gegliedert:* ***Cephalothorax*** *und* ***Abdomen****. Nur der Cephalothorax weist Extremitäten auf. Die* ***Cheliceren*** *bilden dabei das vorderste von insgesamt sechs Extremitätenpaaren. Die Endglieder können in Form einer Schere, einer Kralle, als Haken oder als Stachel enden. Die* ***Pedipalpen****, das zweite typische Extremitätenpaar, können verschiedenen Zwecken dienen. Die vier restlichen Paare, die echten* ***Beine****, bestehen meist aus sieben bis acht Gliedern. Die Spinnentiere haben keine Kauwerkzeuge und können daher nur Flüssigkeiten oder kleine organische Partikel als Nahrung aufnehmen.*

STRATIGRAPHISCHE UND GEOGRAPHISCHE VERBREITUNG

Die ältesten bekannten Fossilien von Arachniden stammen von im Wasser lebenden Skorpionen aus dem Silur. Der Wechsel der Spinnentiere vom Wasserlebensraum auf das Land fand höchstwahrscheinlich schon am Ende dieser Periode statt. Vermutlich waren die Arachniden die ersten echten Landtiere. Zur Eroberung des neuen Lebensraumes mussten sicherlich auch Anatomie und Physiologie der Tiere, wie beispielsweise die Fortpflanzungsorgane, verändert und an die gänzlich anderen Gegebenheiten angepasst werden. Es erfolgte auch eine Veränderung des ***Außenskeletts****, das weniger wasser- und gasdurchlässig werden musste, um Flüssigkeitsverluste zu verhindern. Auch die Befruchtung der Eier musste nun vor der Ablage innerhalb des Körpers erfolgen. Außerdem entwickelten sich die Kiemen zu Lungen, um eine Luftatmung zu ermöglichen.*

LEBENSRAUM

Die Vertreter der Spinnentiere sind vorwiegend räuberische Landtiere, die sich von anderen Gliederfüßern ernähren, welche sie zuvor durch Bisse mit ihren Cheliceren oder Pedipalpen lähmen.
Viele Formen entwickeln ***Giftdrüsen****, die mit jenen Körperteilen verbunden sind, die zum Lähmen der Beute eingesetzt werden. Die Beute wird anschließend durch die Wirkung bestimmter Verdauungsenzyme verflüssigt oder zu einem Brei vorverdaut.*

Xiphosura (Pfeilschwanzkrebse)

Die Xiphosuren (Ordnung Xiphosura*) gehören zur Überklasse* Chelicerata*. Diese urtümlichen Cheliceraten sind in zahlreichen fossilen Formen und in fünf rezenten Spezies vertreten. Die bekannteste rezente Spezies ist* Limulus polyphemus (Horseshoe crab)*, der an der amerikanischen Atlantikküste verbreitet vorkommt. Typisch für die Pfeilschwanzkrebse ist ein nach oben gewölbter* **Carapax** *in Form eines Hufeisens, der gänzlich unsegmentiert und glatt ist. Auf der Oberseite befindet sich vorne seitlich ein Paar kleiner nierenförmiger* **Komplexaugen***, in der Mitte Punktaugen. Der breite, kurze* **Abdominalpanzer** *weist seitlich kurze bewegliche* **Seitenstacheln** *und am Hinterende ein sehr langes, spitz zulaufendes* **Telson** *auf. Auf der Ventralseite des Chephalothorax befinden sich sechs Paar* **gegliederter Beine***: ein Paar kleine Cheliceren mit Scheren und fünf weitere Beinpaare zum Bearbeiten der Nahrung mittels Gnathocoxen. Auf der Unterseite des* **Abdomens** *setzen weitere sieben Paare von Blattbeinen an, die so genannten* **Chilaria***, die auch als Kiemen dienen.*

STRATIGRAPHISCHE UND GEOGRAPHISCHE VERBREITUNG

Pfeilschwanzkrebse sind ab dem Kambrium in Sedimenten von Nordamerika belegt, starben jedoch zu Ende des Perms bis auf eine einzige Familie aus. Die am besten erhaltenen Fossilien von Xiphosuren wurden in den Karbon-Lagerstätten von Mazon Creek (Illinois, Vereinigte Staaten) und in den Jura-Lagerstätten von Solnhofen (Deutschland) entdeckt. Rezente Arten bewohnen die amerikanische Atlantikküste, die Küsten des Indischen Ozeans sowie jene von China, Japan und den Philippinen.

Zwei ursprüngliche Xiphosuren aus dem Karbon, beide gehören zur Gattung Prestwichia.

LEBENSRAUM

Wie die heute noch existierenden Formen konnten vermutlich auch die fossilen Arten dank ihrer kräftigen Gliedmaßen im Sand wühlen und sich im sandigen Meeresboden eingraben.
Die Xiphosuren waren vermutlich Allesfresser: sie ernährten sich von Borstenwürmern, Algen und Weichtieren, die sie mit den Cheliceren ergriffen und mit den Gnathocoxen (Kauhüften) zerkleinerten.

Euproops

Die Vertreter der Gattung *Euproops* zeichneten sich durch einen großen und stark gewölbten, annähernd kreisförmigen **Carapax** aus, der an den Seitenenden verlängert war. Wie bei allen Gliederfüßern bestand auch ihr Carapax aus einem Mittelteil, der **Glabella**, und zwei Seitenteilen, den **Wangen**, die sich bei *Euproops* zugespitzt nach hinten erstreckten. Die **Komplexaugen** lagen auf Augenhöckern an der Außenseite der **Wangen**. Die **Mundöffnung** befand sich auf der Bauchseite und war von den **Cheliceren** (dem ersten Extremitätenpaar) und von fünf Paar Gnathocoxen der Thorakalbeine umgeben. Das Abdomen trug fünf Beinpaare und an dessen Hinterende schloss sich ein langes spießförmiges **Telson** in Form eines **Stachels** an.

Stratigraphische und geographische Verbreitung: Fossilien dieser Gattung sind in marinen Sedimenten des Karbons in den Vereinigten Staaten nachgewiesen. Sehr gut erhaltene Exemplare wurden in der berühmten Lagerstätte Mazon Creek (Illinois, Vereinigte Staaten) entdeckt. Das Exemplar auf dem ***Foto*** gehört zur Spezies *E. danae*.

Anmerkung: Die Gattung *Euproops* zeigt viele morphologische Ähnlichkeiten mit der rezenten Gattung *Limulus*, welche die wenigen Pfeilschwanzkrebse umfasst, die bis heute überlebt haben. Sie werden daher von den Paläontologen als »lebende Fossilien« betrachtet. Wie die heutigen Formen lebten auch die Vertreter der Gattung *Euproops* in Küstennähe und ernährten sich von kleinen lebenden Beutetieren und von Aas.

Visitenkarte

Klasse
Merostomata

Ordnung
Xiphosura

Familie
Euproopidae

Stratigraphische Verbreitung
Karbon

Geographische Verbreitung
Vereinigte Staaten

Mesolimulus

Wie die rezente Gattung *Limulus* besaß auch diese fossile Art einen breiten, stark gewölbten, in etwa halbkreisförmigen **Carapax**. Die nierenförmigen **Augen** saßen ebenfalls seitlich auf den **Wangen**. Der **Mund** befand sich auch auf der Bauchseite und war von einem Paar **Cheliceren** und fünf **Beinpaaren** zum **Kauen** umgeben. Das **Abdomen** trug fünf **Beinpaare** und endete wie bei *Limulus* in einem langen und spitzen **Telson** (Schwanzstachel).

Stratigraphische und geographische Verbreitung: Vertreter dieser Gattung sind nur aus dem Jura bekannt und wurden als Fossilien in Deutschland gefunden. Besonders hervorragend erhaltene Exemplare stammen aus der berühmten Lagerstätte von Solnhofen in Bayern. Das Exemplar auf dem ***Foto*** stammt aus dem oberen Jura von Solnhofen und gehört zur Spezies *M. walchi*.

Anmerkung: Neben anderen Fossilienresten wurden in Solnhofen auch Lebensspuren gefunden, welche von diversen Bodenbewohnern im Sediment hinterlassen worden waren. Diese Relikte konnten zum Teil eindeutig *Mesolimulus* zugeschrieben werden, da am Ende solcher Fährten nicht selten das verendete Tier selbst als Fossil vorgefunden werden konnte. Diese Art von doppelter Fossilisation kann mit relativ hoher Sicherheit damit erklärt werden, dass die Lebewesen beim Absinken in ein sehr sauerstoffarmes Milieu in einen Dämmerzustand verfielen, die Orientierung verloren und schließlich eingebettet wurden, um so der Nachwelt erhalten zu bleiben.

Visitenkarte

Klasse
Merostomata

Ordnung
Xiphosura

Familie
Mesolimulidae

Stratigraphische Verbreitung
Oberer Jura

Geographische Verbreitung
Deutschland

Eurypterida (Seeskorpione)

Die Eurypteriden oder Breitflosser (Unterklasse Eurypterida*) gehören zur Überklasse* Chelicerata *und sind heute zur Gänze ausgestorben. Sie waren aber in allen Meeren des Paläozoikums weit verbreitet. Da Aufbau und Form ihrer Körper jener von Skorpionen sehr ähnlich ist, werden sie auch als »Seeskorpione« bezeichnet. Die Eurypteriden brachten die größten Formen von Gliederfüßern hervor, die je gelebt haben und erreichten mit der Gattung* Pterygotus *Körperlängen von über 2 m. Der* ***Kopf*** *war relativ klein und trug auf der Oberseite nierenförmige Augen. Das* ***Abdomen*** *wurde aus 12 beweglichen* ***Segmenten*** *gebildet; das robuste* ***Präabdomen*** *bestand aus sieben, das dünnere* ***Postabdomen*** *aus fünf Segmenten, deren letztes mit einem langen dolchförmigen* ***Telson*** *verbunden war. Der* ***Cephalothorax*** *trug sechs Extremitätenpaare; die* ***Cheliceren,*** *welche manchmal sehr lang und mit Scheren versehen waren, bestanden aus drei Gliedern. Bei manchen Formen unterschied sich das zweite Beinpaar, die* ***Pedipalpen****, von den restlichen Beinpaaren und konnte zu einem Raubapparat umgestaltet sein. Das letzte Beinpaar konnte zu einem Schwimmorgan umgebildet sein.*

STRATIGRAPHISCHE UND GEOGRAPHISCHE VERBREITUNG

Die Breitflosser waren wahrscheinlich in allen Meeren der Welt verbreitet. Die sehr karge fossile Dokumentation lässt heute den Schluss zu, das diese Unterklasse der Spinnentiere vom Ordovizium bis zum Karbon existierte. Die am besten erhaltenen fossilen Exemplare stammen aus dem Silur und wurden im Staat New York (Vereinigte Staaten) gefunden.

LEBENSRAUM

Die Eurypteriden schwammen oder krochen wahrscheinlich auf dem Meeresboden oder im Brackwasser umher und ernährten sich möglicherweise von Weichtieren, Trilobiten und Fischen.

Bei diesem Fossil der Art Eurypterus remipes *aus marinen Sedimenten des Silurs (gefunden im Staat New York) ist der dolchförmige Schwanzstachel sehr deutlich zu sehen.*

Eurypterus

Der **Körper** von Vertretern der Gattung *Eurypterus* war wie bei allen Cheliceraten in einen trapezförmigen vorderen, als **Prosoma** bezeichneten, und einen längeren hinteren Bereich, das **Opisthosoma**, gegliedert. Das Prosoma trug sechs **Extremitätenpaare:** vorne ein Paar **Cheliceren**, ein Paar Pedipalpen und vier Paare von Schreitbeinen mit **Kauwerkzeugen**, deren letztes Paar zu **Schwimmbeinen** umgebildet war. Die **Augen** befanden sich auf der Rückenseite des Prosoma. Das Opisthosoma war in zwölf Segmente unterteilt, welche zum Schwanzende hin immer schmäler wurden und mit einem langen **Telson** in der Form eines kräftigen und spitzen **Schwanzstachels** abschlossen.

Visitenkarte

Klasse
Merostomata

Ordnung
Eurypterida

Familie
Eurypteridae

Stratigraphische Verbreitung
Ordovizium–Perm

Geographische Verbreitung
Ganze Welt

Stratigraphische und geographische Verbreitung: Vertreter dieser Gattung waren ab dem Ordovizium in allen Meeren der Welt verbreitet und starben zu Ende des Perms aus. Die am besten erhaltenen fossilen Exemplare stammen aus marinen Sedimenten des Silurs und wurden im Staat New York (Vereinigte Staaten) gefunden. Das Exemplar auf dem ***Foto oben*** gehört zur Spezies *E. remipes.* Auf dem ***Foto links*** ist *Eurypterus disarticulatus* abgebildet.

Anmerkung: Die Arten der Gattung *Eurypterus* bevölkerten marine Lebensräume oder Brackwasser und umfassten die größten Gliederfüßer, die je auf der Erde lebten. Es sind fossile Exemplare bekannt, die eine Länge von 2 m und manchmal sogar mehr als 2,5 m erreichen konnten. Sie lebten benthisch, das heißt, dass sie sich bevorzugt auf dem Meeresboden aufhielten, auch wenn manche Formen als gute Schwimmer bekannt sind. Sie ernährten sich räuberisch und erbeuteten Panzerfische, Trilobiten und andere Beutetiere.

Insecta (Insekten)

Die Insekten (Klasse Insecta*) bilden die größte heute lebende Arthropodengruppe und sind die am weitesten verbreiteten Landtiere. Die Zahl der bislang beschriebenen rezenten Spezies übersteigt eine Million; sie haben alle Lebensräume, einschließlich den aquatischen (außer dem marinen), erobert und sind im Übrigen die einzigen Wirbellosen, die fliegen können. Die ältesten bis heute entdeckten Vertreter gehen auf das Devon zurück.*

ANATOMIE UND MORPHOLOGIE

Charakteristisches Merkmal der Insekten ist ein ***Außenskelett*** *aus Chitin, das den gesamten* ***Körper*** *bedeckt. Chitin ist wasser- und gasundurchlässig und schützt darüber hinaus die inneren Organe. Viele Insekten entwickeln* ***Flügel*** *aus chitinösen Hautausstülpungen. Der Körper der Insekten ist sehr deutlich in* ***Kopf***, ***Thorax*** *und* ***Abdomen*** *unterteilt. Der Kopf verfügt mit wenigen Ausnahmen über ein* ***Antennenpaar*** *und einen je nach Ernährungstyp verschieden ausgeformten* ***Kauapparat***, *der aus* ***Mandibeln***, ***Maxillen*** *und einer* ***Unterlippe*** *(*Labium*) besteht. Der Thorax ist in drei Segmente gegliedert und mit drei aus mehreren beweglichen Gliedern zusammengesetzten* ***Beinpaaren*** *und meist zwei* ***Flügelpaaren*** *versehen. Bei manchen Formen ist nur ein Flügelpaar vorhanden, andere sind flügellos. Das Abdomen kann aus bis zu elf Segmenten bestehen.*

Oben: Chresmoda *sp., aus dem oberen Jura, Solnhofen.* Unten: *Larve eines* Tropisternum sculptilis *aus dem Eozän, Wyoming.*

KLASSIFIKATION UND VERBREITUNG

*In der Systematik werden die Insekten in Flügellose Insekten (*Apterygota*) und Fluginsekten (*Pterygota*) unterteilt. Die geflügelten Insekten sind wiederum in* Palaeoptera *mit nach außen stehenden oder aufgerichteten Flügeln und* Neoptera *mit am Körper angelegten zusammenfaltbaren Flügeln unterteilt. Trotz ihrer derzeitigen großen Verbreitung, die höchstwahrscheinlich schon ab dem oberen Paläozoikum einsetzte, ist die fossile Dokumentation der Insekten nicht so gut belegt wie bei anderen, weniger artenreichen oder weniger weit verbreiteten Arthropodengruppen.*

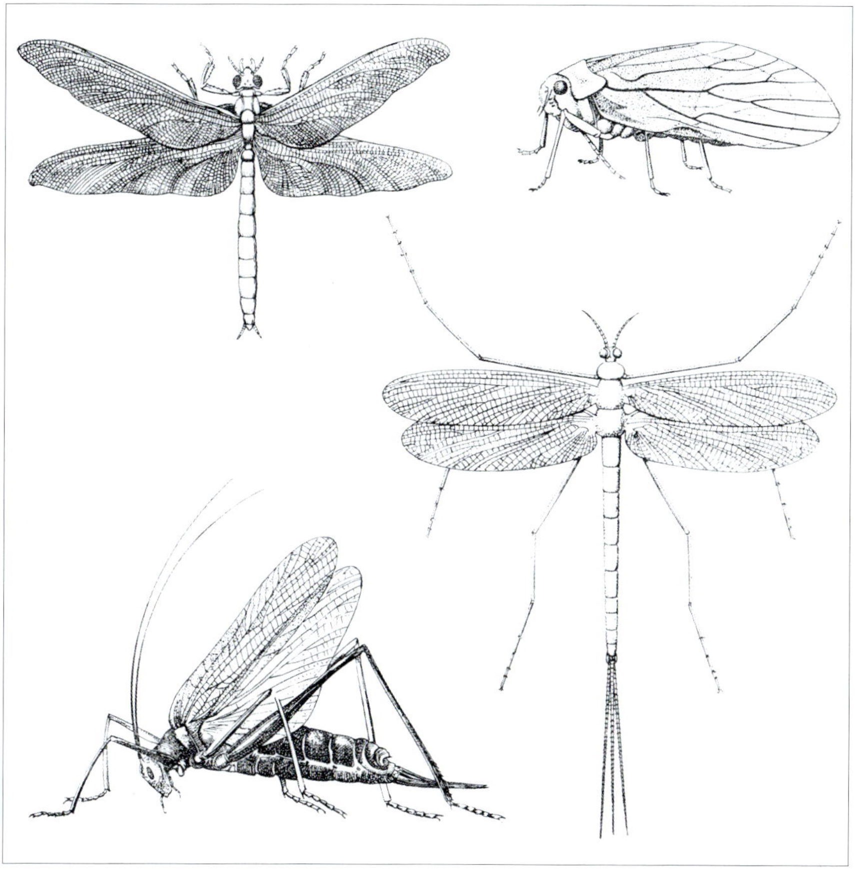

Der Grund für diese relativ beschränkte fossile Dokumentation liegt zu einem guten Teil darin, dass die meisten Insekten relativ kleine Landbewohner waren und ihr Außenskelett aus Chitin sehr leicht bis zur Unkenntlichkeit zerfiel. Beide Umstände waren für eine Fossilisation nur wenig förderlich. Jene Insekten, die als Fossilien in Sedimenten erhalten geblieben sind, wurden zumeist im Süß- oder Brackwasser abgelagert und eingebettet, hier sind besonders zahlreich aquatische Larvenstadien vertreten. Aufsehen erregende Exemplare fossiler Insekten stammen von Bernsteineinschlüssen, aber nicht nur diese Tiergruppe, sondern auch tausende perfekt erhaltene kleine Gliederfüßer – darunter sehr viele Spinnen – konnten dadurch wissenschaftlich beschrieben werden. Sie alle waren im Laufe der geologischen Erdzeitalter, besonders ab der Kreide, in Harzmasse, die aus den Pflanzen (Nadelbäume) herabtropfte, eingeschlossen worden und wurden so auf perfekte Weise fossilisiert.

Oben: *Rekonstruktion einiger fossiler Insekten aus dem Karbon und Perm.* Unten: *Libellulium sp. aus dem oberen Jura von Solnhofen.*

Heptagenia (Eintagsfliege)

Visitenkarte

Klasse
Insecta

Ordnung
Ephemeroptera

Familie
Heptageniidae

Stratigraphische Verbreitung
Kreide–heute

Geographische Verbreitung
Europa, Asien

Die Nymphen dieser Eintagsfliegengattung können schwimmen, **Kopf**, **Körper** und **Beine** sind daher meist abgeplattet. Verglichen mit dem restlichen Körper ist der Kopf ziemlich gut entwickelt. Die beiden **Komplexaugen** sind groß und sitzen auf der Oberseite des Kopfes; bei den rezenten Arten erscheinen die großen Augen der Männchen bei Tag hell und in der Nacht dunkel gefärbt. Auf den ersten sechs Abdominalsegmenten sitzen **Kiemen**. Die erwachsenen Tiere weisen zweiästige **Schwanzanhänge** auf; der Tarsus der Beine ist fünfgliedrig. Die **Vorderflügel** weisen als Hauptader einen Cubitus auf und zusätzlich zwei Paar dünnere Intercalaradern; sowohl die vorderen als auch die hinteren Flügel zeigen im Übrigen eine gut entwickelte **Äderung**.

Stratigraphische und geographische Verbreitung: Vertreter dieser Gattung sind in Europa ab dem Oligozän und in China ab der unteren Kreide bekannt. Das Exemplar auf dem ***Foto**, Heptagenia* sp., stammt aus der unteren Kreide von Nordwestchina.

Anmerkung: In den Lagerstätten aus der unteren Kreide in China sind Fossilien dieser Gattung weit verbreitet, besonders in der Region Liaoning im Nordwesten mit Funden, die der unteren Kreide, bisweilen auch der oberen Kreide zugerechnet werden. In diesen Lagerstätten wurden in letzter Zeit besonders gut erhaltene Tiere von höchstem wissenschaftlichen Interesse gefunden, darunter viele Spezies von Vögeln und Dinosauriern mit Federn.
Die Ordnung *Ephemeroptera*, der die Gattung *Heptagenia* angehört, ist seit dem oberen Paläozoikum bekannt. Die älteste beschriebene Form stammt aus Lagerstätten des oberen Karbons in Frankreich, aus dem Perm wurden dann bereits mehrere Spezies beschrieben. Die fossile Dokumentation der *Ephemeroptera* ist im Allgemeinen sehr lückenhaft. Bis heute wurden etwa 2000 rezente Spezies beschrieben, die ein aquatisches Larvenstadium durchlaufen, das von wenigen Monaten bis zu zwei Jahren dauern kann. Während dieser Zeit unterzieht sich das Tier zahlreichen Häutungen (bis zu 21). Zu Ende des Larvenstadiums schwimmt die Larve (Nymphe) zur Wasseroberfläche. Danach schlüpft aus ihr die fliegende erwachsene Form (Imago), welche sich dann ohne Nahrung aufzunehmen fortpflanzt und innerhalb weniger Stunden oder Tage stirbt.

Ischnoneura

Die **Flügel** dieser Insekten sind mittels sklerotisierter Platten mit dem Thorax verbunden. Die vorderen Flügel zeigen eine komplexe **Äderung**, über das hintere Flügelpaar ist nichts bekannt. Der kleine **Kopf** ist mit gut entwickelten **Antennen** versehen, welche aus zahlreichen Segmenten bestehen. Das **Abdomen** ist relativ wenig entwickelt, die **Beine** sind relativ lang.

Stratigraphische und geographische Verbreitung: Die Gattung *Ischnoneura* ist nur aus dem oberen Karbon in Frankreich bekannt. Das Exemplar auf dem ***Foto*** gehört zur Spezies *I. oustaleti* und repräsentiert den Typus dieser Gattung. Das Fossil wurde in der Abraumdecke einer jetzt stillgelegten Kohlengrube in Frankreich gefunden.

Anmerkung: Es handelt sich bei dieser Art um ein urtümliches geflügeltes Insekt, bei welchem sich die Flügel erst nach dem Nymphenstadium entwickelten. Die Ordnung *Protorthoptera*, der es angehört, ist längst ausgestorben. Sie umfasst verschiedene Formen, die große Ähnlichkeit mit den Vertretern *Orthoptera* (Geradflüglern) aufweisen, einer Ordnung, zu der ca. 8000 rezente Spezies mit sehr bekannten Formen wie Grillen, Maulwurfsgrillen und Heuschrecken gehören. Das ***Foto*** auf dieser Seite zeigt ein Fossil, das, wie auch viele andere Insekten, in Sedimenten aus dem Karbon gefunden wurde. Es blieb in der »Abraumdecke« (der obersten Schicht) eines Kohlenbergwerks erhalten. Funde solcher Exemplare sind selten, weil für die wirtschaftliche Nutzung der Kohleschichten das Abraumgestein vollständig entfernt werden musste und dabei viele Lagerstätten zerstört wurden.
Die Ordnung *Protorthoptera*, zu der die Gattung *Ischnoneura* gehörte, umfasste zahlreiche Familien urtümlicher Geradflügler mit vielen weit verbreiteten Spezies aus dem oberen Paläozoikum (Karbon und vor allem Perm), sowie auch einige Spezies aus der Trias, die alle mit hinteren Sprungbeinen versehen waren. Von vielen Spezies sind nur Flügelreste als Fossilien erhalten geblieben. Nahezu vollständig konservierte Exemplare mit allen Körperteilen sind jedoch nur sehr selten zu finden, weshalb es nur wenige Familien gibt, bei welchen die Morphologie der ihr angehörenden Arten ausreichend erforscht werden konnte.

Visitenkarte

Klasse
Insecta

Ordnung
Protorthoptera

Familie
Ischnoneuridae

Stratigraphische Verbreitung
Karbon

Geographische Verbreitung
Europa

MOLLUSCA (WEICHTIERE)

Die Vertreter der Mollusken (Stamm Mollusca*) sind vorwiegend marine Lebewesen, nur wenige Muschel- und Schneckenarten leben im Süßwasser bzw. auf dem Land. Ihr typisches Kennzeichen ist ein weicher Körper ohne Innenskelett, der sich in einen mehr oder weniger abgesetzten Kopf am Vorderende, einen bauchseitigen Fuß und einen rückenseitigen Eingeweidesack gliedert. Im Allgemeinen ist der gesamte Körper von einem häutigen, weichen Mantel umgeben, der an der Innenseite der außen liegenden Kalkschalen eng anliegt. Weichtiere tauchten erstmals im Kambrium auf, ihre rezenten Vertreter sind je nach Körperbau und Lebensweise in sieben Klassen unterteilt: Monoplacophoren, Polyplacophoren, Aplacophoren, Scaphopoden, Lamellibranchiaten (oder Bivalven), Gastropoden und Cephalopoden.*

ANATOMIE

Obwohl die Körperanatomie der Weichtiere sehr unterschiedlich ist, so teilen sie doch eine Reihe von gemeinsamen anatomischen Baumerkmalen. Ihr **Körper** *ist von einem zweiten häutigen Organ umgeben, dem* **Mantel**. *Zwischen Mantel und dem Eingeweidesack befindet sich die* **Mantelhöhle**, *welche die verschiedenen Organe des Eingeweidesacks umschließt. Typische Merkmale sind auch* **Schalenbildungen** *(Gehäuse oder zweiklappige Schalen). Diese bestehen aus einer äußeren Schicht, dem* **Periostrakum** *und aus drei Kalziumkarbonat-Schichten in typischer Anordnung. Die Atmung erfolgt durch* **Kammkiemen**, *die* **Ctenidien**, *die je aus einer stützenden seitlich verbreiterten Achse mit sie durchziehenden Blutgefäßen bestehen, bei höher entwickelten Formen durch Blattkiemen. Das wichtigste Sinnesorgan, das* **Osphradium**, *befindet sich in der Mantelhöhle und dient dazu, das Atemwasser zu prüfen, bevor es zu den Kammkiemen gelangt. Typischer Teil des Verdauungsapparates ist die* **Radula** *(Raspelzunge) zum Zerkleinern der Nahrung. Die Fortbewegung erfolgt mittels eines großen, flachen und muskulösen* **Fußes** *(Fußmuskel) oder durch andere Mechanismen.*

Abdrücke von Muschelschalen der Gattung Daonella aus der mittleren Trias, Lagerstätte von Besano, Italien.

LEBENSRAUM UND VERBREITUNG

Die rezenten Weichtiere, welche heute mit mehr als 80.000 Spezies vertreten sind, waren schon in frühen Erdperioden äußerst weit verbreitet. Die ältesten Fossilien dieser Klasse, die bis heute gefunden werden konnten, gehen schon auf den Beginn des Kambriums zurück. Die meisten Arten unter ihnen waren und sind marine Formen, dennoch bewohnen einige Spezies von Gastropoden (z.B. die Lungenschnecken) und einige Bivalven auch Lebensräume des Süßwassers und das Land. Die meisten Weichtiere leben nicht sessil oder in Kolonien, viele von ihnen bewegen sich aber sehr langsam fort und bleiben dabei fast immer in engem Kontakt mit dem Substrat. Manche haften am Gestein fest, andere graben Gänge oder schweben im Wasser, und einige Formen, wie etwa die Kopffüßer, sind gute Schwimmer.
Nicht wenige Weichtierarten sind überaus bedeutend für unsere Ernährung, beispielsweise viele Muschelarten wie Miesmuscheln, Venusmuscheln und Austern, aber auch Tintenfische und einige Schneckenarten. Manche Weichtiere hingegen, wie die Schiffsbohrmuscheln, beschädigen durch ihre Tätigkeit hölzerne Schiffskiele und Stege, einige wenige Schneckenarten können in der Landwirtschaft große Schäden anrichten.

Oben: *Muschelfossil mit Rhodochrosit-Kristallen, Tertiär, Ukraine.*
Unten: *Ausschnitt aus marinen Tonablagerungen mit fossilen Weichtieren des Pliozäns, Toskana (Italien).*

Monoplacophora (Einschaler)

Die relativ wenig bekannten Monoplacophoren bilden eine eigene Klasse des Stammes Mollusca. *Ihre Schale besteht aus nur einer Klappe und sie treten weder als Fossilien häufig auf, noch sind sie in den heutigen Meeren häufig anzutreffen. Das Besondere an dieser Klasse ist aber, dass die Tiere seit dem Ende des Paläozoikums oder zumindest seit der mittleren Trias als ausgestorben galten. Als im Jahr 1952 im Pazifischen Ozean, auf der Höhe von Costa Rica, zehn lebende Exemplare einer rezenten Monoplacophorenart gefangen wurden, war dies eine Sensation. Diese Weichtiere leben heute auf schlammigen Meeresböden in Tiefen bis zu 3350 m und stellen die Art* Neopilina galatheae *dar. Seither wurden noch weitere rezente Arten in großen Meerestiefen entdeckt, wodurch die allgemeine Aufmerksamkeit auch auf diese sonst wenig bekannte Molluskengruppe gelenkt wurde.*

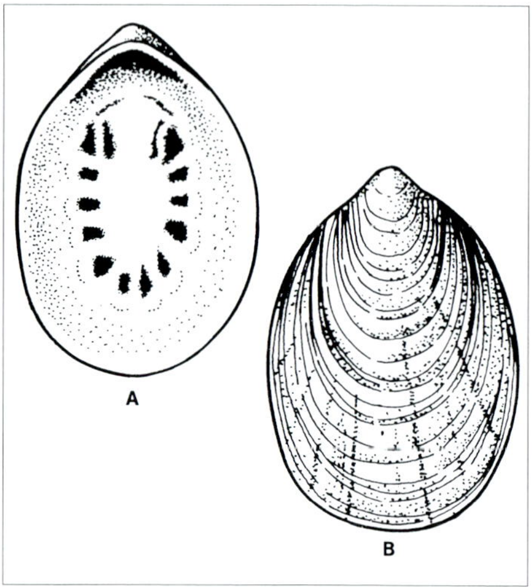

ANATOMIE UND MORPHOLOGIE

Wie der Name sagt, entwickeln Monoplacophoren nur eine einklappige **Schale**. *Die Form dieser Schale ist bei den rezenten Spezies ziemlich einheitlich, bei den Fossilien ist sie hingegen durchaus vielgestaltig: sie kann wie eine Schalenklappe einer Muschel oder eines Brachiopoden aussehen, aber auch konisch, becherförmig oder rund ausgeformt sein. Die Schale sitzt auf dem Rücken, um den* **Körper** *zu schützen und ist mit* **Kopf** *und Fuß durch eine Reihe von acht* **Muskelpaaren** *verbunden. Sie besteht aus Kalziumkarbonat (Aragonit), ihr Feinbau kann prismatisch, perlmuttartig oder lamellenartig und die äußere Form bilateral-symmetrisch oder asymmetrisch sein. Der Körper weist erstaunlicherweise eine* **Metamerie** *auf, also eine Unterteilung in Segmente. Dies wird von der Wissenschaft unterschiedlich als* **scheinbare** *(auf das Äußere beschränkte) oder* **echte** *(innere) Metamerie interpretiert. Aufgrund dieser Segmentierung brachte man die Monoplacophoren verwandtschaftlich*

Oben, Pilina *sp., ein Einschaler: A) die Innenseite der Schale mit Insertionsstellen der Muskeln; B) Außenseite der Schale.*
Rechts: Gasconadeoconus ponderosus, *ein Einschaler aus dem unteren Ordovizium, Montana, Vereinigte Staaten.*

mit den Anneliden in Zusammenhang und betrachtet gewisse Vorformen als mögliche Vorfahren der Weichtiere. Der Körper selbst besteht aus einer kleinen Kopfregion und einem flachen, etwa kreisförmigen ***Fuß****, der von der Mantelhöhle umgeben ist. Der Eingeweidesack liegt unter der Schale. Die* ***Mundöffnung*** *liegt im vorderen Bereich und ist umgeben von* ***Wimpern*** *und von mit* ***Tentakeln*** *versehenen Lippen. Innerhalb des Mundes befindet sich eine* ***Radula****, eine mit zahlreichen Reihen von Chitinzähnen besetzte Zunge (bei* Neopilina galatheae *sind es 16 Zahnreihen). Das Atmungsorgan wird aus fünf bis sechs Paar* ***Kammkiemen*** *(Ctenidien) gebildet. Der Darm verläuft spiralig und mündet am Hinterende in den* ***After****.*

STRATIGRAPHISCHE UND GEOGRAPHISCHE VERBREITUNG

Seit der Entdeckung der rezenten Neopilina *werden diese Monoplacophoren zu den »lebenden Fossilien« gezählt. Ehe das dänische Forschungsschiff* Galatea *lebende Monoplacophoren aus dem Meer bergen konnte, hielt man die gesamte Klasse für ausgestorben, denn ihre Fossilien waren nur ab dem Kambrium bis zur mittleren Trias bekannt. Ähnliche Vorgänge spielten sich um die Quastenflosser ab, als man in den 30er-Jahren des 20. Jh.s lebende Exemplare entdeckte, nachdem man diese Fische für bereits seit 90 Mio. Jahren für ausgestorben gehalten hatte. Offensichtlich hatten diese »Relikte« aus der Erdgeschichte durch stetige Anpassung an Lebensräume in großer Tiefe, deren Ökofaktoren beständiger sind als in oberflächennahen Bereichen, dort überleben können. Zudem war diese Umgebung nicht besonders für eine Fossilisation seiner Bewohner geeignet. Nach der ersten Entdeckung der* Neopilina *im Jahr 1952 im Pazifik wurden noch weitere Arten von Monoplacophoren in großen Meerestiefen des Indischen und Atlantischen Ozeans, aber auch im Mittelmeer, gefunden.*

Links: Propilina meramecensis, *ein Einschaler aus dem unteren Ordovizium, Montana, Vereinigte Staaten.*

LEBENSRAUM

Von der Lebensweise der Monoplacophoren ist nur wenig bekannt, da diese Tiere in großen Tiefen leben und von den Forschungsschiffen bloß geborgen werden, ohne vorher ihre Lebensgewohnheiten beobachten zu können. Allerdings fand man im Magen von Neopilina galatheae *zahlreiche Radiolarien, weshalb man annimmt, dass diese Tiere Schlamm und Sand vom Boden zu sich nehmen und mit den Tentakeln auf den Lippen Mikroorganismen herausfiltern.*

KLASSIFIKATION

Unter den Fossilien sind derzeit zwei Ordnungen von Monoplacophoren bekannt: die Ordnung Cyrtonellida *umfasst etwa 50 Arten und ist vom Kambrium bis zum mittleren Devon belegt; von der Ordnung* Tryblida*, mit etwa 20 Arten, sind fossile Formen ab dem Kambrium bis zur mittleren Trias (jedoch unsicher) bekannt, möglicherweise lassen sich aber auch die rezenten Formen dieser Ordnung zurechnen. Sie sind vermutlich die urtümlichsten aller heute lebenden Weichtiere und werden wegen ihrer möglichen Metamerie von einigen Wissenschaftern als Bindeglied zwischen Anneliden und Mollusken betrachtet.*

Polyplacophora (Käferschnecken)

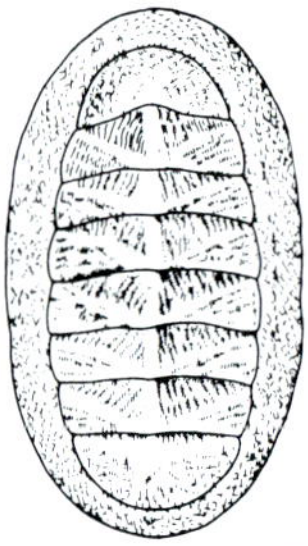

Die Polyplacophoren (Klasse Polyplacophora*) sind marine Weichtiere mit elliptischer* **Körperform**. *Ihr Hauptkennzeichen sind die acht dachziegelartig angeordneten beweglichen* **Kalkplatten** *auf der Rückenseite. Ein* **Kriechfuß** *nimmt den größten Teil der Bauchseite ein. Bei manchen Arten können die acht Schalenplatten beträchtlich verkürzt sein, wodurch sich die Körperachse verlängert und eine eher zylindrische Form annimmt. Die Klasse umfasst etwa 600 rezente Spezies, die bekanntesten gehören zur Gattung* Chiton.

STRATIGRAPHISCHE UND GEOGRAPHISCHE VERBREITUNG

Die Vertreter der Polyplacophoren sind heute weltweit verbreitet. Die ältesten Fossilien dieser Weichtierklasse stammen aus marinen Sedimenten des oberen Kambriums. Bei den fossilen Überresten konnte man feststellen, dass die Formen aus dem Paläozoikum sich von jenen aus dem Mesozoikum und Tertiär durch eine geringere Abdeckung ihres Rückens durch die Schalenplatten unterschieden und dass die Platten vermutlich robuster und weniger beweglich waren. Im Mesozoikum waren die Käferschnecken nur mit wenigen Formen vertreten, erfuhren aber während des Känozoikums eine beachtliche Entfaltung.

Oben: Chiton *sp., eine heute lebende Käferschnecke, schematisch dargestellt.*
Unten: abgerollter *Kiesel mit fossilen Überresten einer Käferschnecke, Tertiär, Bordighera (Italien).*

LEBENSRAUM

Alle Käferschneckenarten halten sich wie z.B. auch die der Gattung Chiton *bevorzugt auf felsigen Böden im seichten Wasser auf. Man kennt heute etwa 600 Spezies, alle mit sehr ähnlichem Körperbau und Lebensweise. Sie bewegen sich sehr langsam fort und sind Mikrophagen, die Algen und tierischen Aufwuchs mit ihrer kräftigen* **Radula** *von der Unterlage raspeln.*

Chiton

Die typischen Vertreter dieser Klasse, die Arten der Gattung *Chiton*, sind marine Lebewesen mit bilateral-symmetrischem Körperbau. Ihr Hauptmerkmal sind die den Rücken bedeckenden acht beweglichen **Schalenplatten** aus Kalk. Die Vorderste und Hinterste dieser Platten sind abgerundet, die mittleren rechteckig mit einem stumpfen Fortsatz. Augen fehlen. Die Seitenränder tragen **Körner**, **Stacheln** und **Schuppen**, die vermutlich der Verteidigung dienen. Wenn das Tier von einem Räuber angegriffen wird, kann es sich zusammenrollen, um so den verletzlichen Bauch zu schützen.

Stratigraphische und geographische Verbreitung: Die ältesten Fossilien dieser heute noch vertretenen Gattung wurden in marinen Sedimenten des unteren Karbons in Belgien und Irland gefunden. Weitere fossile Überreste aus dem oberen Karbon stammen aus der berühmten Lagerstätte von Mazon Creek (Illinois, Vereinigte Staaten). Das Exemplar auf dem ***Foto*** gehört zur Gattung *Chiton*.

Anmerkung: Alle Arten dieser Gattung sind wie auch viele andere Formen von Polyplacophoren Pflanzenfresser.

Visitenkarte

Klasse
Polyplacophora

Ordnung
Neoloricata

Familie
Lepidopleuridae

Stratigraphische Verbreitung
Untere Kreide–heute

Geographische Verbreitung
Ganze Welt

Scaphopoda (Grabfüßer)

Die Scaphopoden (Klasse Scaphopoda) sind ausschließlich marine Weichtiere. Ihr Hauptmerkmal ist ein dünnes, konisches, lang gezogenes ***Gehäuse****, welches den* ***Körper*** *bedeckt und vom* ***Mantel*** *ausgekleidet ist. Sie ist leicht gekrümmt, an beiden Enden offen und verjüngt sich gegen das obere Ende zu. Die konkave Seite entspricht dem Rücken des Tieres, die Außenkrümmung seiner Bauchseite. Der Körper selbst ist durch eine Reihe von Muskeln mit dem Gehäuse verbunden. Der* ***Kopf*** *setzt sich nicht deutlich vom restlichen Körper ab, der lange* ***Grabfuß*** *steht beim lebenden, im Sand vergrabenen Tier an der unteren Öffnung heraus. Die* ***Mundöffnung*** *befindet sich an der Ventralseite des Fußes, besitzt eine* ***Radula*** *und ist meist von* ***Tentakeln*** *umgeben. Es sind keine Kiemen vorhanden, die Atmungsfunktionen werden hauptsächlich vom Mantel übernommen. Die Systematik der Scaphopoda basiert auf der Form des Gehäuses, der Ornamentierung und auf der Ausformung der größeren unteren Öffnung.*

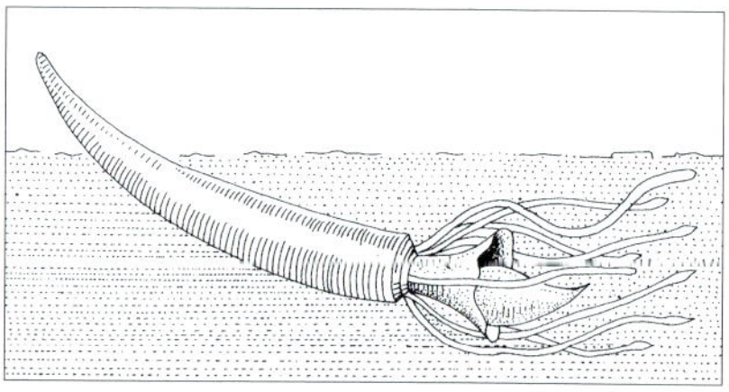

STRATIGRAPHISCHE UND GEOGRAPHISCHE VERBREITUNG

Die Scaphopoden sind rezent weltweit verbreitet; die ältesten fossilen Überreste dieser Weichtiere wurden in marinen Sedimenten aus dem Ordovizium auf russischem Gebiet gefunden. Eine rasche Entfaltung dieser Klasse ist im Känozoikum festzustellen.

Oben: *schematische Darstellung eines Grabfüßers aus der Gattung* Dentalium.
Unten: Dentalium kansasensis *aus dem Karbon, Vereinigte Staaten.*

LEBENSRAUM

Man kennt bis heute etwa 200 lebende Scaphopoden-Spezies, die von den flachen Küstenstreifen bis zu etwa 4500 m Meerestiefe vorkommen. Lebende Grabfüßer graben sich in schräger Lage fast vollständig im Schlamm oder Sand ein und ernähren sich von Plankton, beispielsweise von Foraminiferen. Aus der größeren unteren Gehäuseöffnung streckt das Tier seinen Fuß in das Substrat, um damit zu graben.

Dentalium

Vertreter der Gattung *Dentalium* und besonders die Spezies *D. sexangulum* stellen typische Vertreter der Grabfüßer dar. Das schmale **Gehäuse** in Form und Farbe eines Elefantenzahns ist auf seiner ganzen Oberfläche der Länge nach mit kräftigen, hervorstehenden **Rippen** bedeckt. **Kopf** und **Fuß** ragen beim lebenden Tier aus der größeren unteren Öffnung heraus. Dentalien leben ausschließlich in Meeren, bewohnen bevorzugt seichtere Gewässer, können jedoch auch in größeren Tiefen angetroffen werden. Sie ernähren sich von winzigen Tierchen und erreichen Gesamtlängen von 5 bis 7 cm.

Stratigraphische und geographische Verbreitung: Vertreter dieser Gattung sind aus marinen Sedimenten auf der ganzen Welt bekannt und kommen sehr zahlreich vor. Sie tauchten in der mittleren Trias erstmals auf und bevölkern heute noch alle Meere. Das Exemplar auf dem ***Foto links*** zeigt die Spezies *D. sexangulum*. Auf dem ***Foto unten***: *D. raricostratum* aus dem Miozän, Schweiz.

Anmerkung: Wegen des zahlreichen Vorkommens von fossilen Gehäusen dieser Gattung in diversen Sedimentgesteinen verwendete die indianische Urbevölkerung der nordamerikanischen Pazifikküste (von Kalifornien bis Alaska) diese Gehäuse häufig als Körperschmuck und Zahlungsmittel.

Visitenkarte

Klasse
Scaphopoda

Ordnung
Dentaliida

Familie
Dentaliidae

Stratigraphische Verbreitung
Mittlere Trias–heute

Geographische Verbreitung
Ganze Welt

Gastropoda (Schnecken)

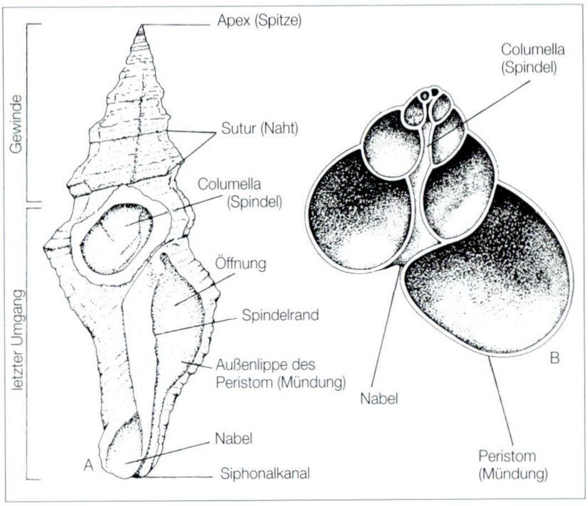

Die Gastropoden (Klasse Gastropoda*) stellen heute zweifellos die artenreichste und erfolgreichste aller Weichtierklassen dar. Man kennt heute etwa 35.000 lebende Spezies und weitere 15.000 fossile Arten, die sich an das Leben im Meer, im Süßwasser und auf dem Land angepasst haben. Schnecken zeigen die typische Körpergliederung in einen* ***Kopf*** *mit* ***Augen*** *und* ***Mundöffnung,*** *einen muskulösen* ***Fuß****, der sich zum Kriechen eignet, und einen* ***Eingeweidesack,*** *der zumeist von einem* ***spiralisierten Gehäuse*** *umschlossen ist. Bei Gefahr können die Weichteile – Kopf und Fuß – mit dem Rückziehmuskel in das Gehäuse zurückgezogen werden, das dann vom* ***Operculum*** *des Fußes verschlossen wird. Dies ist eine kalkhaltige Platte, die vom Fuß gebildet wird. Die Klasse* Gastropoda *umfasst drei Unterklassen:* Prosobranchia *(Vorderkiemer) mit drei Ordnungen (*Archaeogastropoda, Mesogastropoda *und* Neogastropoda*),* Opisthobranchia (Hinterkiemer) *mit zwei Ordnungen (*Cephalaspidea *und* Thecosomata*) und* Pulmonata *(Lungenschnecken).*

Oben:
A) Bezeichnungen der Gehäuseteile einer Schnecke,
B) Achsquerschnitt durch die Schale einer Helixpomatia *(Weinbergschnecke).*
Unten: *Schnecken der Gattung* Turritella, *Miozän, Deutschland.*

DAS SCHNECKENGEHÄUSE

Das Schneckengehäuse dient hauptsächlich dem Schutz des Weichtierkörpers und kann in seiner Urform als konisches Rohr betrachtet werden, das am oberen Ende verschlossen und am unteren offen ist. Bei den ursprünglichen Formen wächst das Gehäuse noch ***planspiral****, d. h., die Wachstumsrichtung erfolgt im rechten Winkel zur Spiralachse. Bei den höher entwickelten Arten weisen die Gehäuse Formen von* ***Raumspiralen*** *auf – das Wachstum vollzieht sich in einer Spirale, einer Helix, um eine zentrale Achse. Eine ganze* ***Windung*** *wird als* ***Umgang*** *bezeichnet; mehrere Umgänge können durch Zwischenräume voneinander getrennt verlaufen oder mittels* ***Suturen*** *(Nähten) miteinander verbunden sein. Die Windungen an der Spindel können so eng verwachsen sein, dass sie eine massive Achsialstruktur bilden, die dann als* ***Columella*** *bezeichnet wird, lassen diese jedoch Zwischenräume frei, so entsteht entlang der Achse der Spindel ein deutlich erkennbarer Hohlraum, der* ***Nabel****. Das Schneckengehäuse besteht also aus dem Gewinde, das sich vom Apex, der Spitze, bis zur unteren Windung erstreckt, welche mit einer Öffnung am Ende, die als* ***Stoma*** *bezeichnet wird, endet. Aus dieser Öffnung ragt beim lebenden Tier der Körper heraus. Die Gehäuse können verschiedenste Formen annehmen, je nach Drehrichtung der Windungen (rechts- oder linksgewunden) sowie Ausformung und Anzahl der Umgänge. Wir kennen z.B. evolute, involute, fusiforme, turmförmige, kugelige und bikonische Gehäuse. Die Oberfläche der*

Schalen kann glatt oder mit unzähligen Varianten von **Rippen**, **Rinnen**, **Kielen** oder **Stacheln** versehen sein.

*Eine Hornschicht, das **Periostrakum**, überzieht das Gehäuse auf der Außenseite, die Schale selbst besteht zu 98% aus Kalziumkarbonat und zu 2% aus organischer Materie sowie anderen anorganischen Komponenten.*

Es ist anzunehmen, dass die Gastropoden sich ebenso wie die Monoplacophoren von einer urtümlichen Weichtierklasse ableiten, deren Eingeweidesack sich im Lauf der Evolution nach oben auszudehnen begann. Das weitere Wachstum führte zur Bildung von immer höher werdenden konischen Gehäusen, die sich in einer nächsten Entwicklungsstufe krümmten und sich schließlich zu einer Spirale eindrehten.

STRATOGRAPHISCHE UND GEOGRAPHISCHE VERBREITUNG

Die ersten Gastropoden tauchten im Kambrium als Archaeogastropoda *auf und sind heute in vielen Arten weltweit anzutreffen. Bereits im Ordovizium erfolgte eine weite Verbreitung und Differenzierung in verschiedene Gruppen, worauf im Devon und Perm wieder ein relativer Artenrückgang erfolgte. Die höher entwickelten* Mesogastropoda *finden sich besonders zahlreich in den Sedimenten des Mesozoikums und des Känozoikums, während Funde von* Neogastropoda *auf die Sedimentschichten der Kreide beschränkt sind. Vertreter der* Opisthobranchia *existieren schon im Karbon und bewohnen noch heute die Meere. Die* Pulmonata, *welche mit ganz wenigen Formen ebenfalls schon im Karbon vertreten waren, erfuhren während des Känozoikums einen großen Zuwachs an Artenreichtum.*

Oben: *Gestein mit Schnecken der Art* Turritella, *Miozän, Deutschland.*
Unten: *Exemplar eines* Helix *sp. aus dem Quartär, Zanobbio, Italien.*

LEBENSRAUM

*Der größte Teil der marinen Formen von Gastropoden gehört dem Benthos an, nur wenige Spezies schwimmen oder schweben im Wasser. Die benthischen Organismen haben sich in Körperbau und Lebensweise verschiedenen, von felsigen bis schlammigen Substrattypen angepasst. Sie können am Boden kriechen, sich am Gestein festheften oder im Sediment eingraben. Die Schnecken können Fleisch-, Pflanzen- oder Detritusfresser sein. Einige räuberische Schneckenarten durchbohren die Gehäuse anderer Weichtiere mit Hilfe langer **Rüssel** oder einer kräftigen **Radula**. Parasitische Schnecken sind jedoch selten.*

Trochus

Visitenkarte

Klasse
Gastropoda

Ordnung
Archaeogastropoda

Familie
Trochidae

Stratigraphische Verbreitung
Miozän–heute

Geographische Verbreitung
Rotes Meer, Indopazifik

Schnecken der Gattung *Trochus* besitzten kegelförmige **Gehäuse** mit charakteristischen abgeplatteten **Umgängen**. Die **Mündungsöffnung** hat die Form eines Rhomboids. Die **Columella** endet in einem **geschlossenen Nabel**, der von einem Kallus überzogen ist. Die Außenfläche der Schale ist bisweilen mit Reihen von **Rippen** bedeckt. Bei diversen Arten sind auch **Höckerchen** und **Körnchen** zu sehen.

Stratigraphische und geographische Verbreitung: Die ältesten Funde von Fossilien der Gattung *Trochus* gehen auf das Miozän zurück. Die Gattung *Trochus* ist heute mit zahlreichen Formen in allen Meeren der Welt vertreten. Das Exemplar auf dem ***Foto rechts*** gehört zur Spezies *T. ornatus* und stammt aus dem Eozän. Auf dem ***Foto unten***: *T. pseudoperspectivus,* ein Exemplar aus dem Pliozän, Italien.

Anmerkung: Wie alle Vertreter der Familie *Trochidae* besitzt die Art *Trochus* ein rundes horniges **Operculum**.

Natica

Die **Gehäuse** der Gattung *Natica* sind meist mittelgroß, kugelförmig und zeigen ein sehr kurzes **Gewinde**. Die wenigen **Umgänge** nehmen rasch an Volumen zu. Die **Suturen** sind linear und weisen nur in wenigen Fällen einen spiraligen **Kiel** auf. Die Außenseite ist meist glatt (gelegentlich können leichte Streifen beobachtet werden) und zeigt ein charakteristisches Muster von braunen Punkten. Der **letzte Umgang** ist kugelförmig und nimmt den größten Teil des Gehäuses ein. Dieser Umgang ist sehr weit und besitzt einen ziemlich großen **Nabel**. Die **Mündungsöffnung** ist halbmondförmig, wobei ihr Achsenabschnitt rechtwinkelig zu einer mehr oder weniger starken Verdickung, die den ganzen Nabel bedecken kann, verläuft. Auf dem Fuß sitzt ein **Operculum** aus Kalk, das ebenfalls halbmondförmig ist. Dieses dient mit seinen Merkmalen zur Bestimmung der einzelnen Spezies.

Visitenkarte

Klasse
Gastropoda

Ordnung
Mesogastropoda

Familie
Naticidae

Stratigraphische Verbreitung
Kreide–heute

Geographische Verbreitung
Ganze Welt

Stratigraphische und geographische Verbreitung: Die Gattung *Natica* ist seit der Kreide bekannt und noch immer in allen Meeren der Welt verbreitet. Das Exemplar auf dem ***Foto oben*** gehört zur Spezies *N. millepunctata*, stammt aus dem Pliozän und wurde in Italien gefunden. ***Foto unten:*** *N. tigrina*, ein Exemplar aus dem Pliozän, Piacenza (Italien).

Anmerkung: Schnecken der Gattung *Natica* leben in unterschiedlichen Wassertiefen der Meere oder im Brackwasser. Sie sind Räuber und durchbohren die Schalen anderer Weichtiere, um an deren Körper zu gelangen. Der Erhaltungszustand von fossilen Schalen dieser Gattung ist in einigen europäischen Lagerstätten des Miozäns und Pliozäns so gut, dass man oft noch Spuren der ursprünglichen Färbung beobachten kann.

Bellerophon

Visitenkarte

Klasse
Gastropoda

Ordnung
Archaeogastro-
poda

Familie
Bellerophontidae

Stratigraphische Verbreitung
Silur–
untere Trias

Geographische Verbreitung
Ganze Welt

Die **Gehäuse** von Schnecken der Gattung *Bellerophon* sind **planspiral**, also aus Windungen in nur einer Ebene zusammengesetzt, und können bis zu 8 cm groß werden. Die Umgänge werden zur **Mündungsöffnung** hin, welche die Form einer Trompete aufweist, rasch breiter. Die Rückenseite der Schale zeigt kräftige **knotige** oder **gerippte Linien** und einen tiefen **Medianeinschnitt**, der die ganze Schale der Länge nach durchzieht. Es ist entweder ein nur schmaler oder gar kein **Nabel** vorhanden. Die Gattung *Bellerophon* gehört zur Ordnung *Archaeogastropoda*, welche die urtümlichsten Gastropodenformen umfasst.

Stratigraphische und geographische Verbreitung: Die verschiedenen Arten dieser Schneckengattung waren zu gewissen Zeiten in allen Meeren der Welt zahlreich vertreten, Fossilien von ihnen wurden in marinen Sedimenten vom Silur bis zur unteren Trias gefunden. Die Exemplare auf beiden ***Fotos*** gehören zur Gattung *Bellerophon.*

Anmerkung: Diese Arten ernährten sich höchstwahrscheinlich von Pflanzen, beispielsweise von Algen.

Xenophora

Schnecken der Gattung *Xenophora* entwickeln relativ niedrige, kegelige **Gehäuse** mit undeutlichen Nähten. Besonders typisch sind die unterbrochenen, schräg verlaufenden **Kämme**, welche die Schale überziehen. Die Ventralseite ist flach, mit einer engen **Mündungsöffnung** und ist von einem dünnen Außenrand umgeben. Xenophoren ernähren sich von Mikroorganismen, welche im Schlamm von Meeresböden mittlerer Tiefen leben.

Stratigraphische und geographische Verbreitung: Fossilien dieser Schneckengattung kommen ab der Oberkreide in zahlreichen Sedimentschichten vor. Die Gattung selbst ist auch rezent in allen Meeren der Welt verbreitet. Die Exemplare auf beiden ***Fotos*** zeigen die Species *X. crispa* und stammen aus dem Pliozän (Italien).

Anmerkung: Die Schnecken der Gattung *Xenophora* konnten Schalenteile anderer Meeresbewohner oder andere feste Teile des Meeresbodens aufnehmen und an der Oberfläche ihrer Gehäuse einzementieren, um sich damit zu tarnen und sich so vor Räubern zu schützen.

Visitenkarte

Klasse
Gastropoda

Ordnung
Mesogastropoda

Familie
Xenophoridae

Stratigraphische Verbreitung
Obere Kreide–heute

Geographische Verbreitung
Ganze Welt

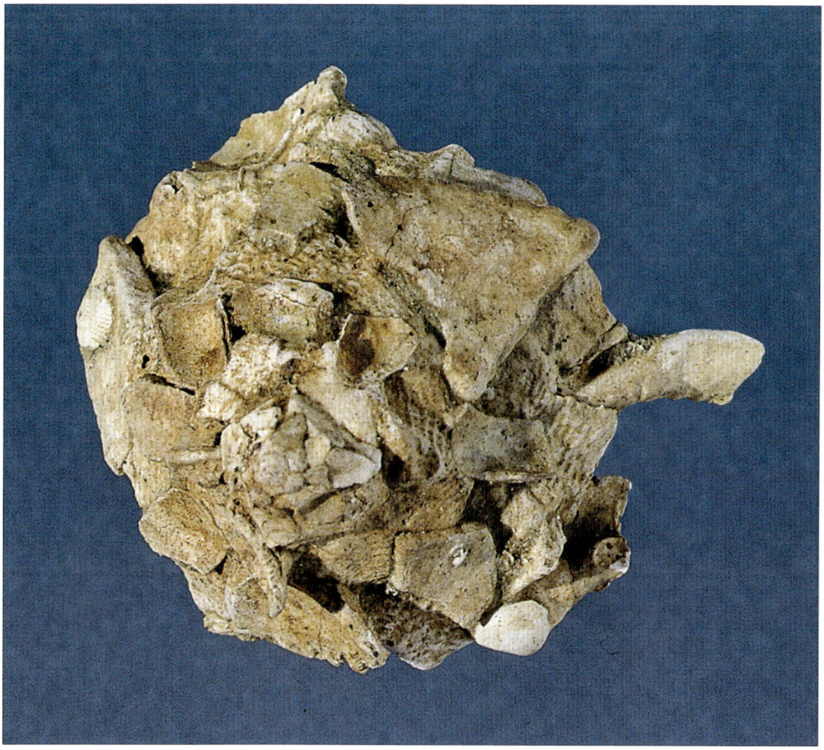

Turritella (Turmschnecke)

Visitenkarte

Klasse
Gastropoda

Ordnung
Mesogastropoda

Familie
Turritellidae

Stratigraphische Verbreitung
Kreide–heute

Geographische Verbreitung
Mitteleuropa, Nordafrika, Asien, Indien, Japan, Amerika

Das **Gehäuse** dieser Gastropoden ist spitzkegelig und dünn und weist eine turmartige Form auf, von der auch der Name stammt. Das **Gewinde** ist sehr lang, die **Umgänge** sind erhaben und durch zahlreiche spiralig verlaufende **Streifen** charakterisiert. Senkrecht dazu lassen sich auch sehr zarte gekrümmte Wachstumsstreifen erkennen. Der letzte Umgang hebt sich von den anderen nicht deutlich ab und weist bei manchen Arten eine leicht gezackte **Ornamentierung** auf. Die **Mündungsöffnung** ist oval und die **Columella** glatt. Das **Operculum**, welches die Öffnung verschließt, ist hornig.

Stratigraphische und geographische Verbreitung: Diese Schneckengattung gehört zur Ordnung *Mesogastropoda* und ist in marinen Sedimenten ab der oberen Kreide belegt. Ihre Vertreter sind auch heute in allen Meeren der Welt weit verbreitet. Das Exemplar auf dem ***Foto*** gehört zur Spezies *T. vermicularis.*

Anmerkung: Höchstwahrscheinlich ernährten sich die Turritellen von Pflanzen und bewohnten sandige Meeresböden. Die Gattung durchlebte ihren größten Entwicklungsschub während des Eozäns. Fossilien mancher Turritellenarten gelten als **Leitfossilien** für die Sedimentschichten des Tertiärs.

Cypraea (Kaurischnecke)

Visitenkarte

Klasse
Gastropoda

Ordnung
Mesogastropoda

Familie
Cypraeidae

Stratigraphische Verbreitung
Miozän–heute

Geographische Verbreitung
Ganze Welt

Diese Gastropoden entwickeln stark gewölbte ellipsoidische **Gehäuse** mittlerer Größe mit abgeflachter Bauchseite und sich leicht verjüngenden Enden. Das **Gewinde** besteht aus einem einzigen **Umgang**. Dieser ist unter einem dicken Überzug verborgen, welcher die ganze Schale einhüllt und vollkommen glatt ist. Bei den erwachsenen Tieren ist die **Lippe** der **Mündung** verdickt und in ihrer gesamten Ausdehnung nach innen gebogen. Dadurch verengt sich die **Öffnung**, deren Hauptmerkmale eine kammartige Reihe kräftiger Zähne am Rand des Umgangs und eine Reihe kleiner **Zähne** auf der Lippe sind. Die meisten Spezies dieser Gattung sind Schlammfresser.

Stratigraphische und geographische Verbreitung: Die Gattung *Cypraea* ist aus marinen Sedimenten ab dem Miozän bekannt und heute mit vielen verschiedenen Formen in den Meeren der ganzen Welt weit verbreitet. Das Exemplar auf dem ***Foto*** gehört zur Art *Cypraea*.

Anmerkung: Der Name der Spezies *Cypraea moneta* stammt daher, dass ihre Gehäuse von vielen Völkern Afrikas und des Indopazifiks als Zahlungsmittel verwendet wurden. Wegen ihrer Schönheit wurden sie auch als Halsschmuck oder zum Schmuck von Masken verwendet. Bei manchen Fossilien aus dem Känozoikum ist der Erhaltungszustand der Schalen so gut, dass vielfach noch Spuren der Originalfarbe erkennbar sind.

Cerithium

Die Arten dieser Gattung sind von mittlerer Größe und zeigen äußerst robuste, meist turmförmige **Gehäuse**. Die **Gewinde** sind unterschiedlich hoch und weisen winkelige oder konvexe **Umgänge** auf. Die **Mündungsöffnung** ist klein. Die Oberflächen der Schalen sind mit zahlreichen **Knötchen** und **Kielen** überzogen.

Stratigraphische und geographische Verbreitung: Die Gattung *Cerithium* gehört zur Familie *Cerithiidae*, welche gemeinsam mit den *Turritellidae* die Überfamilie *Cerithiacea* bilden, deren fossile Überreste bis zum unteren Devon zurückgehen. Die Entwicklungsgeschichte der Gattung *Cerithium* beginnt in der oberen Kreide. Rezent sind diese Schnecken in den Meeren der ganzen Welt häufig vertreten. Die Exemplare auf dem ***Foto*** gehören zur Gattung *Cerithium*.

Anmerkung: Cerithien sind benthische Räuber und leben bevorzugt in subtropischen Küstengebieten.

Visitenkarte

Klasse
Gastropoda

Ordnung
Mesogastropoda

Familie
Cerithiidae

Stratigraphische Verbreitung
Obere Kreide–heute

Geographische Verbreitung
Ganze Welt

Euomphalus

Vertreter dieser Schneckengattung entwickeln fast scheibenförmige **Gehäuse** mit breitem **Nabel** und eingesenktem **Gewinde,** dessen aufeinanderfolgende Medianwände als Basis für den folgenden **Umgang** dienen. Die Außenseite der Gehäuse zeigt eine **Ornamentierung** aus **Falten** und **Wachstumsstreifen**.

Stratigraphische und geographische Verbreitung: Die Gattung *Euomphalus* gehörte zur urtümlichen Ordnung *Archaeogastropoda*. Sie war in allen Meeren der Welt weit verbreitet, ihre Vertreter lebten auf schlammigen oder sandigen Meeresböden. Die fossilen Überreste dieser Arten wurden in marinen Sedimentschichten gefunden, welche eine geologische Zeitspanne vom Silur bis zum Perm umfassen. Das Exemplar auf dem ***Foto*** stammt aus dem Devon und wurde in Frankreich gefunden.

Anmerkung: Diese Arten bevölkerten schlammige und sandige Meeresböden und hielten sich wahrscheinlich in dichter Algenvegetation auf, um sich dort vor Räubern zu verstecken.

Visitenkarte

Klasse
Gastropoda

Ordnung
Archaeogastropoda

Familie
Euomphalidae

Stratigraphische Verbreitung
Silur–Perm

Geographische Verbreitung
Ganze Welt

Helix (Weinbergschnecke)

Visitenkarte

Klasse
Gastropoda

Unterklasse
Pulmonata

Ordnung
Stylommatophora

Familie
Helicidae

Stratigraphische Verbreitung
Pleistozän–heute

Geographische Verbreitung
Ganze Welt

Die Vertreter der Gattung *Helix* gehören zu jener Gruppe von Schnecken, welche am Land oder im Süßwasser leben. Rezente Arten weisen einen fleischigen **Kopf** mit **Mundöffnung** und **Radula** sowie zwei Paaren einziehbarer **Tentakel** auf. Das längere Tentakelpaar trägt zwei **Augen**. Die **Kopfregion** geht absatzlos in den muskulösen **Fuß** über, an dessen Oberseite sich der vom **Gehäuse** umschlossene Eingeweidesack befindet. Die **Schale** besteht aus Kalziumkarbonat und ist von einem Periostrakum aus horniger Substanz überzogen. Die Außenseite der Schale ist glatt und lässt zarte Wachstumsstreifen erkennen.

Stratigraphische und geographische Verbreitung: Die Entwicklungsgeschichte dieser Gattung ist in Anbetracht dessen, dass ihre ältesten Fossilien aus dem Pleistozän stammen, sehr jung. Helicinen bewohnen bevorzugt terrestrische Lebensräume, mit mittlerer bis hoher Bodenfeuchtigkeit. Das ***Foto*** zeigt einen lacustrischen (in Seen abgelagerter) Kalkstein mit einigen Exemplaren von *Helix* sp. aus dem Quartär, Verona (Italien).

Anmerkung: Diese Schnecken sind meist nachts und bei erhöhter Feuchtigkeit aktiv. Sie können mit Hilfe ihres muskulösen Fußes langsam kriechen und bei Gefahr ihren Kopf und Fuß in das Innere der Schale zurückziehen. Ihre Hauptnahrung besteht aus fleischigen Blättern verschiedener Pflanzen, welche durch Speichelsekrete aufgeweicht und durch Raspeln mittels der **Radula** in kleine Fragmente zerteilt werden.

Strombus

Visitenkarte

Klasse
Gastropoda

Ordnung
Mesogastropoda

Familie
Strombididae

Stratigraphische Verbreitung
Eozän–heute

Geographische Verbreitung
Ganze Welt

Die **Gehäuse** von Arten aus dieser Gattung sind besonders robust und werden meist mittelgroß bis groß, in wenigen Fällen sogar riesig. Ihre Form bildet meist einen Doppelkegel, der sich aus zwei einander gegenüberliegenden verschieden großen **Kegeln** zusammensetzt. Das **Gewinde** verläuft ebenfalls konisch und wird aus nur wenigen **Umgängen** gebildet, deren letzter nahezu drei Viertel der Gesamthöhe der Schale einnimmt und eine ovale Basis mit einer starken **Verdickung** aufweist. Die **Mündungsöffnung** ist länglich gestreckt mit parallelen Rändern. Die Außenseite der Gehäuse ist glatt oder streifig und weist kräftige stumpfe Höcker auf.

Stratigraphische und geographische Verbreitung: Die ältesten fossilen Fundstücke dieser jungen Gattung stammen aus dem Eozän. Die Arten sind rezent in allen Meeren der Welt weit verbreitet. Das Exemplar auf dem ***Foto*** stammt aus dem Oligozän und wurde im Veneto, Italien, gefunden.

Anmerkung: Diese Gattung umfasst zahlreiche Spezies. Manche von ihnen werden von den Paläontologen als hervorragende **Leitfossilien** für die relative Datierung der Sedimentschichten des Känozoikums eingesetzt.

Oliva (Olivenschnecke)

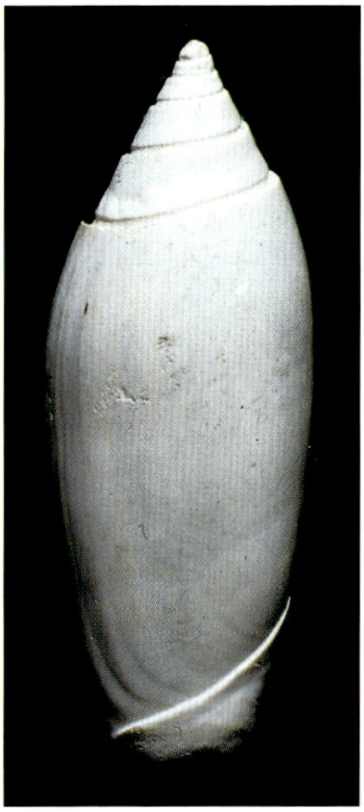

Schnecken dieser Gattung umfassen Formen von mittlerer Größe. Ihr Hauptmerkmal sind **Gehäuse** mit einem schmalen, wenig ansteigenden **Gewinde** und einem letzten sehr voluminösen **Umgang**, der den vorhergehenden nahezu völlig umhüllt. Ihren Namen bekam diese Gattung wegen der Formen ihrer Schalen, die an eine Olive erinnern. Die **Mündungsöffnung** ist schmal und lang gezogen, die äußere **Lippe** glatt, während die Innenlippe eine starke **Verdickung** mit **Furchen** oder **Zahnreihen** aufweist. Die äußere Schalenoberfläche dieser Gastropoden ist vollkommen unstrukturiert.

Stratigraphische und geographische Verbreitung: Diverse Arten dieser Gattung sind rezent in allen Meeren der Welt weit verbreitet, ihre relativ kurze Entwicklungsgeschichte geht auf die obere Kreide zurück. Das Exemplar auf dem ***Foto*** gehört zur Art *Oliva* sp.

Anmerkung: Die Paläontologen betrachten die Vertreter dieser Gattung als ausgezeichnete Indikatoren für die Paläoökologie, da sie Lebensräume mit warmem, sauerstoffreichem Wasser in geringen Meerestiefen bevorzugen. Diese Schnecken leben meist in sandigen Sedimenten vergraben.

Visitenkarte

Klasse
Gastropoda

Ordnung
Mesogastropoda

Familie
Olividae

Stratigraphische Verbreitung
Kreide–heute

Geographische Verbreitung
Ganze Welt

Murex (Purpurschnecke)

Vertreter der Gattung *Murex* besitzen ovale oder längliche **Gehäuse**. Ihre äußere Oberfläche wirkt kunstvoll ziseliert, da ihre **Wachstumslamellen** gewellte Vorsprünge in sehr regelmäßigen Formen und Abständen aufweisen. Die Gehäuse sind im Allgemeinen robust und eher groß, die **Umgänge** kurz, mit einem glatten **Protoconch**. Der **letzte Umgang** ist sehr voluminös und meist mit spiraligen **Streifen** ornamentiert. Die **Mündungsöffnung** ist oval, die **Lippe** weist häufig eine **Verdickung** auf.

Stratigraphische und geographische Verbreitung: Diese Gattung ist ab dem Miozän bekannt, wobei ihre fossilen Überreste in marinen Sedimenten weltweit gefunden wurden. Die Arten waren und sind auch heute noch in warmen Meeren weit verbreitet. Das Exemplar auf dem ***Foto*** zeigt die Spezies *M. brandaris*.

Anmerkung: Die Paläontologen erachten das Auftreten von Vertretern dieser Gattung als gute Indikatoren für die Paläoökologie. Die *Murex*-Arten bevorzugen felsige Meeresböden oder Felsenriffe als Lebensraum.

Visitenkarte

Klasse
Gastropoda

Ordnung
Neogastropoda

Familie
Muricidae

Stratigraphische Verbreitung
Miozän–heute

Geographische Verbreitung
Ganze Welt

1
2
3
4
11
5
6
8
9
10
7
12
13
14
15
16
22
17
18
19
20
21
23
24
25

Auf dieser Seite, oben: *Kalkgestein mit fossilen Gehäusen von Schnecken der Gattung* Bellerophon *aus dem Perm, Ortisei/St. Ulrich, Italien.*
Rechts: *Die Art* Platyschisma rotunda.
Gegenüberliegende Seite, *fossile Schneckengehäuse aus dem Pliozän, gefunden in Barton, England:*
1) Voluta athleta*; 2)* Volutocorbis scabriculus*; 3)* Turricula rostrata*; 4)* Murex minax*; 5)* Turricula exorta*; 6)* Voluta solandri*; 7)* Trochus monilifer*; 8)* Globularia patula f. brabantica*; 9)* Fusus errans*; 10)* Voluta digitalina*; 11)* Volutospira luctator*; 12)* Volutospira ambigua*; 13)* Murex tricarinatus*; 14)* Sycostoma pyrus*; 15)* Conorbis dormitor*; 16)* Voluta luctatrix*; 17)* Fusus regularis*; 18)* Strepsidura turgida*; 19)* Fusinus porrectus*; 20)* Sassia arguta*; 21)* Volutospira scalaris*; 22)* Clavilithes longaevus*; 23)* Globularia grossa*; 24)* Euthriofusus regularis*; 25)* Fusus bulliformis.

Bivalvia oder Lamellibranchiata (Muscheln)

Zu den Bivalven oder Muscheln (Stamm Mollusca, Klasse Bivalvia) zählen Vertreter wie beispielsweise Miesmuscheln, Austern oder Venusmuscheln. Der Körperbau der Muscheln ist bilateral-symmetrisch, ihr weicher Körper von Kalkschalen umhüllt, die aus je zwei Klappen oder Valven (daher der Name) bestehen. Weitere Synonyme für diesen Weichtierstamm sind Lamellibranchiata, aufgrund der lamellenartigen Kiemen (lat. branchia bedeutet »Kiemen«), und Pelecypoda (das Wort ist aus dem Griechischen abgeleitet und bedeutet »Beilfuß«), aufgrund der typischen Form ihres Fußes.
Sie sind die umfangreichste Weichtiergruppe nach den Gastropoden – man schätzt, dass derzeit etwa 20.000 Muschelarten in den Meeres- und Süßwasserlebensräumen der ganzen Welt leben. Sie bewohnen Gewässer sessil oder vagantisch und filtern als Nahrung organische Partikel aus dem Wasser oder aus dem Sediment. Sehr viele Muschelarten leben ganz oder teilweise im Sediment vergraben.

ANATOMIE

Der weiche **Körper** der Muscheln ist außen vollständig vom häutigen **Mantel** umhüllt, der eng an der Innenseite der beiden Schalenklappen anliegt. Die **Schalen** selbst werden im Laufe des Wachstums vom Mantelrand aufgebaut. Die beiden Klappen sind durch das Schlossband miteinander beweglich verbunden und geben Öffnungen für den Fuß, die Byssusfäden und die für die Atmung und Ernährung notwendigen Siphone frei. Die Flimmerzellen, mit deren Hilfe die Bivalven einen Wasserstrom erzeugen, um dabei Sauerstoff zu den Kiemen und Nahrung zum Mund zu befördern bzw. Exkrete, Kot und Geschlechtsprodukte hinauszutransportieren, befinden sich auf der Manteloberfläche und auf den Kiemen.
Zwei Röhren bzw. **Siphone** – welche aus einer Verlängerung der hinteren Ränder des Mantels gebildet werden – leiten den Wasserstrom in einem zuführenden und einem ausführenden Teil durch den Muschelkörper.
Der beilförmige **Fuß** besteht aus einem Muskel, der für die Fortbewegung oder zum Graben im losen Sediment eingesetzt wird. Viele Formen scheiden **Byssusfäden** ab, die vom Fuß gebildet werden und mit welchen das Tier sich an einer festen Unterlage verankern kann, z.B. Miesmuscheln.

DIE SCHALE

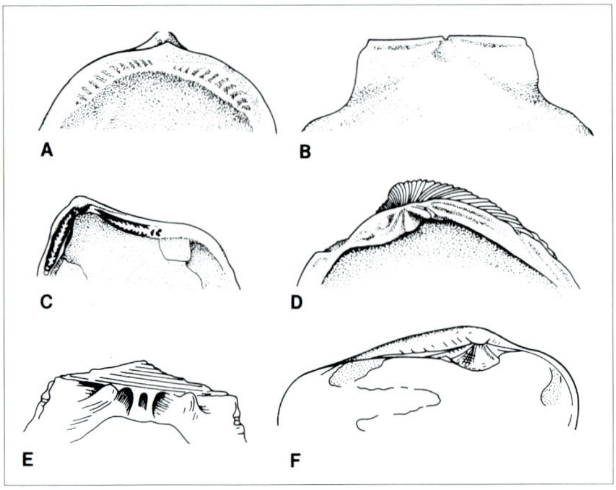

Verschiedene Scharniere und Schlosstypen von Bivalven: A) taxodont (Glycymeris); B) dysodont (Pecten); C) schizodont (Trigonia); D) heterodont (Venus); E) isodont (Spondylus); F) desmodont (Mya).

Die Schalen der Muscheln sind als einzige mineralisierte Hartteile der Tiere prädestiniert, als Fossilien erhalten zu bleiben, was für die paläontologische Klassifikation dieser Weichtiere äußerst wichtig ist. Die beiden **Klappen** (eine linke und eine rechte), aus der die Schale zusammengesetzt ist, können wie bei den Venusmuscheln exakt bilateral-symmetrisch sein, oder aber asymmetrisch wie etwa bei den Austern. Sie sind an der Dorsalseite der Schale miteinander beweglich verbunden (Scharniergelenk) und öffnen sich bauchseitig. Die Verbindungslinie der bei-

den Klappen wird als **Kommissur** *bezeichnet. In der Apicalregion jeder Klappe befindet sich der* **Umbo** *oder Wirbel. Die Wirbel (Umbonen) können nach vorne, nach hinten oder nach innen gerichtet sein. Im Inneren einer Klappe befindet sich unter den beiden Wirbeln das* **Scharniergelenk** *oder* **Schloss***, mit ineinander greifenden Schlosszähnen. Schlossband und Schlosszähne bewirken ein straffes Öffnen und Schließen und verhindern leiernde Bewegungen der Klappen. Man unterscheidet beim Bau des Schlosses verschiedene Grundtypen, die für die Taxonomie der Muscheln äußerst wichtig sind.*

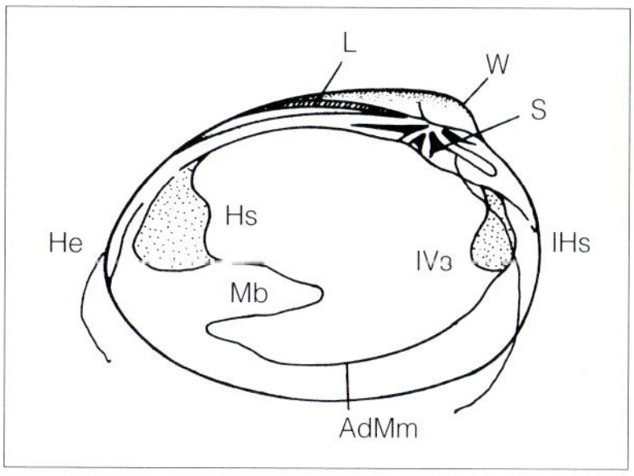

Auf der Innenseite der Schale sind meist deutliche Abdrücke der Insertionsstellen von Adduktorenmuskeln und von Mantelmuskeln zu erkennen. Die **Adduktorenmuskeln** *dienen zum Schließen der Klappe. Die Bivalven können einen (Monomyaria) oder zwei solche Muskeln (Dimyaria) besitzen. Die beiden Muskelabdrücke von Dimyariern können isomyar, nämlich gleich groß, oder anisomyar sein, wenn z.B. der vordere deutlich schwächer ist. Die* **Mantelmuskeln** *verlaufen parallel zum freien Schalenrand und hinterlassen ebenfalls Abdrücke, entweder als Linie (integripalliat) oder bei siphonen Formen als Bucht (sinupalliat). Die Außenseiten der Klappen können neben konzentrisch zum freien Klappenrand verlaufenden* **Wachstumsstreifen** *eine* **Ornamentierung** *aus Radialrippen, konzentrischen Rippen, Stacheln, Knötchen etc. zeigen.*

ENTWICKLUNG

Die ersten Muscheln tauchten in den Meeren des Kambriums auf. In der Folge entwickelten sich zahlreiche verschiedene Spezies, die sich bald auch auf die Lebensräume im Brack- und Süßwasser ausdehnten. Nach Schätzungen sind etwa 15.000 fossile Spezies bekannt, welche die große Verbreitung dieser Weichtiere in allen geologischen Zeitaltern belegen. Obwohl sie einen großen Formenreichtum hervorbrachten, haben sich die Muscheln im Laufe ihrer Entwicklung nicht sehr weit vom Grundtyp eines filternden Organismus entfernt. Die Ordnungen und Klassen der Bivalvia sind über eine außerordentlich lange Zeitspanne der Erdgeschichte hinweg vertreten. Nicht wenige von ihnen sind Leitfossilien, die in der Biostratigraphie dazu herangezogen werden, um vor allem das relative Alter von Gesteinsschichten des Mesozoikums genau zu bestimmen.

Oben: *schematische Darstellung einer Schalenklappe und ihrer Teile: Ve) Vorderende; S) Scharnier mit Schloss; AdMm) Abdruck des Mantels; L) Ligament (Schlossband); IVS) Insertionsstelle des vorderen Schließmuskels; IHS) Insertionsstelle des hinteren Schließmuskels; He) Hinterende; Mb) Mantelbucht; W) Wirbel (Umbo).*
Unten: *eine Kammmuschel der Gattung* Pecten *aus dem Quartär von Sizilien.*

Pecten (Kammmuschel)

Visitenkarte

Unterklasse
Pteriomorphia

Ordnung
Pterioida

Familie
Pectinidae

Stratigraphische Verbreitung
Tertiär

Geographische Verbreitung
Ganze Welt

Vertreter dieser Muschelgattung kommen sowohl als Fossilien in Sedimenten als auch rezent in den Meeren häufig vor. Die **Schalen** sind durch die charakteristische Fächerform der rechten Schalenklappe leicht als *Pecten* erkennbar. Sie sind ungleichklappig, die **rechte Klappe** ist deutlich nach außen gewölbt, während die **linke Klappe** flach oder leicht konkav ist. Die vorderen und hinteren **Öhrchen** beider Klappen sind gut ausgeformt; in etwa dreieckig und gleich groß. *Pecten* ist eine **monomyare** Form mit nur einem Schließmuskel, dessen **Abdruck** im Inneren der Schale in der Nähe des **Schlosses** deutlich sichtbar ist. Die äußere Struktur der **Schalen** zeigt breite, flache, gut sichtbare Radialrippen.

Stratigraphische und geographische Verbreitung: Kammmuscheln sind ab dem Eozän bekannt. Sie waren und sind in allen Meeren der Welt seit dieser Zeit weit verbreitet. Auf dem ***Foto***: *Pecten* sp.

Anmerkung: Muscheln der Gattung *Pecten* bevorzugen bestimmte nicht allzu große Meerestiefen mit sandigen Böden. Zusammen mit einigen ähnlichen Formen gehören sie zu den wenigen Bivalven, die aktiv schwimmen können. Durch rasches Öffnen und Schließen der Klappen erzeugen diese Muscheln einen Wasserstrom, der sie stoßweise vorwärts treibt, und zwar in einer der Schalenöffnung entgegensetzten Richtung.
Durch die auffallend elegante Form ihrer Schalen hat *Pecten* schon immer die Aufmerksamkeit der Menschen erregt. Die rechte Klappe der Jakobspilgermuschel (*Pecten jacobaeus*) wurde im Mittelalter traditionell von jenen Pilgern mitgeführt, die Santiago de Compostela (Spanien) als Pilgerstätte aufgesucht hatten.

Isognomon

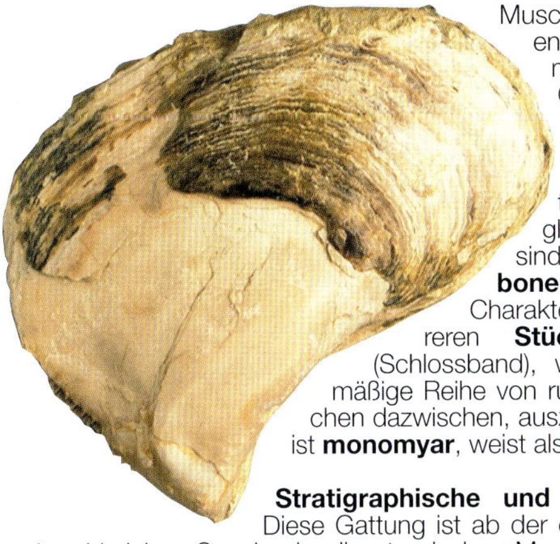

Muscheln der Gattung *Isognomon* entwickeln eher größere **Schalen** mit unterschiedlichen Formen und Ornamentierungen. Sie sind im Allgemeinen länger als breit, annähernd trapezförmig oder oval, fast gleichklappig-symmetrisch, können aber auch ungleichklappig sein. Die Klappen sind lateral abgeplattet mit **Umbonen,** die nach vorne gerichtet sind. Charakteristisch ist auch das aus mehreren **Stücken** bestehende **Ligament** (Schlossband), welches sich durch eine regelmäßige Reihe von runden Kämmen, mit kleinen Furchen dazwischen, auszeichnet. Die Gattung *Isognomon* ist **monomyar**, weist also nur einen Schließmuskel auf.

Stratigraphische und geographische Verbreitung: Diese Gattung ist ab der oberen Trias bekannt und rezent mit zahlreichen Spezies in allen tropischen Meeren vertreten. Das Exemplar auf dem ***Foto*** gehört zur Spezies *I. maxillatus.*

Anmerkung: Muscheln der Gattung *Isognomon* waren im Pliozän im Mittelmeer zeitweise relativ weit verbreitet, die Fossilien sind jedoch wegen der starke Faltung der Gesteinsschichten, in welchen ihre Teile eingebettet sind, häufig deformiert, fragmentiert oder nur teilweise vorhanden. Rezente Spezies heften sich mit **Byssusfäden** an Gestein, Geröll oder Pflanzen im Brackwasser fest und sind in den Vereinigten Staaten als *tree oysters* (»Baumaustern«) bekannt.

Visitenkarte

Unterklasse
Pteriomorphia

Ordnung
Pterioida

Familie
Isognomonidae

Stratigraphische Verbreitung
Trias–heute

Geographische Verbreitung
Ganze Welt

Arctica

Die Muscheln der Gattung *Arctica* entwickeln je nach Arten entweder gleichklappige oder ungleichklappige **Schalen** mit einer äußeren **Ornamentierung** aus gut sichtbaren, konzentrischen, feinen Wachstumslinien. Sie sind **isomyar**, besitzen also innen zwei gleich große Abdrücke von Adduktormuskeln. Das sehr charakteristische **Schloss** besteht aus drei **Schlosszähnen** auf jeder **Klappe**; die rechte Klappe weist darüber hinaus auch zwei vordere und einen hinteren Seitenzahn auf, während die linke nur einen vorderen und einen hinteren Zahn besitzt. Das sehr gut entwickelte **Periostrakum** diverser Arten blieb bisweilen teilweise fossil erhalten.

Stratigraphische und geographische Verbreitung: Die Gattung *Arctica* ist ab der unteren Kreide aus diversen Sedimenten bekannt (Albiano, Italien). Ihre Fossilien sind speziell in Nordamerika und Europa zu finden. Das Exemplar auf dem ***Foto*** zeigt die Spezies *A. islandica.*

Anmerkung: Das Auftreten von Fossilien der Spezies *A. islandica* wird traditionellerweise für paläoklimatologische Bestimmungen herangezogen. Diese Spezies bevorzugt eher kalte Meere; daher weist ihr Auftreten im Mittelmeerraum während der Eiszeiten des Quartärs darauf hin, dass während dieser Zeiten bei uns kältere Temperaturen herrschten als heute.

Visitenkarte

Unterklasse
Heterodonta

Ordnung
Veneroida

Familie
Arcticidae

Stratigraphische Verbreitung
Kreide–heute

Geographische Verbreitung
Nordamerika, Europa

Gryphaea

Visitenkarte

Unterklasse
Pteriomorphia

Ordnung
Pterioida

Familie
Gryphaeidae

Stratigraphische Verbreitung
Trias–Jura

Geographische Verbreitung
Ganze Welt

Arten dieser Gattung entwickeln ziemlich große **Schalen** mit Längen bis zu 16 cm und Höhen bis zu 14 cm und ungleich großen, unterschiedlich geformten Klappen (ungleichklappig). Die **linken Klappen** sind deutlich bauchig gewölbt; mit ausgeprägten **Wirbeln** und deutlichen Zuwachsstreifen. Die rechten Klappen sind wesentlich kleiner, fast flach oder leicht konkav und wirken wie ein **Operculum** (Deckel). Diese Muschelarten verwachsen mit ihrer linken Schalenklappe am Substrat. **Ornamentierung** ist nahezu keine vorhanden oder besteht nur aus runzeligen, konzentrischen, mehr oder weniger regelmäßigen **Zuwachsstreifen**.

Stratigraphische und geographische Verbreitung: Die Gattung *Gryphaea* ist ab der oberen Trias aus Sedimentschichten der nördlicheren Teile der Nordhalbkugel (Kanada, Vereinigte Staaten, Sibirien) bekannt, verbreitete sich während der Jurazeit in allen Meeren der Welt und starb am Ende dieser Periode aus. Das Exemplar auf dem ***Foto*** gehört zur Spezies *G. arcuata* aus dem oberen Jura und wurde in der Schweiz gefunden.

Anmerkung: Diese Gattung ist in mehrere Untergattungen aufgesplittert, ein Beweis für eine große Diversifikation im Lauf einer langen Entwicklungsgeschichte. Einer der bevorzugten Lebensräume vieler Spezies waren die sekundären Hartböden aus verfestigten Karbonaten, da die aus diesen Ablagerungen entstandenen Sedimentgesteine häufig Fossilien dieser Gattung aufweisen.

Claraia

Visitenkarte

Unterklasse
Pteriomorphia

Ordnung
Pterioida

Familie
Aviculopectinidae

Stratigraphische Verbreitung
Trias

Geographische Verbreitung
Ganze Welt

Die **Schalen** der diversen Arten aus der Gattung *Claraia* sind im Umriss nahezu kreisförmig, sie sind mittelgroß bis klein und haben nach vorne gerichtete **Umbonen**. Während die **linken Klappen** leicht gewölbt sind und einen nur wenig erhöhten Umbo aufweisen, sind die **rechten Klappen** flach oder plankonvex und zeigen eine deutliche Ausnehmung für den **Byssus**. Die Schalen weisen auch deutlich ausgebildete längliche **Öhrchen** auf. Auf ihrer Innenseite ist meist eine einzelne kleine **Narbe** des Adduktormuskels erhalten. Die äußere **Ornamentierung** besteht aus konzentrischen, mehr oder weniger regelmäßigen Rillen mit feinen radialen Lamellen.

Stratigraphische und geographische Verbreitung: Arten dieser Gattung sind weltweit belegt, waren aber zeitlich auf die untere Trias beschränkt. Die fossilen Exemplare auf dem ***Foto*** gehören zur Spezies *C. clarai* und stammen aus den Dolomiten (Italien).

Anmerkung: Die Gattung ist typisch für die marinen Sedimente der unteren Trias in den Alpen und kommt dort oft sehr zahlreich vor.

Teredo (Schiffsbohrmuschel)

Die **Schalen** der Gattung *Teredo* sind klein und ihre Form kann bei den Vertretern der zahlreichen Untergattungen stark variieren. Es ist schwierig, Fossilien von *Teredo* aufzufinden, da die Fossilisationsbedingungen wegen der Lebensweise dieser Muscheln ungünstig sind und sehr wenige versteinerte Reste und Steinkerne oder ganze Schalen erhalten geblieben sind. Die **Siphonen** (Atemröhren) sind extrem gut ausgebildet, diese scheiden auch die Kalkhülle aus, von welcher der Körper schließlich fast zur Gänze umhüllt ist. Häufig bleiben jedoch die Abdrücke oder Steinkerne jener Gänge erhalten, welche diese Muscheln im Holz hinterlassen.

Stratigraphische und geographische Verbreitung: Die Gattung *Teredo* ist ab dem Eozän bekannt und auch rezent in allen Meeren der Welt verbreitet. Die Unterarten von ihnen beschränken sich zumeist auf bestimmte Meeresteile. Auf dem ***Foto*** sind Steinkerne von Gängen der Art *Teredo* sp. aus dem Miozän, Italien, zu sehen.

Anmerkung: Muscheln dieser Gattung ernähren sich von Holz, das schwimmt oder sich am Meeresboden ablagert und in welches sie Gänge bohren. Da sie auch Schiffsplanken und Holzstege anbohren, wird *Teredo* auch »Schiffsbohrwurm« genannt.

Visitenkarte

Unterklasse
Heterodonta

Ordnung
Pholadacea

Familie
Teredinidae

Stratigraphische Verbreitung
Eozän–heute

Geographische Verbreitung
Ganze Welt

Venus (Venusmuschel)

Die **Schalen** der Muschelgattung *Venus* sind oval bis fast kreisförmig, gleichklappig und beinahe bilateral-symmetrisch. Das **Ligament** befindet sich seitlich hinter den **Wirbeln** und das **Schloss** ist mit drei Schlosszähnen pro **Klappe** versehen. Die Außenseite der Schale zeigt eine **Ornamentierung** aus dichten und regelmäßigen konzentrischen Lamellen, wobei die Lamellenkämme je nach Art mehr oder weniger stark ausgebildet sein können, auch zarte und unauffällige Radialstreifen sind bisweilen vorhanden. Auf der Schaleninnenseite zeigen sich die **Ansatzstellen** zweier Adduktormuskeln und der Verlauf der **Mantellinie** ist zu sehen; die Mantelbucht ist ebenfalls gut ausgeprägt.

Stratigraphische und geographische Verbreitung: Die für das Tertiär typische Gattung *Venus* tauchte im Oligozän auf und ist rezent immer noch in zahlreichen Arten verbreitet. Als Fossil ist sie in Nordamerika, Europa und Asien zu finden. Das Exemplar auf dem ***Foto*** gehört zu der für das Pliozän im Mittelmeer typischen Spezies *V. lamellosa* und stammt aus dem Apennin.

Anmerkung: Diese Muschelarten leben benthisch im Sand vergraben und lassen nur die Siphonen zur Versorgung mit Sauerstoff und Nahrung aus dem Sediment herausragen.

Visitenkarte

Unterklasse
Heterodonta

Ordnung
Veneroida

Familie
Veneridae

Stratigraphische Verbreitung
Oligozän–heute

Geographische Verbreitung
Nordhalbkugel

Ostrea (Austern)

Visitenkarte

Unterklasse
Pteriomorphia

Ordnung
Pterioida

Familie
Ostreidae

Stratigraphische Verbreitung
Kreide–heute

Geographische Verbreitung
Ganze Welt

Die **Schalen** der diversen Austernarten sind mittelgroß bis groß und können bis zu 20 cm lang und 18 cm hoch werden. Die äußeren Formen sind meist unregelmäßig, aber im Großen und Ganzen eiförmig. Die **Umbonen** sind gut ausgebildet. Bei manchen Arten kann ein breites hinteres **Öhrchen** vorhanden sein, das bei anderen gänzlich fehlt. Die **linke Schalenklappe** ist stark bauchig gewölbt, stärker entwickelt als die rechte und weist eine **Ornamentierung** von abgerundeten Radialrippen auf, die von den Schuppen der konzentrisch angeordneten Wachstumslamellen unterbrochen sind. Die **rechte Klappe** zeigt eine unregelmäßige Oberfläche und ist zumeist flach oder nur leicht gewölbt. Das **Ligament** (Schlossband) ist gut entwickelt und nahezu dreieckig. Der **Abdruck** des Schließmuskels ist nierenförmig.

Stratigraphische und geographische Verbreitung: Muscheln der Gattung **Ostrea** sind ab der Kreide bekannt und auch heute noch weit verbreitet. Ihre Vertreter sind weltweit in allen Meeren außer in den Polarregionen zu finden. Auf dem ***Foto oben:*** *Gryphaea arcuata.* Auf dem ***Foto unten***: *O. lamellosa* aus dem Pliozän in Italien.

Anmerkung: Sowohl die fossilen als auch die heute lebenden Bivalven, die wir allgemein als »Austern« bezeichnen, bilden eine äußerst artenreiche Gruppe, deren Systematik noch beträchtliche Ungewissheiten aufweist. Man kann zwei Hauptgruppen unterscheiden: die Austern im engeren Sinn (Familie *Ostreidae*) und die Vertreter der Familie *Gryphaeidae.* Fast alle Austern verankern sich am Ende ihres Larvenstadiums an einer festen Unterlage (Gestein, Schalen) und verbleiben dort, solange sie leben. Manche Individuen können sich aber auch loslösen und am Schlammboden weiterleben. Alle Austern sitzen mit ihrer linken Schalenklappe am Substrat und können dabei sehr ausgedehnte inkrustierende Kolonien bilden. Die Ansammlungen von Tieren dieser Art können so umfangreich sein, dass sie Austernbänke oder echte organische Riffe bilden.

Amusium

Die **Schalen** von Muscheln der Gattung *Amusium* werden von zwei großen dünnen **Klappen** gebildet, die nur leicht konvex sind und daher eine **flache Scheibe** mit fast kreisrundem **Umriss** bilden. **Öhrchen** sind vorhanden. Die Schalenaußenseite ist mit feinen radialen **Streifen** und konzentrischen Zuwachslinien **ornamentiert,** sonst aber fast glatt. Auf der Innenseite sind die Klappen mit breiten Radialstreifen verstärkt, die gewöhnlich paarweise angeordnet sind. Das **Scharnier** zeigt zwei kurze Rippen, die sich an einer tiefen **Einbuchtung** nahe dem **Ligament** teilen.

Stratigraphische und geographische Verbreitung: Muscheln dieser Gattung sind ab dem unteren Miozän bekannt und leben auch heute noch in den warmen Meeren des Indischen Ozeans und des Pazifik weit verbreitet. Das Exemplar auf dem ***Foto*** gehört zur Spezies *A. cristatum* und stammt aus dem oberen Pliozän aus Italien.

Anmerkung: Diese Gattung gehört zu einer Gruppe ähnlicher Formen, die gemeinsam mit der rezenten Gattung *Propeamusium* ihre Wurzeln in den Jurameeren haben.

Visitenkarte

Unterklasse
Pteriomorphia

Ordnung
Pterioida

Familie
Pectinidae

Stratigraphische Verbreitung
Miozän–heute

Geographische Verbreitung
Ganze Welt

Inoceramus

Die **Schalen** der diversen Arten von *Inoceramus* können sehr unterschiedlich ausgebildet sein: die beiden **Klappen** variieren nicht nur in ihren Größen, sondern auch die Umrisse der Schalen können variable Formen von oval über trapezförmig bis kreisförmig auftreten. Ein hinteres **Öhrchen** ist mehr oder weniger immer ausgebildet. Die **Ornamentierung** besteht meist aus breiten und regelmäßigen Falten, die konzentrisch angelegt sind. Bei ganz wenigen Arten ist auch eine radiale Ornamentierung zu erkennen. Die **Wirbel** sind gut ausgebildet und weisen nach vorne.

Stratigraphische und geographische Verbreitung: Vertreter dieser Gattung tauchten im unteren Jura auf und starben am Ende der großen Umweltkatastrophe während der zu Ende gehenden oberen Kreide aus. *Inoceramus* war weltweit verbreitet. Die fossilen Exemplare auf dem ***Foto*** gehören zur Spezies *I. balticus* und stammen aus der oberen Kreide in Deutschland.

Anmerkung: Manche *Inoceramus*-Arten konnten mit mehr als 1 m Länge sehr groß werden. Sie lebten vermutlich auf schlammigen Meeresböden, wo sie durch ihre riesigen flachen Schalen nicht so leicht einsinken konnten.

Visitenkarte

Unterklasse
Pteriomorphia

Ordnung
Pterioida

Familie
Inoceramidae

Stratigraphische Verbreitung
Jura–Kreide

Geographische Verbreitung
Ganze Welt

Trigonia

Visitenkarte

Unterklasse
Palaeohetero-donta

Ordnung
Trigonioida

Familie
Trigoniidae

Stratigraphische Verbreitung
Trias–Kreide

Geographische Verbreitung
Ganze Welt

Die **Schalen** der Trigonienarten zeigen annähernd dreieckige oder ovale Umrisse. Das **Scharnier** befindet sich im hinteren dorsalen Bereich und verläuft etwa senkrecht zum Schalenrand. Ein deutlicher **Wulst** (Carena) unterhalb des Schlossbandes teilt die Klappen in eine Rücken- und eine Bauchregion. Die **Umbonen** weisen meist nach innen. Die **Ornamentierung** der Schalenaußenseiten unterscheidet sich bauchseitig deutlich von jener der Rückenregion nahe beim Scharnier und kann je nach Untergruppen und Spezies erheblich variieren. Die Untergattung *Trigonia* ssp. *Trigonia* zeigt eine sehr schöne Ornamentierung mit kräftigen konzentrischen Rippen, welche die ganze Schale bis zur Carena bedecken.

Stratigraphische und geographische Verbreitung: Die Gattung *Trigonia* ist ab der mittleren Trias bekannt und bestand mit einigen Spezies fast bis zum Ende der Kreidezeit. Sie war zu jener Zeit weltweit verbreitet. Das Exemplar auf dem ***Foto*** gehört zur Spezies *T. interlaevigata* und stammt aus dem mittleren Jura aus Deutschland.

Anmerkung: Verschiedene Varianten, die einst alle zu dieser einen Art gezählt wurden, werden in der heutigen Systematik etwa 40 verschiedenen neuen Arten zugeordnet.

Tellina (Plattmuschel)

Visitenkarte

Unterklasse
Heterodonta

Ordnung
Veneroida

Familie
Tellinidae

Stratigraphische Verbreitung
Tertiär–heute

Geographische Verbreitung
Ganze Welt

Diverse Arten von Plattmuscheln sind auch in den heutigen Meeren weit verbreitet. Ihre **Schalen** sind meist länglich oval, mit einem **äußeren Schlossband** und einer Ausbuchtung im hinteren Bereich, die meist an der **rechten Klappe** stärker ausgebildet ist als auf der linken. Die Außenseite der Schale ist glatt oder von sehr feinen konzentrischen **Streifen ornamentiert**. Das **Schloss** weist auf jeder Klappe zwei Seitenzähne auf. Die Systematik dieser Gattung ist äußerst komplex, da sie heute in mehr als 50 Untergattungen unterteilt wird, welche von manchen Wissenschaftern jedoch als eigenständige Gattungen betrachtet werden.

Stratigraphische und geographische Verbreitung: Die Gattung *Tellina* ist vom Tertiär ab bis heute nachgewiesen, wobei auch Funde aus der Kreide gemeldet wurden, deren Zuordnung aber noch ungewiss ist. Das Exemplar auf dem ***Foto*** gehört zur Spezies *T. lacunosa* und stammt aus dem mittleren bis oberen Pliozän aus Italien.

Anmerkung: Rezente Vertreter der Gattung *Tellina* leben im Sediment vergraben. Ihre langen Siphonen reichen bis an die Oberfläche des Sediments, um im zuführenden Teil organische Partikel und Sauerstoff aufzunehmen und im ausleitenden Teil Exkrete wieder abzuführen.

Requienia

Visitenkarte

Unterklasse
Heterodonta

Ordnung
Hippuritoida

Familie
Requieniidae

Stratigraphische Verbreitung
Kreide

Geographische Verbreitung
Europa, Afrika, Amerika

Die **Schalen** von Vertretern der Gattung *Requienia* können sehr groß werden und sind deutlich **ungleichklappig**. Die **linke Klappe** ist stärker entwickelt und bildet eine schneckenartige Spirale aus einigen Windungen, die **rechte Klappe** ist jedoch flach und übernimmt die Funktion eines **Deckels**. Das **Schloss** besteht aus einem Zahn auf der linken und zwei Zähnen auf der rechten Klappe. Im Inneren der linken Klappe verlaufen zwei Siphonalstreifen, erkennbar am bogigen Verlauf der Zuwachsstreifen der Schale.

Stratigraphische und geographische Verbreitung: Vertreter der Gattung *Requienia* sind von der unteren bis zur oberen Kreide nachgewiesen. Fossilienfunde stammen aus Europa, Nordafrika, Ostafrika, Nordamerika und Südamerika. Das Exemplar auf dem ***Foto oben*** gehört zur Spezies *R. ammonia*, die 1837 erstmals beschrieben wurde. Es stammt aus der unteren Kreide und wurde in Frankreich gefunden. ***Foto unten***: rechte Schale eines Rudisten.

Anmerkung: Die **Rudisten** (**Hippuritacea**) bilden eine ganz besondere Muschelgruppe. Sie tauchten im Jura auf und durchliefen im Laufe der Kreidezeit eine enorme Entwicklung. Sie bewohnten Lebensräume, in denen die Kraft der Brandung und der Wasserströmungen groß war, und bildeten daher äußerst robuste Schalen aus. Im Laufe der Zeit nahm die linke Klappe konische oder verschiedene längliche Formen an, während die rechte Klappe immer mehr die Funktion eines Deckels übernahm. Sie hafteten mit einer der beiden Klappen am Substrat fest, bei einigen Gruppen war es die rechte, bei anderen die linke Klappe. Da es oft schwierig ist, genau zu bestimmen, ob die festhaftende Klappe nun die rechte oder die linke ist, hat man begonnen, die beiden Klappen entweder als »anliegende Klappe« oder als »freie Klappe« zu bezeichnen. Manche Rudisten waren einzeln lebend; andere wiederum lebten massenhaft in Kolonien und bildeten mit ihren Schalen die ersten echten Rudistenriffe. Riffe dieser Art waren in den tropischen und subtropischen Meeren der Kreide weit verbreitet.

1
2
3
4
5
6
7
8
9
10
11
12
13
14
15
16

Oben: Claraia clarai, *obere Trias, Puezgruppe, Dolomiten (Italien).*
Mitte links: Trigonia costata *aus dem mittleren Jura, Deutschland.*
Unten links: Lima *sp., Deutschland.*
Unten rechts: Myophorella *sp., untere Kreide, Argentinien.*
Auf der gegenüberliegenden Seite, *ligurisch-piemontesiche Muscheln aus dem Pliozän:*
1) Palliolum (Lissochlamys) excisum*; 2)* Pecten (Flexopecten) flexuosa*;*
3) Anomia (Anomia) ephippium*; 4)* Chlamys (Manupecten) pes felis*;*
5) Pecten (Chlamys) latissimus*; 6)* Pecten (Chlamys) latissimus*;*
7) Chlamys (Manupecten) pes felis*; 8)* Pecten (Flabellipecten) bosniaskii*;*
9) Chlamys (Aequipecten) scaporella*; 10)* Chlamys (Aequipecten) opercularis*;*
11) Amussium cristatum*; 12)* Isognomon (Hippochaeta) maxillatus*;*
13) Chlamys (Clamys) varia*; 14)* Amusium cristatum*;*
15) Chlamys (Clamys) varia*; 16)* Pallium (Lissochlamys) excisum.

Cephalopoda (Kopffüßer)

Die Cephalopoden (Klasse Cephalopoda*) bilden eine weit verzweigte und hoch entwickelte Klasse innerhalb des Stammes der Weichtiere und umfassen heute Kraken, Tintenfische, Kalmare und Nautiloideen. Von dieser Klasse sind über 650 lebende, aber mehr als 10.000 fossile Spezies bekannt. Die* Cephalopoda *sind in zahlreiche Unterklassen unterteilt. Die bekannteste der vielen bereits ausgestorbenen Gruppen ist die Unterklasse der Ammonoideen (*Ammonoidea*), die als Fossilien in den Gesteinsschichten des Paläozoikums und des Mesozoikums häufig vorkommen. Zu den Kopffüßern zählt auch die größte lebende wirbellose Tierart, der bis zu 16 m lange Riesenkalmar* Architeuthis*; im Ordovizium lebten Arten, deren längliche, kegelförmige Gehäuse bis zu 10 m lang werden konnten.*

ANATOMIE

Die Cephalopoden sind ausschließlich marine Lebewesen. Die rezenten Arten sind Fleischfresser und sind verglichen mit anderen Weichtieren gute und schnelle Schwimmer. Die Kopffüßer haben einen geschlossenen **Blutkreislauf** *entwickelt mit Herzen aus mehreren kontraktilen Gefäßabschnitten. Mit Hilfe der Mantelmuskeln können sie Wasser in ihre Mantelhöhle* **saugen** *und anschließend als kräftigen* **Wasserstrahl** *durch einen Trichter nach vorne ausstoßen. Dieser Vorgang dient einer schnellen stoßweisen Rückwärtsbewegung. Der* **Kopf** *der Cephalopoden ist hoch entwickelt, mit einem großen* **Gehirn**, *zwei großen* **Augen** *und einer zentralen* **Mundöffnung**, *die von* **Tentakeln** *mit* **Saugnäpfen** *umgeben ist und papageienschnabelähnliche Kiefer trägt. Die äußerste Schicht des Körpers bildet der* **Mantel**, *welcher die inneren Organe umschließt. Die meisten rezenten Formen haben auf der Dorsalseite ihres Körpers eine Art versteifendes* **Innenskelett** *entwickelt, das entweder aus einem kalkigen Schulp besteht, oder bei den Kalmaren zu einem nur noch aus Horn bestehenden länglichen Streifen (***Gladius***) reduziert ist. Ursprünglich hatten die Kopffüßer, wie auch heute noch der rezente Nautilus, ein durch* **Septen** *in mehrere* **Kammern** *unterteiltes schneckenartig eingedrehtes Gehäuse. Von einer*

Schnitt durch das fossilisierte Gehäuse der Art Coenoceras striatum *aus dem unteren Jura, Großbritannien.*

Anfangskammer ausgehend erweitert es sich zu allmählich mit immer größer werdenden Kammern, die zentral durch einen Kanal, den **Sipho,** *miteinander verbunden sind. Der gekammerte Teil des Gehäuses wird als* **Phragmokon** *bezeichnet; die äußerste, geräumigste Kammer bildet die so genannte* **Wohnkammer***, in der das Tier lebt.*
Das Gehäuse der ersten Kopffüßer war lang gestreckt kegelförmig (Geradhörner), später entwickelten sich aus dieser Urform durch Aufrollung auch andere Formen. Bei den fossilen Ammoniten und Nautiloideen waren diese meist planspiral, d. h., dass das Gehäuse in einer Ebene spiralig aufgerollt war, es gab aber auch schraubenförmige und unregelmäßig eingedrehte Gehäuse.

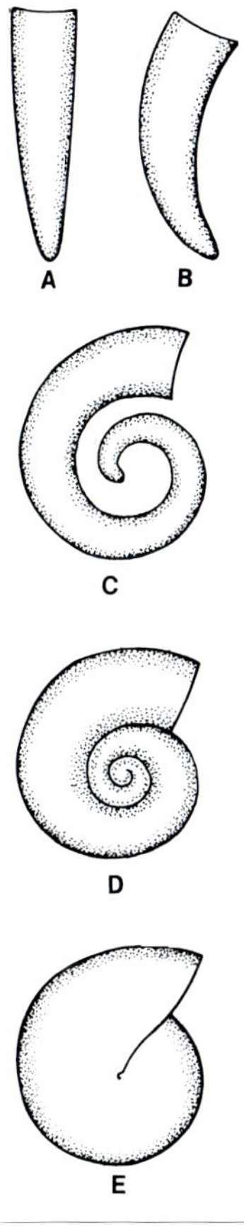

Oben: *Schnitt durch einen Ammoniten in rotem Veroneser Marmor aus dem oberen Jura; die Kammerung des Phragmokons ist schön zu sehen.*
Links *verschiedene Formen von Nautiloideen:*
A) orthokom (gerade gestrecktes Gehäuse);
B) cyrtokon (gekrümmtes Gehäuse);
C) gyrokon (eingerolltes Gehäuse);
D) evolut (evolutes Gehäuse);
E) involut (involutes Gehäuse).

LEBENSRAUM UND VERBREITUNG

Die heute lebenden Kopffüßerarten leben zumeist pelagisch (im offenen Meer lebend) und sind sehr gute Schwimmer. Es ist natürlich schwierig, die Lebensweise der verschiedenen fossilen Formen mit Gehäuse, welche im Paläozoikum und Mesozoikum weit verbreitet waren, genau zu rekonstruieren. Am beweglichsten waren vermutlich die Ammonitenformen mit seitlich abgeplatteten, mehr oder weniger scheibenförmigen Gehäusen; Tiere mit unregelmäßiger Schalenform waren sicherlich weniger beweglich.
Die Cephalopoden werden heute in sieben Unterklassen unterteilt, von denen fünf gänzlich ausgestorben sind: Orthoceratoidea *(oberes Kambrium – Trias),* Actinoceratoidea *(Ordovizium – Karbon),* Endoceratoidea *(Ordovizium – Silur),* Nautiloidea *(Ordovizium – heute),* Bactritoidea *(Silur – Devon),* Ammonoidea *(Devon – Kreide),* Coleoidea *(Devon – heute). Alle heute lebenden Kopffüßer, mit Ausnahme des Nautilus, welcher zu den* Nautiloidea *zählt, gehören zu den* Coleoidea.

Nautiloidea (Nautiloideen)

Die Unterklasse der Nautiloideen (Nautiloidea) *war und ist, beginnend mit dem Paläozoikum, über eine äußerst lange Zeitspanne verbreitet. Ihre Vertreter kamen in den Meeren des Paläozoikums sehr häufig vor, sind aber rezent nur noch durch die Gattung* Nautilus *vertreten. Der Nautilus lebt in Tiefen von mehr als 500 m im Indischen und Pazifischen Ozean und ist heute der einzige lebende Kopffüßer mit einem vollständigen Außenskelett bzw. Gehäuse.*

ANATOMIE UND MORPHOLOGIE

Die ***Schale*** *des rezenten Nautilus erinnert in ihrem Bau an das planspirale Gehäuse der Ammoniten. Sie ist gekammert, wobei die* ***Kammern*** *durch nach vorne gewölbte* ***Septen*** *voneinander getrennt sind, deren Ansatzlinien an der Schalenwand einen einfachen* ***linearen Verlauf*** *aufweisen und nicht in geschwungene* ***Loben*** *und* ***Sättel*** *unterteilt sind wie bei den meisten Ammonitenarten. Alle* ***Kammern*** *sind miteinander durch ein häutiges Rohr, den* ***Sipho****, verbunden, durch den der Gasaustausch reguliert werden kann. Der* ***Kopf*** *trägt viele saugnapflose* ***Tentakel****, deren Zahl von 60 bis 90 variieren kann. Der gasgefüllte gekammerte Teil der Schale, der* ***Phragmokon****, dient der Regulation des Auftriebs, sodass das Tier im Wasser schweben, sinken oder aufsteigen kann.*

Ein wunderschöner Schnitt durch das Gehäuse einer fossilen Nautiloidea, *dessen Kammern durch nach innen gewölbte lineare Septen voneinander getrennt sind. Deutlich erkennbar auch der Siphonalkanal, der die Kammern miteinander verbindet.*

STRATIGRAPHISCHE VERBREITUNG UND KLASSIFIKATION

Die Nautiloideen tauchten erstmals im Ordovizium auf und sind heute nur noch durch den Nautilus vertreten, welcher daher als »lebendes Fossil« bezeichnet wird. Ihre größte Verbreitung hatten die Nautiloideen in den Meeren des Paläozoikums, während ihre Vertreter im Mesozoikum nur noch selten in großer Vielfalt auftraten. Die Schalenformen fossiler Nautiloideen sind äußerst vielgestaltig. Sie können gerade gestreckt und kegelförmig sein, oder leicht gekrümmt, teilweise oder ganz eingerollt bzw. evolut oder involut (sodass nur die äußerste Windung sichtbar ist). Diese Unterklasse wird heute in vier Ordnungen unterteilt, wobei die Vertreter von drei Ordnungen bereits zur Gänze ausgestorben sind.

Lituites

Cephalopoden der Gattung *Lituites* entwickelten ungewöhnliche und sehr charakteristische **Gehäuseformen**. Diese zeigen am Beginn des Wachstums mehrere Umgänge in **planspiraler** Aufwicklung, mit einem abgerundeten Querschnitt und großen **Nabel** (evolute Form). Das weitere Wachstum erfolgte dann in gerader Richtung, wobei der neu entstandene, konische Teil (orthokonus) bedeutend länger ist als der spiralig aufgewickelte. Die Gehäuseoberfläche ist durch Wachstumsstreifen **ornamentiert**: dichte, regelmäßige, lineare Rippen auf dem spiraligen Teil und weiter voneinander entfernte und breitere sowie stärker gewellte Rippen auf dem geraden Teil.

Stratigraphische und geographische Verbreitung: Vertreter dieser Gattung sind in Europa und Asien aus dem mittleren Ordovizium nachgewiesen, es gibt aber auch Berichte von solchen Fossilienfunden aus anderen Kontinenten. Das Exemplar auf dem ***Foto,*** die Art *L. lituus,* stammt aus dem Ordovizium aus den Niederlanden.

Anmerkung: Die Ordnung *Tarphycerida* umfasst die einfachsten Nautiloideen mit spiraliger Schale, ihre Vertreter treten nur relativ kurzzeitig auf, nämlich vom unteren Ordovizium bis zum mittleren Devon.

Visitenkarte

Unterklasse
Nautiloidea

Ordnung
Tarphycerida

Familie
Lituitidae

Stratigraphische Verbreitung
Ordovizium

Geographische Verbreitung
Europa, Asien

Cenoceras

Die **Gehäuse** der Nautiloideen der Gattung *Cenoceras* sind planspiral aufgewickelt und involut mit einem engen, aber deutlichen **Nabel** und einem abgerundeten Nabelrand. Der letzte **Umgang** ist voluminös, seitlich abgeflacht und ventral abgerundet. Die **Septen** stehen relativ weit auseinander, ihre konkave Höhlung weist nach hinten, ihre **Nähte** (Suturen) sind gerade oder leicht gewellt.

Stratigraphische und geographische Verbreitung: Diese Gattung ist in Europa im unteren Jura nachgewiesen. Das Exemplar auf dem ***Foto*** stammt aus dem unteren Jura und wurde in den Lombardischen Alpen (Italien) gefunden.

Anmerkung: Jüngste Berichte von Fossilienfunden dieser Gattung aus der Trias und der Kreide sind noch unsicher. Da die Schalen vieler Nautiloideen sehr ähnlich geformt sind und die Ornamentierung wenig variiert oder überhaupt fehlt, ist es oft schwierig, die Funde zweifelsfrei systematisch einzuordnen.

Visitenkarte

Unterklasse
Nautiloidea

Ordnung
Nautilida

Familie
Nautilidae

Stratigraphische Verbreitung
Jura

Geographische Verbreitung
Europa

Ammonoidea (Ammoniten/Ammonshörner)

Ammonoideen oder Ammoniten (Unterklasse Ammonoidea*) sind eine Cephalopodengruppe, deren Fossilien in den Sedimentgesteinen des Paläozoikums und Mesozoikums sehr häufig vorzufinden sind. Alle Vertreter starben am Ende des Mesozoikums aus. Ammoniten entwickelten Gehäuse, die häufig eine schöne* **Ornamentierung** *mit Rippen, Höckern, Kielen oder Stacheln zeigen. Die Fossilien können die Schalen selbst darstellen, oder, noch häufiger, deren Steinkerne sein. Der genaue Bau der Weichteile von Ammoniten ist bis heute unbekannt, man kann daher großteils nur Vermutungen darüber anstellen. Auch die Kalkgehäuse lösten sich nach dem Tod des Tieres und dessen Einbettung häufig auf, da es aus Aragonit bestand und dieses Mineral weniger haltbar ist als Kalzit. Nachdem die Schalen sehr dünn waren, übertrug sich ihre Ornamentierung zumeist als Negativabdruck auch auf die Außenseite der Steinkerne; dadurch ist es möglich, auch an Steinkernen nahezu alle Merkmale des Habitus und der Ornamentierung der Schalen zu untersuchen.*

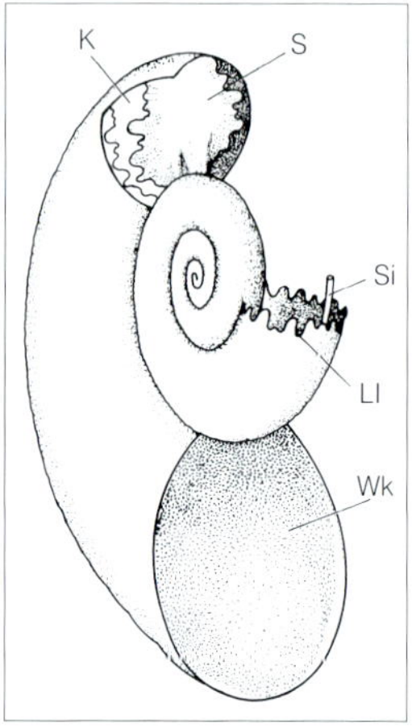

Rechts: *Skizze eines Ammoniten: Wk) Wohnkammer; K) Kammer; LI) Lobenlinie; S) Septum; Si) Sipho.* Unten: *Steinplatte mit zahlreichen fossilen Ammoniten der Gattung* Clymenia.

DAS GEHÄUSE

Alle Ammoniten hatten gekammerte **Gehäuse**, *bei denen sich, im Laufe des Wachstums von einer Embryonalschale (***Protoconch***) ausgehend, weitere durch Septen getrennte Kammern entwickelten. Der durch* **Septen** *unterteilte Gehäuseteil wird als* **Phragmokon** *bezeichnet, die äußerste letzte Kammer ohne Septum als* **Wohnkammer**. *Alle Kammern sind miteinander durch einen häutigen* **Sipho** *verbunden, der, außer bei den primitiveren Formen, auf der Ventralseite verläuft. Die Ventralseite ist bei den planspiralen Ammoniten der äußere Teil der Schale. Die Sep-*

tenränder setzen entlang der Innenwand des Gehäuses in Form von mehr oder weniger gekrümmten, welligen Linien, den Sutur- oder ***Lobenlinien,*** *an, die bei Steinkernen oft deutlich sichtbar sind. Die Lobenlinien setzen sich aus nach vorne gerichteten* ***Sätteln*** *und aus nach hinten weisenden Lappen (****Loben****) zusammen. Durch ihren höchst unterschiedlichen Verlauf kennt man viele Suturtypen, die für die systematische Klassifikation der Ammoniten äußerst bedeutend sind. Sie werden für die Bestimmung und zeitliche Zuordnung der einzelnen Spezies oder zumindest der Gattungen herangezogen.*
Man unterscheidet drei Grundtypen von Lobenlinien: ***goniatitisch****,* ***ceratitisch*** *und* ***ammonitisch****. Eine goniatitische Lobenlinie verläuft im Zickzack mit spitzen Winkeln und ist nicht weiter verästelt; sie ist die typische, aber nicht ausschließliche Form bei den Ammoniten des Paläozoikums und kommt beispielsweise bei Fossilien der Gattung* Goniatites *vor. Die ceratitischen Lobenlinien zeigen hingegen gezähnte Loben und ganzrandige Sättel; sie sind bei Fossilien der Gattung* Ceratites *aus der Trias und bei einigen Gruppen aus der Kreide anzutreffen. Viele Ammoniten des Mesozoikums und einige Formen aus dem Perm haben ammonitische Lobenlinien, deren Sättel und Loben in hohem Maße geschwungen und fein verästelt sind.*

STRATIGRAPHISCHE VERBREITUNG UND KLASSIFIKATION

Die Unterklasse Ammonoidea *umfasst mehrere Ordnungen (je nach Autor 8 oder 9), wovon manche nur im Paläozoikum und andere ausschließlich im Mesozoikum vertreten waren. Die ältesten Spezies gehen auf das untere Devon zurück; die letzten starben am Ende der Kreidezeit aus.*

APTYCHEN UND ANAPTYCHEN

Die Aptychen der Ammoniten sind dreieckig, leicht nach innen gewölbt und bestehen aus Kalzit – im Gegensatz zum Gehäuse, das aus Aragonit besteht. Die Anaptychen sind ähnlich geformt und von gleicher Funktion wie die Aptychen, bestehen hingegen aus Horn. Sie wurden meist einzeln im Sedimentgestein abgelagert und fossilisiert gefunden; manchmal befinden sie sich aber innerhalb der Wohnkammer oder anstelle eines Operculums an der Gehäusemündung (Peristom) von fossilen Fundstücken.
Die Funktion dieser Gebilde ist unter den Fachleuten heftig umstritten. Lange Zeit herrschte unter den Wissenschaftern die Meinung vor, dass sie ausschließlich als Deckel zum Verschließen der Schale fungiert hätten. In den letzten Jahrzehnten führten aber neue Forschungsergebnisse zur Vermutung, dass Anaptychen und Aptychen zum Apparat der Nahrungsaufnahme gehörten. Die Hypothese, dass wenigstens die Aptychen eine Schutzfunktion hatten und als Deckel dienten, wurde dennoch nicht ganz beiseite gelegt.

Rekonstruktion eines lebenden Ammoniten.

Oben: *Aptychen eines* Laevaptychus *aus dem Jura (Feuerland, Argentinien).* Rechts: *Ammonit aus dem Jura mit deutlichen reich verzweigten Lobenlinien, England.*

Anarcestes

Die Vertreter dieser Ammonitengattung entwickeln fast kreisrunde **Gehäuse** mit breitem **Nabel**, da die jeweiligen Umgänge die vorhergehenden nicht ganz überlappen. Ein Querschnitt durch die breiten **Umgänge** ist nahezu rund. An der Außenseite der Schalen kann man eine leichte **Ornamentierung** aus gekrümmt verlaufenden Wachstumsstreifen feststellen.

Stratigraphische und geographische Verbreitung: Vertreter dieser Gattung wurden in marinen Sedimenten des unteren und mittleren Devons nachgewiesen. Die Funde stammen aus Europa, Asien, Nordafrika und Australien. Das Exemplar auf dem ***Foto*** stammt aus dem Devon und wurde in Australien gefunden.

Anmerkung: Die *Anarcestida* zählen zu den einfachsten Ammonitenformen. Man nimmt an, dass sie von Arten der paläozoischen Unterklasse *Bactritoidea* (Silur–Devon) abstammen, welche noch lange und gerade gestreckte Gehäuse besaßen. *Anarcestida* und *Bactritoidea* haben einige Merkmale gemeinsam, wie etwa die einfachen Lobenlinien, die fast linear oder nur wenig gewellt verlaufen, und einen relativ großen, kugelförmigen **Protoconch** (Embryonalschale).

Visitenkarte

Unterklasse
Ammonoidea

Ordnung
Anarcestida

Familie
Anarcestidae

Stratigraphische Verbreitung
Devon

Geographische Verbreitung
Ganze Welt

Manticoceras

Diese ursprüngliche Ammonitengattung entwickelt fast scheibenförmige oder linsenförmige **Gehäuse**. Die **Lobenlinie** besteht aus sechs einfachen Loben, wobei die **Lateralloben** vertieft sind. Die Gehäuse selbst sind involut: die Größe des **Nabels** variiert, ist aber nie übermäßig breit.

Stratigraphische und geographische Verbreitung: Die Gattung *Manticoceras* ist nur aus dem oberen Devon bekannt und war in dieser Zeit weit verbreitet – ihr zugehörige Fossilien wurden in Nordamerika, Europa, Asien, Nordafrika und Australien gefunden. Die Exemplare auf dem ***Foto*** stammen aus dem oberen Devon und wurden im Westen Australiens gefunden.

Anmerkung: Aus der Ordnung *Anarcestida* entwickelten sich im Lauf der Evolution weitere Ammonitengruppen. Die **Verwachsungslinien** zwischen Septen und Gehäusewand, das sind die **Lobenlinien**, weisen mit ihrer konkaven **Höhlung** im Unterschied zu den Septen von anderen Ammoniten nach rückwärts. Der **Sipho** verläuft ebenfalls in der Mitte der Septen und nicht randlich nahe der bauchseitigen Außenwand, wie es bei Ammoniten üblich ist. Beide Merkmale entsprechen typischen Nautiloideen-Kennzeichen.

Visitenkarte

Unterklasse
Ammonoidea

Ordnung
Anarcestida

Familie
Gephurocera-tidae

Stratigraphische Verbreitung
Devon

Geographische Verbreitung
Ganze Welt

Metalegoceras

Visitenkarte

Unterklasse
Ammonoidea

Ordnung
Goniatitida

Familie
Metalegoceratidae

Stratigraphische Verbreitung
Perm

Geographische Verbreitung
Ganze Welt

Die Vertreter der Gattung *Metalegoceras* haben planspiral eingerollte **Gehäuse**, welche etwa scheiben- bis kugelförmig erscheinen, wobei die **Umgänge** eher in der Breite zunehmen als in der Höhe. Die **Sutur** wird aus 12 einfachen **Loben** gebildet und ist nicht verästelt. Der **Nabel** ist bei den eingesenkten Formen ziemlich groß.

Stratigraphische und geographische Verbreitung: Diese Gattung ist von den Sedimentgesteinsschichten aus dem unteren und mittleren Perm in den Vereinigten Staaten, Russland, Arabien, Westaustralien und auf der Insel Timor bekannt. Das Exemplar auf dem ***Foto*** gehort zur Spezies *M. sugorense* und stammt aus dem unteren Perm von Kasachstan.

Anmerkung: Diese Gattung gehört zur Ammonitenordnung *Goniatitida*, welche vom mittleren Devon bis zum oberen Perm verbreitet war. Es handelt sich meist um kugel- oder scheibenförmige, mehr oder weniger involute Schalen mit goniatitischen **Lobenlinien,** deren Hauptmerkmale die linearen, gezackten **Loben** und **Sättel** sind, die manchmal auch leicht gezähnt sein können. Eine solche Lobenlinie (Sutur) ist typisch für die Ammoniten des Devons und des Perms und kommt, nur selten, auch bei einigen Formen aus der Trias und der Kreide vor.

Paragastrioceras

Visitenkarte

Unterklasse
Ammonoidea

Ordnung
Goniatitida

Familie
Neoicoceratidae

Stratigraphische Verbreitung
Perm

Geographische Verbreitung
Russland

Vertreter dieser Gattung zeigen planspiral aufgerollte, nahezu scheibenförmige **Gehäuse** mit einem sehr breiten **Nabel** (evolute Form). Die **Umgänge** sind wesentlich weniger hoch als breit. Die Ventralregion erscheint sehr weit, ist nur leicht konvex gewölbt und meist von zahlreichen parallel verlaufenden **Längsstreifen ornamentiert**. Die Seiten zeigen eine Ornamentierung von breiten, regelmäßigen **Rippen**, die in der Nähe des ventralen Randes in deutliche **Höcker** übergehen.

Stratigraphische und geographische Verbreitung: Diese Gattung war wahrscheinlich während des unteren und mittleren Perms auf das Gebiet des heutigen Ural (Russland) beschränkt. Das Exemplar auf dem ***Foto*** gehört zur Spezies *P. verneuili*, stammt aus dem unteren Perm und wurde in marinen Sedimentgesteinen im Ural gefunden.

Anmerkung: Die verschiedenen Gattungen der Familie *Neoicoceratidae* können ziemlich unterschiedlich geformt sein, von kugelförmig bis scheibenförmig und seitlich abgeflacht, von stark involut (mit engem Nabel) bis beträchtlich evolut (mit großem Nabel). Sie weisen jedoch alle eine **Sutur** aus acht vorgewölbten, breiten und zugespitzten **Loben** und gerundeten **Sätteln** auf.

Cladiscites

Die Arten der Gattung *Cladiscites* haben sehr typische involute **Gehäuse,** deren letzter **Umgang** annähernd rechteckig sowie ziemlich hoch und breit ausgeformt ist. Die Ventralregion ist flach oder nur leicht gewölbt und sehr breit. Der ventrale Rand erscheint senkrecht abgeschnitten mit gerade verlaufenden seitlichen Begrenzungen; die Wohnkammer ist lang gestreckt. Die **Ornamentierung** besteht aus eleganten, zarten **Längsstreifen**, die parallel zur Ventralregion bzw. zu den Gehäuseseiten verlaufen. Die **Lobenlinie** ist ammonitisch, also mit stark zerteilten **Loben** und **Sätteln**.

Stratigraphische und geographische Verbreitung: Die Gattung ist typisch für die Schichten der oberen Trias in den Alpen, Sizilien, Balkan, Himalaya, Timor und in Alaska. Das Exemplar auf dem ***Foto*** gehört zur Spezies *C. crassicostatus* und stammt aus der oberen Trias aus Timor (Indonesien).

Anmerkung: Die Ordnung *Ceratitida* ist auf die Sedimentgesteinsschichten des Perms und der Trias beschränkt. Aus ihr entwickelten sich im Laufe der Evolution weitere Ammonitenordnungen, die sich in den folgenden Perioden Jura und Kreide erfolgreich in vielen Arten ausbreiteten.

Visitenkarte

Unterklasse
Ammonoidea

Ordnung
Ceratitida

Familie
Cladiscitidae

Stratigraphische Verbreitung
Trias

Geographische Verbreitung
Europa, Asien, Alaska

Flemingites

Die **Gehäuse** von Vertretern der Gattung *Flemingites* sind eher flach, scheibenförmig und planspiral aufgerollt. Der Querschnitt durch den **Umgang** erscheint deutlich höher als breit. Die Schalen zeigen immer einen weiten **Nabel** – es handelt sich also um evolute Formen. Die Ventralregion ist schmal und ebenso wie der ventrale Rand abgerundet. Die **Seiten** sind abgeflacht und mit regelmäßig angeordneten und ausgeprägten **Radialrippen ornamentiert**, die vom Nabelrand ausgehen und bis zur Bauchregion verlaufen. Auch leichte **Längsstreifen** können vorhanden sein.

Stratigraphische und geographische Verbreitung: Diese Gattung ist auf die untere Trias beschränkt und wurde auf Madagaskar, am Himalaya, auf Timor und in den Vereinigten Staaten nachgewiesen. Das Exemplar auf dem ***Foto*** gehört zur Spezies *F. mutensis*, stammt aus der Trias und wurde auf Timor gefunden.

Anmerkung: Die Gattung zeigt typische ceratitische Lobenlinien, die durch mehr oder weniger deutlich gezähnte Loben und linear oder halbkreisförmig verlaufende Sättel charakterisiert sind. Diese Art von Lobenlinien sind fast für alle Formen der Ordnung *Ceratitida* aus der Trias typisch und kommen auch noch bei einigen Spezies, die während der Kreide lebten, vor.

Visitenkarte

Unterklasse
Ammonoidea

Ordnung
Ceratitida

Familie
Flemingitidae

Stratigraphische Verbreitung
Trias

Geographische Verbreitung
Afrika, Asien, Nordamerika

Dactylioceras

Visitenkarte

Unterklasse
Ammonoidea

Ordnung
Ammonitida

Familie
Dactylioceratidae

Stratigraphische Verbreitung
Jura

Geographische Verbreitung
Ganze Welt

Die planspiral eingerollten **Gehäuse** der diversen Arten von *Dactylioceras* sind stark evolut und zeigen einen ziemlich großen **Nabel**. Der Querschnitt durch den **Umgang** erscheint rundlich, der Nabelrand und die Ränder zur Ventralregion sind undeutlich abgesetzt. Die sehr schöne **Ornamentierung** der Schalen besteht aus einfachen **Rippen**, die sich am ventralen Rand gabeln können. Sie sind nahezu radial angeordnet, nur leicht nach vorne geneigt und erstrecken sich auch über die Ventralregion. Die Lobenlinie wird als ammonitisch bezeichnet, weist also zerteilte **Loben** und **Sättel** auf.

Stratigraphische und geographische Verbreitung: Diese Gattung ist typisch für den unteren Jura (Lias) und war zu dieser Zeit weltweit verbreitet. Fossilien von *Dactylioceras* wurden in zahlreichen Sedimenten von Europa, Nordafrika, Asien, Neuseeland, Nordamerika und Südamerika gefunden. Auf dem ***Foto oben**: Dactylioceras* sp. aus dem oberen Lias, Holzmaden (Deutschland). Das Exemplar auf dem ***Foto unten*** gehört zur Spezies *D. commune* und stammt aus dem unteren Jura, Yorkshire (England).

Anmerkung: Im Mittelalter wurden die *Dactylioceras*-Fossilien, die man in Whitby sehr zahlreich fand, als versteinerte Schlangen angesehen. Whitby ist eine kleine Küstenstadt in der Grafschaft Yorkshire. Die hl. Hilda, Patronin von Whitby, soll der Sage nach diese Tiere, welche die Einwohner der Stadt bedrohten, versteinert und dadurch die Bürger von Whitby gerettet haben.

Pleuroceras

Die Vertreter der Gattung *Pleuroceras* haben planspiral aufgerollte evolute **Gehäuse** mit großem **Nabel**. Querschnitte durch ihren letzten **Umgang** können von nahezu rechteckigen bis quadratischen Spielarten alle Formen zeigen. Die sehr ausgeprägte **Ornamentierung** der Schalen besteht hauptsächlich aus kräftigen **Radialrippen**, die seitlich sehr regelmäßige Abstände voneinander aufweisen. Jede Rippe endet am Ventralrand in einem **Höcker**. An der Ventralregion verläuft ein kräftiger **Kiel**, der an eine Kordel erinnert und ein typisches Merkmal dieser Gattung und der ganzen Familie ist.

Stratigraphische und geographische Verbreitung: Vertreter dieser Gattung sind typisch für den unteren Jura (Lias) in Europa, besonders im Norden Mitteleuropas, und auch in Nordafrika. Das Exemplar auf dem ***Foto*** gehört zur Spezies *P. hawskerense* und stammt aus dem unteren Jura, Yorkshire (England).

Anmerkung: Die Ordnung *Ammonitida*, zu welcher die Gattung *Pleuroceras* gehört, existierte vom Jura bis zur Kreide und umfasste eine große Anzahl von Gattungen und Spezies, die sich unglaublich schnell weiterentwickelten und leicht zu bestimmende Arten hervorbrachten. Daher werden viele Vertreter der *Ammonitida* häufig als **Leitfossilien** für die relative Datierung von Sedimentgesteinsschichten aus dem Jura und der Kreide herangezogen.

Visitenkarte

Unterklasse
Ammonoidea

Ordnung
Ammonitida

Familie
Amaltheidae

Stratigraphische Verbreitung
Jura

Geographische Verbreitung
Europa, Nordafrika

Mammites

Die Vertreter der Gattung *Mammites* entwickelten planspiral eingerollte gedrungene **Gehäuse**. Die Querschnittsformen der **Umgänge** änderten sich zumeist mit dem Entwicklungsalter der Tiere. Ähnliches gilt für ihre **Ornamentierung**. Die Querschnitte der weiter innen liegenden Umgänge können etwa trapezförmig, rechteckig oder quadratisch erscheinen und zeigen eine Ornamentierung von hervorstehenden **Tuberkeln**; die Ventralregion ist flach oder leicht nach innen gewölbt. Bei dem äußeren Umgang wird die Ornamentierung spärlicher, dafür aber massiver, mit breiten Höckern, die nahe der Ventralregion Hörnern ähneln können.

Stratigraphische und geographische Verbreitung: Diese Gattung ist typisch für die obere Kreide und war sehr weit verbreitet. Fossilien ihrer Vertreter wurden in Europa, auf dem afrikanischen Kontinent und Madagaskar, in Asien (von Israel bis Indien) sowie in Nordamerika und Südamerika gefunden. Das Exemplar auf dem ***Foto*** gehört zur Spezies *M. nodosoides,* stammt aus der oberen Kreide und kommt aus Frankreich.

Anmerkung: Wie bei vielen anderen Formen der Ordnung *Ammonitida* aus der oberen Kreide ist auch bei dieser Gattung eine einfache Lobenlinie mit wenig gezähnten Loben und Sätteln (ähnlich der ceratitischen Form) zu beobachten.

Visitenkarte

Unterklasse
Ammonoidea

Ordnung
Ammonitida

Familie
Acanthoceratidae

Stratigraphische Verbreitung
Kreide

Geographische Verbreitung
Ganze Welt

Pseudoschloenbachia

Visitenkarte

Unterklasse
Ammonoidea

Ordnung
Ammonitida

Familie
Muniericeratidae

Stratigraphische Verbreitung
Kreide

Geographische Verbreitung
Europa, Afrika, Indien, Nordamerika

Die sehr schönen **Gehäuse** der Gattung *Pseudoschloenbachia* sind planspiral eingerollt, abgeplattet, scheibenförmig und mehr oder weniger evolut. Die Seitenwände verlaufen zueinander parallel und weisen am Nabelrand **Höcker** auf; von dort ziehen regelmäßige, gekrümmte **Rippen**, die häufig verzweigt sind, zur Ventralregion. Bei manchen Formen ist die **Ornamentierung** etwas schwächer ausgeprägt, bei anderen hingegen durch weitere kleine Rippen erweitert. Die Ventralregion ist schmal und hat einen Mittelkiel, wodurch der **Querschnitt der Wohnkammer** die Form eines Spitzbogens aufweist.

Stratigraphische und geographische Verbreitung: Diese Gattung ist typisch für Schichten aus der oberen Kreide von Spanien, Nordafrika, Südostafrika, Madagaskar, Indien, Kanada und aus dem Süden der Vereinigten Staaten. Das Exemplar auf dem ***Foto*** gehört zur Spezies *P. miranda* und stammt aus der oberen Kreide von Madagaskar.

Anmerkung: *Pseudoschloenbachia* ist eine Gattung mit sehr unterschiedlichen Spezies, sodass sie von den Paläontologen in gut zehn Untergattungen unterteilt wurde. Der größte Teil von ihnen basiert auf Exemplaren aus marinen Sedimenten der oberen Kreide aus Madagaskar, welche heute als die fossilienreichsten Schichten der Welt gelten.

Sphenodiscus

Visitenkarte

Unterklasse
Ammonoidea

Ordnung
Ammonitida

Familie
Sphenodiscidae

Stratigraphische Verbreitung
Kreide

Geographische Verbreitung
Ganze Welt

Die **Schalen** der Gattung *Sphenodiscus* sind stark involut und scheibenförmig, ihr Querschnitt im letzten **Umgang** meist spitzbogig. Die **Gehäuse** sind seitlich ziemlich abgeplattet, abgeflacht oder nur leicht konvex gewölbt. Die Oberfläche der Schale ist, mit Ausnahme weniger Spezies mit seitlichen **Höckern,** nahezu glatt. Die **Lobenlinien** sind ceratitisch, also aus zahlreichen **Loben** und **Sätteln** zusammengesetzt. Die Sättel sind wenig gezähnt und zuweilen ganzrandig, während die Loben etwas mehr gefältelt verlaufen.

Stratigraphische und geographische Verbreitung: Fossilien aus dieser Gattung kommen in den Sedimenten der oberen Kreide in Europa, Kleinasien, Madagaskar, Indien, Nordamerika und Venezuela vor. Das Exemplar auf dem ***Foto*** gehört zur Spezies *S. lobatus* und stammt aus der oberen Kreide von South Dakota (Vereinigte Staaten).

Anmerkung: Die Gattung *Sphenodiscus* tritt gemeinsam mit anderen Gattungen derselben Familie noch in den letzten obersten Kreideschichten auf, war also bis zum Ende des Mesozoikums (Maastricht) vertreten. Sie umfasst damit die letzten Ammonitenarten, welche die Erde bewohnten.

Phylloceras

Die **Gehäuse** der *Phylloceras*-Arten sind stark involut, scheibenförmig und ziemlich abgeplattet. Der letzte **Umgang** nimmt an Höhe stark zu und zeigt eine fast elliptische Form. Ventralregion und **Nabelrand** sind abgerundet; der Nabelrand ist gut ausgeprägt, der ventrale Rand hingegen kaum erkennbar. **Ornamentierung** ist nahezu keine vorhanden, denn die Schalen zeigten höchstens ganz zarte **Radialrippchen**, die selten Abdrücke auf den Steinkernen hinterließen, nur gelegentlich sind leichte Furchen zu erkennen. Die **Lobenlinien**, die an Steinkernen meist gut zu sehen sind, weisen eine ammonitische Form mit stark zerteilten **Sätteln** und **Loben** auf.

Visitenkarte

Unterklasse
Ammonoidea

Ordnung
Phylloceratida

Familie
Phylloceratidae

Stratigraphische Verbreitung
Jura–Kreide

Geographische Verbreitung
Ganze Welt

Stratigraphische und geographische Verbreitung: Die Gattung *Phylloceras* zeigt in den Gesteinsschichten verschiedener Zeitalter eine im Vergleich zu anderen Ammoniten außerordentlich lange Verbreitung. Sie war praktisch weltweit und besonders stark in der Tethys (Urmittelmeer) vom unteren Jura bis zur oberen Kreide verbreitet. Wegen der spärlichen Ornamentierung und der geringen Unterschiede bei den Schalenformen ist es oft schwierig, die einzelnen Spezies sicher zu unterscheiden. Auf dem ***Foto oben***: *P. isotypum* subsp. *apenninica* aus dem oberen Jura. Das Exemplar auf dem ***Foto rechts*** zeigt *Phylloceras* sp. aus dem unteren Jura.

Anmerkung: Die Ordnung der *Phylloceratida* taucht erstmals in der unteren Trias auf, ist aber erst ab dem Jura in vielen Arten verbreitet. Die Schalenformen ihrer Vertreter verändern sich im Laufe der Zeit kaum, haben komplexe Lobenlinien und sind wenig ornamentiert. Die *Phylloceratida* waren die einzige Ammonitengruppe, die das Massensterben während der oberen Trias überlebte. Aus ihr entwickelten sich im Jura sehr unterschiedliche Ammonitenformen.

Lytoceras

Visitenkarte

Unterklasse
Ammonoidea

Ordnung
Lytoceratida

Familie
Lytoceratidae

Stratigraphische Verbreitung
Jura–Kreide

Geographische Verbreitung
Ganze Welt

Die Spezies der Gattung *Lytoceras* zeigen planspirale **Gehäuse** mit etwa runden oder quadratischen Kammerquerschnitten. Die Schale ist stark evolut, die einzelnen **Umgänge** haben untereinander kaum Kontakt. Der **Nabel** ist ziemlich breit und weist unscharfe Ränder auf. Die **Ornamentierung** besteht aus feinen, eng zusammenliegenden Rippen, die sich über die Ventralseite fortsetzen, jedoch auf den Steinkernen nicht erhalten blieben. Die ammonitischen **Lobenlinien** sind stark gefältelt.

Stratigraphische und geographische Verbreitung: Diese Gattung war im Verlauf der Zeitalter im Gegensatz zu vielen anderen Ammoniten ungewöhnlich lange verbreitet – vom unteren Jura bis fast zum Ende der oberen Kreide (mehr als 120 Mio. Jahre). Auf dem ***Foto***: *L. cornucopia* aus dem Jura, Brescia (Italien).

Anmerkung: Die Schalenform vieler *Lytoceratida* ist relativ einheitlich. Daher ist eine Unterscheidung zwischen den einzelnen Spezies manchmal sehr schwierig, vor allem, wenn von der Ornamentierung für eine sichere Differenzierung zu wenig oder gar nichts erhalten geblieben ist.

Muramotoceras

Visitenkarte

Unterklasse
Ammonoidea

Ordnung
Ancyloceratida

Familie
Nostoceratidae

Stratigraphische Verbreitung
Kreide

Geographische Verbreitung
Japan

Die **Gehäuse** der Gattung *Muramotoceras* haben wie auch bei vielen anderen Ammonitenarten der Kreide sehr unregelmäßige Formen. Anfangs wächst die Schale gerade und beginnt sich erst später einzurollen, ohne dass die **Umgänge** einander berühren. Das weitere Wachstum erfolgt dann in Form einer Helix. Die **Ornamentierung** wechselt je nach Wachstumsstadium und besteht bei den ersten Umgängen aus zahlreichen feinen **Rippen**, die dann bei den äußeren Umgängen spärlicher werden und durch **Höcker** ersetzt sind. Der Querschnitt der **Umgänge** ist annähernd kreisförmig. Die **Lobenlinien** sind ammonitisch und haben wegen der starken Verzweigungen der **Loben** und **Sättel** einen sehr komplexen Verlauf.

Stratigraphische und geographische Verbreitung: Vertreter dieser Gattung wurden bis jetzt nur in Schichten aus der oberen Kreide in Japan aufgefunden, woher auch das Exemplar auf dem ***Foto*** stammt.

Anmerkung: Zur Ordnung *Ancyloceratida* (die von manchen Autoren lediglich als Unterordnung der Ordnung *Lytoceratida* betrachtet wird) gehören Arten mit so genannten »entrollten« Gehäusen, die sich nicht planspiral, sondern in Form einer Schraube, im Zickzack oder in anderen auch unregelmäßigen Formen entwickelten. Wegen dieser komplexen Formen sind Fossilien dieser Art nur sehr schwer unversehrt aus dem Sediment zu bergen.

1
2
3
4
5
6
7
8
9
10
11
12
13
14
15
16
17
18
19
20
21

Oben: *Ammoniten aus dem unteren Jura, Como (Italien).*
Mitte links: Psiloceras psilonotum, *oberer Jura, Malm (Norwegen).*
Mitte rechts: Clymenia *sp., Devon, Marokko.*
Vorhergehende Seite:
1) Cadomites humphresianum, *mittlerer Jura, Deutschland;*
2) Emileia multiforme *var.* microphalum, *mittlerer Jura, Argentinien;*
3) Tornoceras simplex, *oberes Devon, Deutschland; 4)* Grammoceras *sp. unterer Jura, Deutschland; 5)* Coeloceras grenouillowi, *unterer Jura, Deutschland; 6)* Cycloceras valdani, *unterer Jura, Deutschland;*
7) Arietites turneri, *unterer Jura, Deutschland; 8)* Leioceras opalinum, *mittlerer Jura, Deutschland; 9)* Oxyparoniceras telemachi, *unterer Jura, Frankreich; 10)* Arietites raricostatum, *unterer Jura, Deutschland;*
11) Macrocephalites macrocephalus, *mittlerer Jura, Deutschland;*
12) Oistoceras crescens, *unterer Jura, England;*
13) Aegoceras planicosta, *unterer Jura, Deutschland; 14)* Ceratites *sp., Trias, Deutschland; 15)* Dactylioceras athleticum, *unterer Jura, England;*
16) Plenoceras costatum, *Jura, Deutschland; 17)* Rasenia uralensis, *oberer Jura, England; 18)* Pseudofarrella garatei, *Jura, Argentinien;*
19) Amaltheus (Pleuroceras) costatus, *unterer Jura, Deutschland;*
20) Perisphinctes (Mantelliceras) plicatilis, *mittlerer Jura, Deutschland;*
21) Pleuroceras spinatum *var.* buckmanni, *unterer Jura, Schweiz.*

Coleoidea (Zweikiemige Kopffüßer)

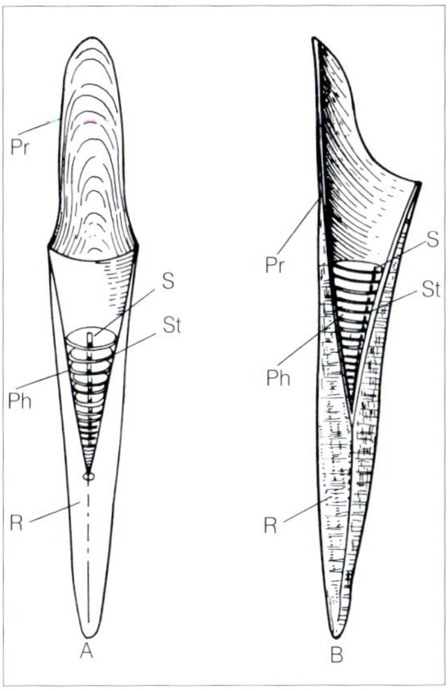

Die Coleoideen (Unterklasse Coleoidea*) umfassen mit Ausnahme der Gattung* Nautilus *alle heute lebenden Kopffüßer: Tintenfische, Kalmare und Kraken; ihre Schalenbildungen sind stark zurückgebildet und befinden sich immer im Inneren ihres Körpers oder fehlen überhaupt, wie z.B. bei den Kraken. Wegen der Reduktion ihrer Schalenbildungen sind ausgestorbene Coleoideen-Arten, die den heute noch lebenden glichen, nur selten als Fossilien erhalten geblieben. Einige bereits ausgestorbene Ordnungen, beispielsweise die* Belemnitida, *hatten aber robuste Schalenbildungen, welche in den Sedimenten des Mesozoikums häufig als Fossilien anzutreffen sind.*

Links: *Darstellung einer Belemnitenschale. (A, Vorderansicht; B, Seitenansicht): Ph) Phragmokon; Pr) Proostrakum; R) Rostrum; S) Sipho; St) Septum.*
Unten: Duvalia *sp., Belemnit aus dem oberen Jura, Italien.*
Nächste Seite, oben: *Steinplatte mit den Tentakeln eines Kopffüßers aus der Unterordnung* Teuthoidea *und der Gattung* Acanthoteutis*;* unten: *Coleoidee mit Schale und Weichteilen.*

ANATOMIE

*Die **Schalenbildungen** der Coleoideen befinden sich im Körperinneren und sind ganz oder teilweise vom **Mantel** umhüllt. Die Körperformen können sehr vielfältig sein und auch deren Größe kann stark variieren, wie z.B. bei den heute lebenden Spezies von 2 cm bis 16 m Länge. Viele Formen entwickeln **häutige Flossen**, die den Flossen mancher Wirbeltiere ähnlich sind. Sie können am Kopf acht (Kraken), zehn (Kalmare und Tintenfische) oder sechs Arme (Belemniten) aufweisen. Bei den rezenten und auch bei vielen fossilen Formen war bzw. ist ein **Tintenbeutel** vorhanden – eine Drüse, aus der Wolken von dunklen Farbpigmenten ausgestoßen werden können, um sich auf diese Weise vor Räubern zu verbergen. Die **Linsenaugen** dieser Wirbellosen sind hoch entwickelt und sehr komplex gebaut.*

STRATIGRAPHISCHE UND GEOGRAPHISCHE VERBREITUNG

*Die ersten Vertreter der Coleoideen sind ab dem Perm bekannt, aus der Zeit, als die ersten Belemniten auftauchten, die höchstwahrscheinlich von Nautiloideen abstammen. Die Wurzeln der rezenten Formen sind dank einiger weniger Funde ab dem Jura belegt. Die Systematik der Coleoideen ist strittig, da zu wenig gut erhaltene Fossilien vorhanden sind, mit deren Hilfe die Entwicklungsgeschichte der heutigen Formen präzise geklärt werden könnte. Die Coleoideen können in fünf Ordnungen unterteilt werden, zwei davon sind fossil (*Belemnitida *und* Phragmotheuthida*), drei rezent (*Teuthida, Sepiida *und* Octopodida*).*

ECHINODERMATA (STACHELHÄUTER)

Die Echinodermen (Stamm Echinodermata*) sind eine ausschließlich marin verbreitete Invertebratengruppe (Wirbellose) und umfassen sehr bekannte Tierformen, wie beispielsweise Seesterne und Seeigel, aber auch weniger bekannte, wie die Seelilien (Crinoiden) und Seegurken (Holothurien). Darüber hinaus zählt eine gewisse Anzahl heute ausgestorbener Klassen ebenfalls zu den Echinodermen.*

Die meisten Vertreter der Stachelhäuter sind kleine bis mittelgroße benthisch lebende Tiere, die sich entweder langsam am Boden fortbewegen oder sessil sind. Ihr Körperbau unterscheidet sich stark von dem anderer Invertebraten: sie haben keinen Kopf und bilden unter der Haut ein ***Innenskelett*** *aus Kalzitplatten aus, die teilweise mit* ***Gelenkshöckern*** *und beweglichen* ***Stacheln*** *versehen sind, von denen sich auch der Name des Stammes ableitet (griech.* echinos *bedeutet »Seeigel« und* derma *»Haut«). Ihr Körper ist zumeist pentamer-(fünfstrahlig-)symmetrisch oder bei einigen Formen sekundär bilateralsymmetrisch (zweistrahlig symmetrisch).*

Oben: *fossiler Stachelhäuter der Gattung* Durhamella.
Unten: *Steinplatte mit fossilen Schlangensternen.*

ANATOMIE

Die Stachelhäuter haben im Lauf ihrer Evolution eine große Formenvielfalt entwickelt, um sich auf diese Weise an verschiedene Lebensweisen und Lebensräume anzupassen, ohne dabei jedoch den grundlegenden Aufbau ihres Körpers stark zu verändern. Eines ihrer Hauptmerkmale stellt das ***Ambulakralgefäßsystem*** *dar: ein System von wassergefüllten Kanälen und* ***Ambulakralfüßchen***

Oben: Agrotocrinus unicus, *ein Haarstern aus dem Karbon, Indiana.*
Unten: Ophiura primigenia, *ein fossiler Schlangenstern.*

*(**Podien**), welches mit dem umgebenden Meerwasser durch die Madreporenplatte in Verbindung steht. Das Ambulakralgefäßsystem dient, je nach Echinodermen-Klasse, verschiedenen Funktionen und kann für die Bewegung, Ernährung und Atmung eingesetzt werden. Bei den bekannteren Formen wie Seeigeln, Seesternen und Schlangensternen dient dieser Apparat hauptsächlich der Fortbewegung; man kann aber nicht ausschließen, dass mittels der Ambulakralfüßchen bei diesen Tieren auch ein Teil des Gasaustausches für die Atmung abläuft; außerdem werden die Füßchen zum Ergreifen oder Einfangen der Nahrung eingesetzt. Die Nahrungsaufnahme war vermutlich die ursprüngliche Funktion des Ambulakralsystems, wie dies auch bei den altertümlichen Haarsternen der Fall ist.*

*Das innere System des Wassergefäßsystems besteht aus einem Ringkanal, der um den **Mund** verläuft, und aus meist fünf zu den Armen verlaufenden **Radiärkanälen**; ein weiterer Kanal führt zu einer Siebplatte (**Madreporenplatte**) am Außenrand, durch welche eine Verbindung zum umgebenden Meerwasser hergestellt wird. Das **Innenskelett**, ein Merkmal, das die Stachelhäuter mit dem Stamm der Chordata (dem auch die Wirbeltiere angehören) teilen, liegt in Form von **Kalkplatten** unter einer dünnen Haut. Diese Platten können fest verwachsen,*

Links: *Stachelhäuter der Gattung* Astropecten (Kammseestern). Unten: Petalobrissus *sp.*

untereinander verbunden oder auch zurückgebildet sein, was man z.B. bei einigen im Sediment lebenden Formen beobachten kann. Bei manchen Gruppen, wie bei den Seeigeln, sitzen gewisse Skelettelemente in Form von ***Stacheln*** *auf den Kalkplatten. Obwohl diese Stacheln scheinbar außen sitzen, gehören sie dennoch zum Innenskelett, da sie von einer feinen Hautschicht überzogen sind. Das Skelett formt und festigt das Tier, bietet Ansatzflächen für die Muskulatur und unterstützt die Fortbewegung durch die Füßchen. Darüber hinaus dient es dem Schutz der inneren Organe. Jene Seite der Stachelhäuter, auf der sich die Mundöffnung befindet, wird als* ***orale****, und die gegenüberliegende als* ***aborale*** *oder* ***apikale Seite*** *bezeichnet.*

LEBENSRAUM, VERBREITUNG UND KLASSIFIKATION

Die ursprünglichen Stachelhäuter lebten sessil am Boden festgeheftet, wie z.B. die Crinoiden, welche aber auch einige wenige vagile Formen hervorgebracht haben. Derzeit kennt man etwa 5500 Spezies von Stachelhäutern, die in allen Meeren der Welt verbreitet sind und eine lange, auf das Kambrium zurückgehende Entwicklungsgeschichte haben. Sie werden heute je nach Lehrmeinung in 14 bis 20 verschiedene Klassen und mehrere Unterstämme unterteilt; fünf Klassen davon umfassen die noch lebenden (rezenten) Arten bzw. vier nach Meinung jener Autoren, die Seesterne und Schlangensterne in einer Klasse zusammenfassen. Alle bekannten Klassen sind im unteren Paläozoikum, zwischen Kambrium und Silur, erstmals erschienen; alle heute nicht mehr existierenden bis zum Ende des Paläozoikums ausgestorben.

Rechts: *Seeigel der Gattung* Cyphosoma*;* unten: *Gesteinsblock mit Seeigeln der Spezies* Tripneustes parkinsoni *aus dem Pliozän, Frankreich.*

Echinoidea (Seeigel)

Die Echinoideen (Klasse Echinoidea*) sind allgemein unter dem Namen »Seeigel« bekannt. Ihr* ***Körper*** *erscheint im Querschnitt abgerundet, halbkugelförmig, oval oder scheibenförmig. Er ist bei den meisten Arten mit Reihen von beweglichen, mehr oder weniger ausgeprägten* ***Stacheln*** *überzogen. Die Echinoideen umfassen mehr als 850 rezente und über 7200 fossile Spezies, die vor allem im Mesozoikum und im Tertiär verbreitet lebten. Sie werden generell in reguläre Seeigel mit* ***fünfstrahlig-radiärsymmetrischem*** *Körperbau und irreguläre Seeigel mit meist sekundär* ***zweiseitig-symmetrischem*** *Körperbau unterschieden.*

ANATOMIE UND MORPHOLOGIE

Das ***Echinodermenskelett*** *wird aus kleinen, dünnen* ***Kalkplatten*** *gebildet, die fest miteinander verbunden und in fünf* ***Doppelreihen*** *angeordnet sind. Fünf Reihen von Platten, die* ***Ambulakralplatten****, tragen deutlich sichtbare runde* ***Poren*** *für den Durchtritt der* ***Ambulakralfüßchen****. Zwischen diesen fünf Plattenreihen liegen alternierend fünf Reihen von* ***Interambulakralplatten****, die keine Poren, dafür aber bewegliche* ***Stacheln*** *tragen. Die* ***Mundöffnung*** *befindet sich bei den Regularia immer auf der Unterseite des Körpers; wobei der Großteil der Seeigel einen fünfteiligen Kauapparat besitzt, der als »****Laterne des Aristoteles****« bekannt ist. Er besteht aus fünf pyramidenförmigen Zähnen, samt Halteapparat, die zusammen einen kompakten Kauapparat bilden, um damit Nahrung von der Unterlage abzuraspeln. Der* ***After*** *liegt bei den regulären Seeigeln auf der dem Mund gegenüberliegenden Seite am apikalen Pol, bei den irregulären Seeigeln kann er sich an verschiedenen Stellen befinden und nach hinten, oben oder unten verlegt sein.*

Ein Exemplar der Spezies Cidaris coronata*, eines Seeigels aus dem Jura, der in Deutschland gefunden wurde.*

Rechts: *Stachel eines Seeigels der Gattung* Cidaris.
Unten: *Körperbau eines regulären Seeigels.*
(A, Querschnitt; B, Skelett von oben gesehen): Am) Ambulakralplatten der Ambulakralregion; Aö) Afteröffnung; St) Stacheln M) Mundöffnung mit Kauapparat (Laterne des Aristoteles); Ag) Ambulakralgefäßsystem (Wassergefäßsystem); Mp) Steinkanal mit Madreporenplatte; G) Geschlechtsdrüsen (Gonaden); S) Skelett aus Kalkplatten; Ia) Interambulakralregion; F) Pedicellen (spezielle Füßchen); Mp) Madreporenplatte (Siebplatte); Rk) Radiärkanal); Rik) Ringkanal

ENTWICKLUNG UND STRATIGRAPHISCHE VERBREITUNG

Die ursprünglichen Seeigel entwickelten reguläre kugelige Formen und sind erstmals im Ordovizium aufgetreten. Sie hatten noch verformbare Skelettbildungen, bald aber traten die ersten Spezies mit verfestigten Skeletten auf, nämlich im Devon. Die meisten regulären Seeigel leben auf marinem Fels- oder Schlammboden, auf dem sie sich langsam fortbewegen können, indem sie die Ambulakralfüßchen und die Stacheln gemeinsam dafür einsetzen. Manche Arten halten sich sessil in Mulden auf, die sie selbst in mehr oder weniger festen Böden angelegt haben. Sie ernähren sich von Algen, kleinen einzelligen Organismen und anderen organischen Substanzen, die sie mit ihrer »Laterne des Aristoteles« von der Unterlage abraspeln. Wie alle Echinoideen verwenden sie spezielle Stacheln (Pedicellen) und Füßchen, um damit ihren Körper zu säubern und den vom After ausgeschiedenen Kot zu entfernen.

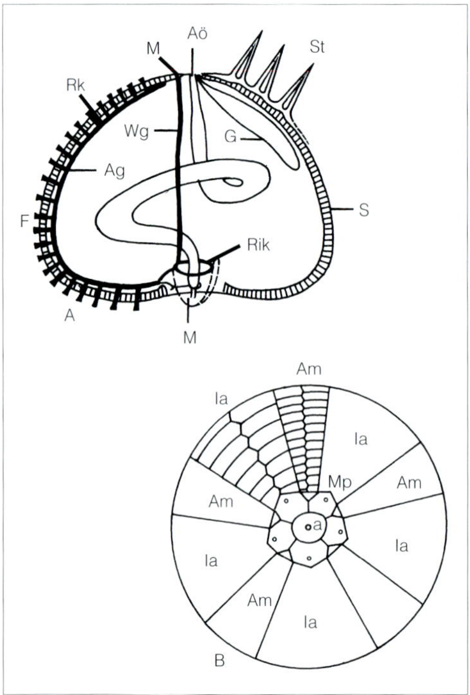

Im Mesozoikum tauchen erstmals irreguläre Seeigel mit bilateraler Symmetrie auf. Sie ernähren sich vornehmlich von organischen Partikeln, die in den Sedimenten des Meeresbodens enthalten sind, wobei sie den Boden durchwühlen. Der Übergang von einem für die regulären Echinoideen typischen Leben auf dem Meeresboden zu einer vergrabenen bzw. teilweise vergrabenen Lebensweise brachte große bauliche Veränderungen mit sich. Bei den irregulären Seeigeln verschob sich dadurch der After von der Oberseite des Tieres nach hinten, während der Mund nach vorne wanderte. Die halbkugelige Form wurde flacher, und die Stacheln wurden in Anzahl und Form reduziert. Auch der Kauapparat veränderte sich total bis hin zum gänzlichen Wegfall der Laterne des Aristoteles.

Archaeocidaris

Die **Theka** (Skelett) dieser Seeigelgattung präsentiert sich nahezu kugelförmig. Da Fossilien aus dieser Gruppe meist nicht sehr gut erhalten sind, kann man nur aus einigen vagen Indizien darauf schließen, dass deren **aborale** und **orale Pole** flach eingesenkt waren. Die **Ambulakralfelder** erscheinen oft unregelmäßig. Die gut ausgeprägten kräftigen **Primärstacheln** sind häufig abgeflacht und mit **Streifen** bzw. Stacheln ornamentiert oder mit seitlich abstehenden spitzen Dornen versehen.

Stratigraphische und geographische Verbreitung: Diese Gattung ist aus dem unteren Karbon in Europa und Nordamerika belegt; Vertreter aus dem Perm wurden nur in Indien als Fossilien gefunden. Das Exemplar auf dem ***Foto***, *Archaeocidaris* sp. aus dem Karbon stammt aus Texas.

Anmerkung: Die Familie *Archaeocidaridae* umfasste Formen aus dem oberen Devon bis zum Perm, deren noch flexibles Skelett der Interambulakren aus vier oder mehr Plattenreihen bestand.

Visitenkarte

Klasse
Echinoidea

Ordnung
Cidaroida

Familie
Archaeocidaridae

Stratigraphische Verbreitung
Karbon–Perm

Geographische Verbreitung
Europa, Nordamerika, Asien

Glypticus

Visitenkarte

Klasse
Echinoidea

Ordnung
Arbacioida

Familie
Arbaciidae

Stratigraphische Verbreitung
Jura

Geographische Verbreitung
Europa, Afrika, Asien

Die Vertreter der Gattung *Glypticus* sind zumeist kleinere Seeigel mit einem halbkugelförmigen **Skelett**, das auf der Unterseite (**orale Seite**) abgeflacht ist. Die **Ambulakralplatten** bestehen aus mehreren miteinander verwachsenen Einzelplatten und tragen je drei **Paare von Poren.** Die **Primärhöcker**, welche die beweglichen **Primärstacheln**, das sind die am stärksten entwickelten Stacheln, trugen, sind auffallend groß und ziehen sich gut sichtbar über die ganze apikale Oberfläche.

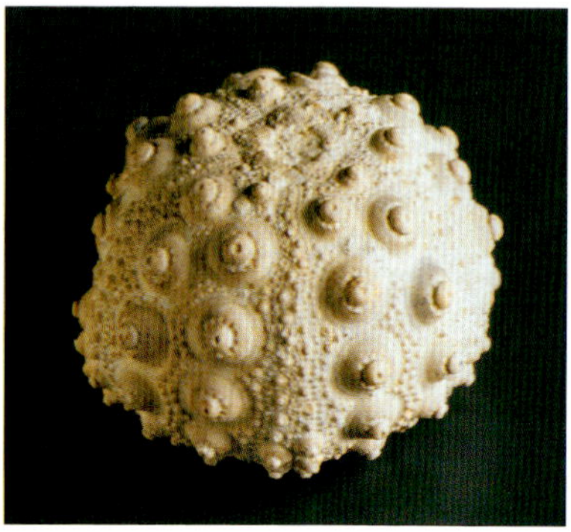

Stratigraphische und geographische Verbreitung: Diese Gattung ist aus dem mittleren und oberen Jura belegt; ihre geographische Verbreitung aber auf Europa, Nordafrika und Kleinasien beschränkt. Das Exemplar auf dem ***Foto oben*** gehört zur Spezies *G. hieroglyphus* und stammt aus dem oberen Jura aus Deutschland. Auf dem ***Foto unten:*** *Glypticus* sp.

Anmerkung: Die Ordnung *Arbacioida* umfasst Seeigelformen vom mittleren Jura bis heute, und Spezies, die rezent im Mittelmeer verbreitet sind. Die *Arbacioida* leben auf dem Meeresboden.

Phymosoma

Das **Skelett** der Seeigel aus der Gattung *Phymosoma* erscheint als abgeflacht kugelförmig. Die **Ambulakren** bestehen aus Platten, die jeweils mehrere **Poren** tragen. Sie ziehen, in doppelten Zweierreihen angeordnet, zum Apikalpol. Die **Primärhöcker** zeigen keine besonders auffälligen Streifen und bilden regelmäßig angeordnete Reihen.

Stratigraphische und geographische Verbreitung: Diese Gattung ist über eine relativ lange Periode nachzuweisen, nämlich vom oberen Jura bis zum Eozän. Auch geographisch waren die diversen Arten sehr weit verbreitet: fossile Überreste wurden in Europa, Nordafrika, Madagaskar, Indien, Nordamerika und Südamerika gefunden. Auf dem ***Foto***: *Phymosoma* sp.

Anmerkung: Die *Phymosomatidae* sind ab dem unteren Jura bekannt, wobei die Gattung *Phymosoma* die typischesten fossilen Arten dieser Familie umfasst. Ihr einziger noch lebender Vertreter, die Spezies *Glyptocidaris crenularis,* bewohnt die Meeresteile um Japan.

Visitenkarte

Klasse
Echinoidea

Ordnung
Phymosomatoida

Familie
Phymosomatidae

Stratigraphische Verbreitung
Jura–Eozän

Geographische Verbreitung
Europa, Afrika, Asien, Nordamerika, Südamerika

Micraster

Visitenkarte

Klasse
Echinoidea

Ordnung
Micrasterida

Familie
Micrasteridae

Stratigraphische Verbreitung
Kreide–Paläozän

Geographische Verbreitung
Nordamerika, Südamerika

Die **Theka** dieser Seeigelgattung ist herzförmig, ist also irregulär, und besitzt außer zwei Paaren von Ambulakren eine fünfte, eingebuchtete, gerade verlaufende **Ambulakralreihe**. Die **paarigen Ambulakren** erinnern an die Form von Blütenblättern und sind relativ breit. Die **Porenpaare** verlaufen außenseitig jeweils in Furchen zusammengefasst.

Stratigraphische und geographische Verbreitung: Die stratigraphische Verbreitung dieser Gattung ist sehr beschrankt: ihre Fossilien wurden in Sedimenten der oberen Kreide (im Santon, einem der letzten Erdalter des Mesozoikums) und des unteren Paläozäns (Erdalter Dano-Mont, mit welchem das Tertiär beginnt) in Europa, Madagaskar und Kuba gefunden. Das Exemplar auf dem ***Foto*** zeigt die Spezies *M. corangiunum* und stammt aus der oberen Kreide aus England.

Anmerkung: Diese Seeigel gruben in den Sedimenten sehr tiefer Meere. Vertreter der Familie *Micrasteridae* waren von der oberen Kreide bis zum Eozän weltweit verbreitet und starben dann aus.

Encope

Visitenkarte

Klasse
Echinoidea

Ordnung
Clypeasteroidea

Familie
Mellitidae

Stratigraphische Verbreitung
Miozän–heute

Geographische Verbreitung
Nordamerika, Südamerika

Die **Skelette** der *Encope*-Arten sind stark abgeplattet und dünnwandig und zeigen eine deutlich sichtbare **halbmondförmige** oder blütenblattähnliche Form der **Ambulakralreihen**, wobei die hinteren Paare länger und etwas breiter sind als die restlichen. Die hintere **Interambulakralplatte** ist sehr breit, gleichfalls etwas verlängert und zeigt eine deutlich sichtbare Ausnehmung in der Mitte der Platte.

Stratigraphische und geographische Verbreitung: Diese Gattung ist ab dem unteren Miozän bekannt und auch heute noch vertreten. Diverse Arten kommen rezent in Nordamerika, Südamerika und in der Karibik vor. Das Exemplar auf dem ***Foto*** gehört zur Spezies *E. tamianiensis*, stammt aus dem oberen Tertiär und wurde in den Vereinigten Staaten gefunden. Die unregelmäßige Form am hinteren rechten Rand geht höchstwahrscheinlich auf Gewalteinwirkung durch einen Räuber zurück.

Anmerkung: In Amerika werden diese Seeigel als **»Sanddollar«** bezeichnet. Diese Tiere sind sehr flach, haben ein dünnwandiges Skelett und sind von einer dichten Schicht feiner haarartiger Stacheln überzogen. Sie leben meist vergraben in sandigen Meeresböden seichter Meere.

Clypeaster

Die mittelgroße bis große **Theka** der Gattung *Clypeaster* ist entweder flach oder gestaucht glockenförmig, ihre **Ränder** plattig oder abgerundet. Die **Oralseite**, in deren Mitte sich die **Mundöffnung** befindet, kann eben oder leicht nach innen gewölbt sein, **Periproct** samt **After** liegen randlich. Die **Ambulakralfelder** sind Blütenblättern ähnlich und bei den diversen Spezies verschieden geformt, von rund, geschlossen bis offen, mit länglichen Porenöffnungen auf der Außenseite und runden auf der Innenseite. Das **Skelett** ist im inneren Hohlraum durch mehrere Stützen verstärkt, welche aus verschieden vielen Lamellen und senkrechten Pfeilern bestehen.

Stratigraphische und geographische Verbreitung: Diese Gattung ist ab dem oberen Eozän in Belgien belegt und auch rezent in den heutigen Meeren vertreten. Das Exemplar auf dem ***Foto oben*** ist *Clypeaster* sp. aus dem Miozän in Italien. Auf dem ***Foto unten***: die Art *C. altus* aus dem Miozän, Sardinien.

Anmerkung: Die Gattung *Clypeaster* umfasst mehrere Spezies, die in geringen Meerestiefen zumeist in küstennahen Gebieten leben. Die einzelnen Tiere leben nur leicht im Sediment vergraben auf dem Meeresboden.

Visitenkarte

Klasse
Echinoidea

Ordnung
Clypeasteroida

Familie
Clypeasteridae

Stratigraphische Verbreitung
Eozän–heute

Geographische Verbreitung
Ganze Welt

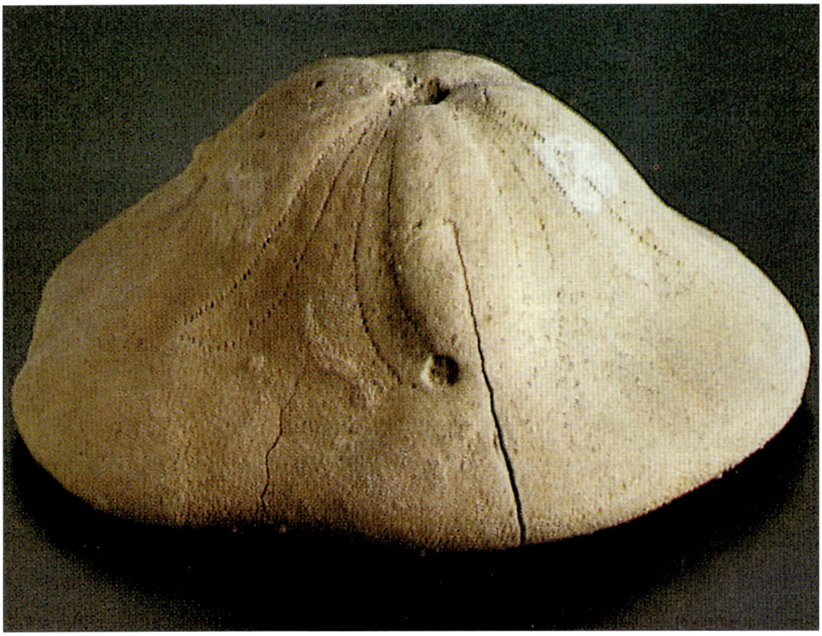

Clypeus

Visitenkarte

Klasse
Echinoidea

Ordnung
Cassiduloida

Familie
Clypeidae

Stratigraphische Verbreitung
Jura

Geographische Verbreitung
Europa, Afrika

Die **Theka** dieser Gattung von irregulären Seeigeln ist fest, abgeflacht und weist eine breite, fast kreisrunde Form auf. Die **Ambulakralfelder** zeigen die Form langer Blütenblätter, sind relativ breit und tragen paarweise angeordnete **Poren**. **Mundfeld** (Peristom) und **Mundöffnung** befinden sich vorne, **Afterfeld** und **After** etwas über dem unteren Rand der Theka.

Stratigraphische und geographische Verbreitung: Vertreter der Gattung *Clypeus* treten als Fossilien in Ablagerungen des mittleren und oberen Jura in Europa und Afrika auf. Das Exemplar auf dem ***Foto*** gehört zur Spezies *C. plotii* und stammt aus dem mittleren Jura aus der Schweiz.

Anmerkung: Die Ordnung *Cassiduloida* ist ab dem Jura belegt und umfasst mehrere Gattungen mit 16 rezenten Spezies, die in allen Meeren der Welt vorkommen. Sie erreichten ihre größte Verbreitung im Eozän und waren auch im Miozän noch weit verbreitet: während des Tertiärs lebten mehr als 500 verschiedene Spezies, die dieser Ordnung angehörten.

Hemipneustes

Visitenkarte

Klasse
Echinoidea

Ordnung
Holasteroida

Familie
Holasteridae

Stratigraphische Verbreitung
Kreide

Geographische Verbreitung
Europa, Afrika, Asien

Die **Skelettformen** dieser *Hemipneustes-Arten* sind etwa ellipsoidisch bis eiförmig und relativ kuppelförmig, weil die **Oberseite** stark gewölbt ist. Die Oberfläche ist verhältnismäßig glatt; das **vordere** (dritte) **Ambulakralfeld** verläuft deutlich im Gehäuse eingesenkt. Die restlichen **Ambulakrenpaare** weisen die Form von länglichen Blütenblättern auf. Das **Peristom**, die Skelettöffnung für den **Mund**, zeigt die Form eines Halbmondes, befindet sich im vorderen Bereich und besitzt eine deutliche **Randlippe**. **Peripoct** und **After** liegen auf der Unterseite (Oralseite).

Stratigraphische und geographische Verbreitung: Fossilien dieser Gattung sind nur aus der oberen Kreide bekannt (Senon und Maastricht) und wurden in Europa, Nordafrika, Madagaskar und Indien gefunden. Das Exemplar auf dem ***Foto*** gehört zur Spezies *H. radiatus* aus der Kreide und stammt von der Insel Kreta, Griechenland.

Anmerkung: Die Ordnung *Holasteroida* ist ab dem unteren Jura bekannt und umfasst Arten, die auch heute noch leben. Der Großteil ihrer rezenten Vertreter bewohnt tiefe oder sehr tiefe Meeresgebiete; von manchen Spezies wurde ein Vorkommen in 4000 m Tiefe festgestellt, eine Spezies wurde sogar ca. 7000 m unter dem Meeresspiegel lebend aufgefunden.

Oben links: Cyphosoma koenigi, *obere Kreide, Dover, England;* oben rechts: Stenoaster tuberculata, *obere Kreide, Monti Lessini, Italien;* links: Cidaris coronata, *Jura, Deutschland;* unten: Plesiocidaris durandi, *oberer Jura, Frankreich.*

Edrioasteridea (Edrioasterideen)

Die Edrioasterideen (Klasse Edrioasteridea*) repräsentieren eine heute gänzlich ausgestorbene Klasse des Unterstammes* Echinozoa*, zu dem auch die Seeigel und Seegurken gehören. Außer für kurze Perioden waren sie nie besonders stark verbreitet und sie umfassten frei lebende vagile Formen und solche, die sich am Substrat verankerten.*

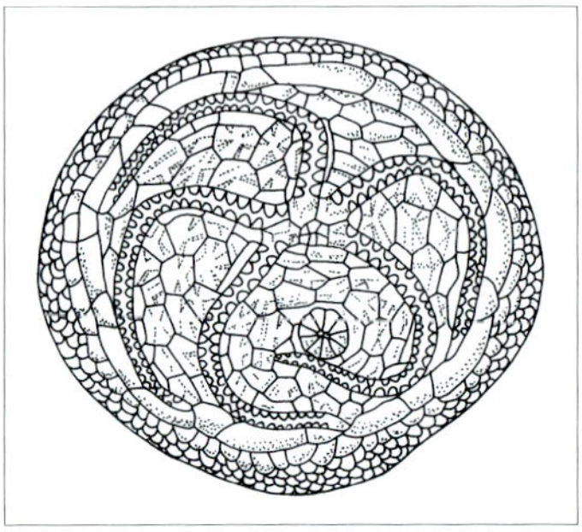

ANATOMIE UND MORPHOLOGIE

Die Edrioasterideen hatten auf ihrer Dorsalseite fünf ***Ambulakralreihen*** *und mit ihnen alternierend weitere fünf* ***Interambulakralreihen****, die sich von den Ersteren deutlich unterschieden. Die Ambulakren, die gelegentlich auch verzweigt sein konnten, waren schmal und verliefen gekrümmt. Sie gingen vom zentral gelegenen* ***Mund*** *aus. Der* ***After*** *befand sich auf der hinteren Interambulakralreihe. Die* ***Theka*** *war flexibel und nicht starr wie bei den heutigen Seeigeln. Sie hatte die Form eines Sackes oder einer Scheibe und wurde nicht größer als 5–6 cm. Die verschiedenartigen vieleckigen* ***Platten*** *waren wie ein Mosaik, teils auch dachziegelartig überlappend angeordnet, wobei die zum Rand näher liegenden Platten kleiner waren als die dorsalen.*

Oben: *Rekonstruktion einer Edrioasteridee.*
Rechts: *Edrioasteridee, bei der die unregelmäßigen Platten der Theka gut zu sehen sind.*

STRATIGRAPHISCHE VERBREITUNG UND LEBENSRAUM

Die Edrioasterideen tauchten zu Beginn des Paläozoikums, im unteren Kambrium, erstmals auf. Ihre größte Verbreitung erreichten sie in den Meeren des mittleren Ordoviziums, erlebten dann im Silur einen starken Rückgang und starben zu Ende des Karbons endgültig aus. Es gab zwar einige am Meeresboden frei lebende Arten, die meisten hefteten sich aber an einer Unterlage fest, entweder am steinigen Meeresboden oder an den Schalen anderer Meeresbewohner. Nicht selten wurden Fossilien von Edrioasterideen an den Hartteilen anderer Organismen haftend, beispielsweise an Brachiopodenschalen, gefunden; hier konnte man Vorlieben für bestimmte Spezies beobachten, man kann daher annehmen, dass wahrscheinlich ein gewisser Kommensalismus zwischen Schalen tragenden Tieren und den daran festhaftenden Edrioasterideen bestand.

Oben: *Steinplatte mit den Edrioasterideen-Arten* Agelacrinites hanoveri *und* Temeischytes carteri.
Unten: *Bei diesen Exemplaren sind die fünf Ambulakralfelder deutlich zu sehen.*

Asterozoa (Seesterne)

Die Asterozoen (Unterstamm Asterozoa*) umfassen die beiden Klassen Seesterne* (Asteroidea*) und Schlangensterne* (Ophiuroidea*). Beide Klassen brachten Arten hervor, die heute vor allem in felsigen Küstenstreifen und in großen Tiefen am häufigsten von allen marinen Lebewesen vorkommen. Der **zentrale Teil des Körpers** der Asterozoen bildet eine **Scheibe**, die seitlich fünf oder mehr **Arme** trägt. Man zählt derzeit etwa 3600 rezente Spezies.*

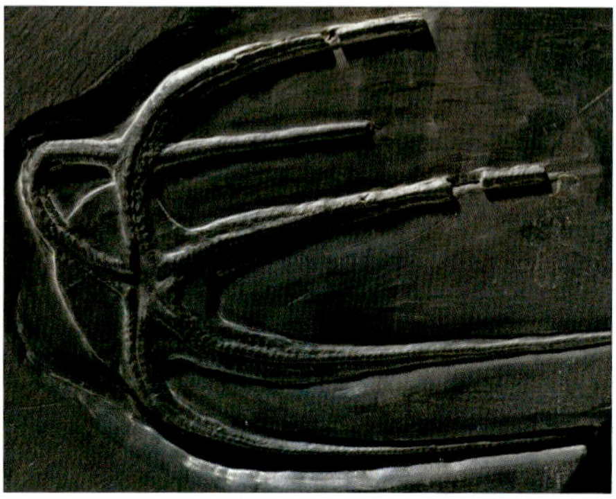

ANATOMIE UND MORPHOLOGIE

*Die Seesterne entwickeln ein bewegliches Skelett aus **Ossikeln**, welche aus je einem einzigen Kalzitkristall mit der Form einer Platte, eines Stabes oder Kreuzes bestehen. An der Dorsalseite ragen einige meist stumpfe Kalkstacheln nach oben. Zwischen den **Stacheln** befinden sich zahlreiche **Kiemen** mit vergrößerter Oberfläche, die der Atmung dienen. Der **After** ist klein und liegt auf der Oberseite (Aboralseite), die **Mundöffnung** liegt im Zentrum der Körperscheibe auf der Unterseite (Oralseite). Entlang der Unterseite der Arme stehen in Zweier- oder Viererreihen zahlreiche **Ambulakralfüßchen** nach außen. Schlangensterne kann man leicht von den Seesternen unterscheiden, da ihr zentraler Körper aus einer deutlich abgesetzten annähernd runden **Scheibe** besteht, an welcher fünf dünne lange **Arme** ansetzen, die auch mehrfach verzweigt sein können. Die Arme der Schlangensterne sind, verglichen mit den gedrungenen, kräftigen Armen der Seesterne, schlangenartig lang und schmal. Schlangensterne kriechen nicht mittels Ambulakralfüßchen wie die Seesterne, sondern mittels Bewegungen ihrer Arme.*

Oben: Furcaster decheni, *ein Schlangenstern aus dem unteren Devon, Bundenbach, Deutschland.*
Unten: Helianthaster rhenanus, *ein Seestern.*

STRATIGRAPHISCHE VERBREITUNG UND LEBENSRAUM

Ophiuroideen und Asteroideen sind ab dem Ordovizium belegt und sind auch heute noch in allen Meeren der Welt weit verbreitet. Die Asteroideen sind recht sesshafte Organismen, die sich aber bisweilen auf dem Sediment fortbewegen können, indem sie entweder Körper und Arme zusammenfalten oder ihre Füßchen benutzen. Sie ernähren sich von diversen, auch frei lebenden Invertebraten (Wirbellose), die sie mit Hilfe ihrer Füßchen oder Arme festhalten; einige Spezies leben von organischen Partikeln, die im Wasser schweben.

Die Ophiuroideen leben (mit Ausnahmen) in tiefem oder sehr tiefem Wasser und verbergen sich tagsüber unter Felsen oder graben sich im Schlamm ein. Sie können sich rasch fortbewegen, indem sie die Arme rhythmisch nach vorne und hinten bewegen; sie ernähren sich von Invertebraten und organischem Schlamm am Boden.

Astropecten (Kammseesterne)

Kammseesterne zeigen generell die wohl typischsten fünfstrahligen Sternformen von allen Vertretern dieser Gruppe. Die Sterne setzen sich aus einer kleinen zentralen **Scheibe** und fünf daran ansetzenden konischen **Armen** zusammen, die spitz enden. Entlang der Ränder sind deutlich ausgebildete **Platten** zu sehen. Die Seitenplatten der ventralen Ränder sind mit stacheligen hufeisenförmigen **Höckern** besetzt.

Stratigraphische und geographische Verbreitung: Diese Gattung ist ab dem oberen Miozän bekannt und rezent in vielen Meeren verbreitet. Das Exemplar auf dem ***Foto***, *Astropecten* sp. aus dem Pliozän, stammt aus Italien.

Anmerkung: Unter den rezenten sind die Vertreter der Spezies *A. aurantiacus* besonders beeindruckend. Es sind dies rote bis orangerote große Seesterne, deren Arme bis zu 28 cm lang werden können. Sie leben auf sandigen Meeresböden und in den Seegraswiesen des Mittelmeeres sowie des östlichen Atlantik in Tiefen von 1 bis 20 m.

Visitenkarte

Klasse
Asteroidea

Ordnung
Paxillosida

Familie
Astropectinidae

Stratigraphische Verbreitung
Miozän–heute

Geographische Verbreitung
Ganze Welt

Homalozoa (Homalozoen)

Die Homalozoen (Unterstamm Homalozoa*), die auch unter den Namen* Calcichordata *oder* Carpoidea *bekannt sind, bilden eine ganz besondere Echinodermengruppe. Sie umfassen mehrere Klassen und werden gewöhnlich zu den Echinodermen gezählt. Manche Wissenschafter sehen in diesen Organismen aber einen Unterstamm des Stammes* Chordata *(Chordatiere).*

ANATOMIE UND MORPHOLOGIE

Keine der Homalozoengruppen entwickelte Formen mit radialer Symmetrie, manche von ihnen waren sogar gänzlich asymmetrisch. Ihr ***Skelett*** *bestand grundsätzlich aus zwei Teilen: aus einer* ***Theka****, welche die Weichteile umschloss, und einem Stiel oder Arm, der als* ***Aulacophore*** *oder* ***Stele*** *bezeichnet wird. Die Theka wies eine mehr oder weniger regelmäßige Eiform oder prismenähnliche Formen auf und war außen mit Ossikeln bedeckt, die im Zentrum größer waren und zum Rand hin allmählich kleiner wurden. Der* ***Mund*** *befand sich an der Basis der Aulacophore und der* ***After*** *an der gegenüberliegenden Seite. Am Rand dieser Seite trugen manche Formen längliche Fortsätze. Die genaue Anatomie dieser Lebewesen ist nach wie vor umstritten, denn es herrschen unter den Fachleuten höchst unterschiedliche Ansichten über die Bedeutung diverser anatomischer Baumerkmale dieser Tiere.*

Oben: Notocarpus garratti *aus dem Silur in Australien; das kleine Homalozoon (*im unteren Teil des Bildes, rechts*) wurde gemeinsam mit einem Seestern und einem Weichtier fossilisiert.* Rechts und unten: *zwei Homalozoen aus dem mittleren Kambrium von Utah.*

STRATIGRAPHISCHE VERBREITUNG UND LEBENSRAUM

Die Homalozoen lebten am Beginn des Paläozoikums, genauer, vom mittleren Kambrium bis zum unteren Devon. Ihre Fossilien wurden in lehmigen oder sandigen Sedimenten marinen Ursprungs gefunden, weshalb sie vermutlich auf wenig bewegten sandigen Meeresböden lebten. Da verschiedene Meinungen über ihre anatomischen Merkmale vorherrschen, ist es schwierig, die Lebensweise der Homalozoen zu rekonstruieren. Die Aulacophore wird beispielsweise von manchen Paläontologen als vorderes Organ interpretiert, das der Nahrungsaufnahme diente, andere Autoren halten sie für einen Körperteil, der dem Schwanz der Vertebraten entspricht. Heute werden die Homalozoen vom Großteil der Wissenschafter als Stachelhäuter eingestuft, die jedoch manche anatomische Ähnlichkeiten mit Chordatieren aufweisen.

Dendrocystoides

Dendrocystoiden sind ziemlich große *Homalozoa* mit zwei ungleichen, sehr langen, **hornförmigen Fortsätzen** und zwei ebenfalls ungleich geformten, breiten **Loben**, die einander gegenüberliegen. Die Körperform der Tiere ist generell unregelmäßig, die **Theka** jedoch fast trapezförmig. Eine Seite erscheint ungleichmäßig gewölbt, die gegenüberliegende Seite abgeflacht. Die **Ossikeln** der Theka sind relativ groß, vieleckig oder unregelmäßig, und ihre Oberfläche ist feinkörnig. Der **Stiel** ist sehr lang.

Stratigraphische und geographische Verbreitung: Diese Arten kamen im Ordovizium in Schottland und Marokko vor. Das Exemplar auf dem ***Foto*** stammt aus dem mittleren bis oberen Ordovizium und wurde in Marokko gefunden.

Anmerkung: Die Homalozoen der Klasse *Homoiostelea* weisen einen völlig asymmetrischen Körperbau auf, der in drei Regionen gegliedert ist: den Vorderteil oder **Brachiola**, den Mittelteil oder **Theka**, an welche als dritter Teil schließlich die **Stele** anschließt.

Visitenkarte

Klasse
Homoiostelea

Ordnung
Soluta

Familie
Dendrocystitidae

Stratigraphische Verbreitung
Ordovizium

Geographische Verbreitung
Europa, Nordafrika

Cystidea (Beutelstrahler/Seeäpfel)

Die Cystideen (Klassen Diploporita *und* Rhombifera*) sind eine relativ uneinheitliche Gruppe von Stachelhäutern, die mit anderen Klassen zum Unterstamm* Blastozoa *gehören (Knospenstrahler). Die Vertreter dieses Unterstammes weisen eine kugelförmige, aus untereinander fest verbundenen Platten bestehende* ***Theka*** *und einen* ***Stiel*** *auf.*

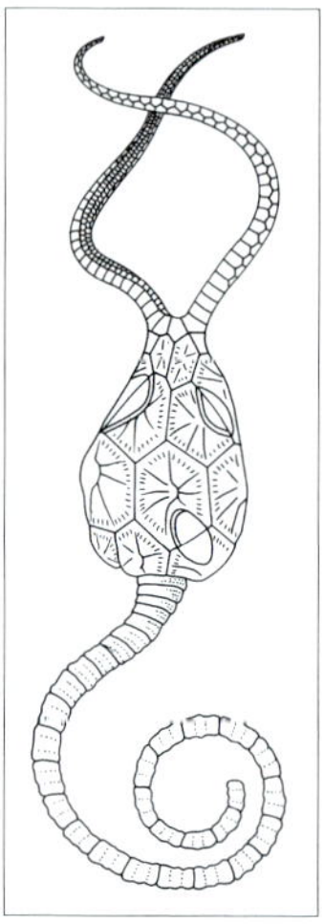

ANATOMIE UND MORPHOLOGIE

Die Theka der Beutelstrahler wird aus einer variablen Anzahl von Ossikeln gebildet. Die ***Oralseite*** *ist nach oben gekehrt, der* ***Mund*** *befindet sich in Medianlage, der* ***After*** *und eine Reihe von Poren liegen auf verschiedene Weise ebenfalls um diese Lage verteilt. Die radial angeordneten* ***Ambulakren*** *liegen an der Oberfläche der Theka oder ragen über sie in Form kleiner* ***Arme*** *hinaus. Die Platten der Theka können besonders bei den Formen des Ordoviziums unregelmäßig sein und sind in einander überlappenden Kreisen angeordnet. Die kleinen Arme sind nie besonders ausgeprägt und auch nicht bei allen Arten vorhanden. Auch der* ***Stiel*** *ist nicht stark entwickelt und kann bei manchen Formen praktisch fehlen.*
Die Anordnung der ***Poren*** *ist eines der Unterscheidungsmerkmale der beiden Klassen von Cystideen. Die Klasse* Diploporita *besitzt paarweise angeordnete Porenkanäle, die durch die Theka ziehen und an einer Vertiefung mit der Außenseite verbunden sind. Die Klasse* Rhombifera *zeigt schlitzförmige Poren, die nach innen und außen öffnen.*

STRATIGRAPHISCHE VERBREITUNG UND LEBENSRAUM

Die Cystideen sind vom Ordovizium bis zum Devon belegt. Die Klasse Diploporita *starb im unteren Devon und die Klasse* Rhombifera *gegen Ende des Devons aus. Die Cystideen waren sessile Organismen, die sich von organischen Partikeln ernährten, welche sie mit ihren kleinen Armen auffingen. Sie lebten meist in seichten Meeresteilen und bildeten mitunter kleine Kolonien. Aus der Form des Stiels kann man schließen, dass sich manche Spezies am Boden fortbewegen konnten, indem sie mit der Stele wellenartige Bewegungen erzeugten.*

Oben: *zwei gut erhaltene Exemplare der Gattung* Platycrinites.
Oben rechts: *Rekonstruktion eines Beutelstrahlers.*
Rechts: *zwei Exemplare der Gattung* Oklaomacystis.

Holocystites

Die Holocystitiden sind Beutelstrahler mit einer annähernd eiförmigen **Theka**, die sich zur **Oralseite** hin etwas verjüngt. Die **Platten** sind relativ komplex angeordnet und verteilen sich abwechselnd in einem mehr oder weniger deutlichen horizontalen oder vertikalen Muster. Sie sind im Allgemeinen vieleckig, oft sechseckig, dabei wechseln sich größere und kleinere Platten alternierend ab. Die **Mundöffnung** befindet sich auf dem zentralen Scheitelpunkt.

Stratigraphische und geographische Verbreitung: Diese Gattung ist ab dem oberen Ordovizium bis zum mittleren Silur in Sedimenten aus Schweden, den Vereinigten Staaten und Kanada belegt. Das Exemplar auf dem ***Foto*** gehört zur Spezies *H. scutellatus.*

Anmerkung: Es ist noch nicht geklärt, ob die diversen Spezies dieser Gattung einen nur wenig ausgeprägten oder gar keinen **Stiel** besaßen. Man weiß auch nichts über ihre Lebensweise, da es sehr schwierig ist, die ehemaligen Funktionen der fossilisierten Überreste einwandfrei zu deuten.

Visitenkarte

Klasse
Diploporita

Ordnung
Spheronitida

Familie
Aristocystitidae

Stratigraphische Verbreitung
Ordovizium–Silur

Geographische Verbreitung
Europa, Nordamerika

Caryocrinites

Diese Gattung von Beutelstrahlern aus der Klasse *Rhombifera* sind charakterisiert durch eiförmige oder kugelförmige **Theken**, die an der Unterseite leicht eingesenkt sind. Die **orale Region** ist hingegen leicht gewölbt. Die Theka setzt sich aus 18 fünf- oder sechseckigen, regelmäßig angeordneten **Platten** zusammen. Weitere, kleinere Platten sind auf der Oberseite der Theka verteilt. Darüber hinaus sind drei **Ambulakralfelder** mit reduzierten **Brachiolen** (kleinen Ärmchen) festzustellen. Die Platten der einzelnen Spezies weisen unterschiedliche radiale Ornamentierungen auf.

Stratigraphische und geographische Verbreitung: Vertreter dieser Gattung sind vom mittleren Ordovizium bis zum mittleren Silur bekannt. Die Funde stammen aus Burma, Nordeuropa und aus verschiedenen Gebieten Nordamerikas. Das Exemplar auf dem ***Foto*** gehört zur Spezies *C. ornatus* und wurde in Sedimenten des Silurs in den Vereinigten Staaten gefunden.

Anmerkung: Der Bau der kleinen verzweigten Arme dieser Gattung lässt den Schluss zu, dass diese wie bei den Haarsternen zum Auffangen von schwebenden Nahrungspartikeln verwendet wurden. Die Funktion der Kanäle und Poren, die auf den Platten erkennbar sind, ist jedoch nach wie vor ungeklärt.

Visitenkarte

Klasse
Rhombifera

Ordnung
Caryocrinites

Familie
Caryocrinitidae

Stratigraphische Verbreitung
Ordovizium–Silur

Geographische Verbreitung
Asien, Europa, Nordamerika

Blastoidea (Knospenstrahler)

Die Blastoideen (Klasse Blastoidea*) zählen zum Unterstamm* Blastozoa*, welcher auch die Cystideen umfasst. Die Vertreter dieser Klasse waren zumeist klein, fünfstrahlig-symmetrisch aufgebaute Stachelhäuter, die schon lange zur Gänze ausgestorben sind. Ihr Körper hatte eine* ***Theka*** *oder* ***Kelch*** *mit kleinen daran ansetzenden Armen (****Brachiolen****), diese wurde von einem* ***Stiel*** *getragen.*

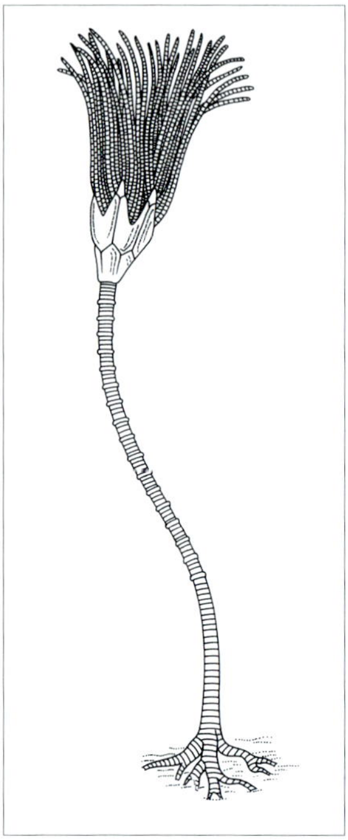

ANATOMIE UND MORPHOLOGIE

Die Theka der Blastoideen erinnert an eine eiförmige oder kugelförmige Knospe. Sie ist fünfstrahlig-symmetrisch und weist fünf deutlich abgesetzte blattförmige ***Ambulakralfelder*** *auf, die von der Spitze bis zum unteren Drittel der Theka verlaufen. Die* ***Basis*** *der Theka wird aus drei* ***Kalkplatten*** *gebildet, an welche sich fünf* ***Radialplatten*** *anschließen. Darüber wird die Theka alternierend aus fünf* ***rhombischen*** *Platten und fünf* ***Ambulakralplatten****, welche am unteren Rand durch Einbuchtungen mit den Radialplatten verzahnt sind, aufgebaut. Der sternförmige* ***Mund*** *befindet sich am Scheitel und ist von fünf Öffnungen (****Spirakeln****) umgeben, deren größte mit der innen liegenden* ***Afteröffnung*** *in Verbindung stand. Im Inneren der Theka wurde auch ein Organ aus feinen Röhrchen (Hydrospiren) festgestellt, die durch* ***Poren*** *mit dem umgebenden Meerwasser in Verbindung standen. Das Wasser drang wahrscheinlich durch die Poren ein und verließ dann durch die* ***Spirakel*** *wieder den Körper.*

Rechts: *Rekonstruktion eines Knospenstrahlers.* Unten: *Sedimentgestein mit zahlreichen fossilen Resten von Blastoideen der Spezies* Cryptoblastus melo *aus dem unteren Karbon, Missouri.*

Diverse Blastoideen-Arten der Gattung Pentremites.

STRATIGRAPHISCHE VERBREITUNG UND LEBENSRAUM

Die Blastoideen bewohnten die Meere während des größten Teils des Paläozoikums – sie tauchten im Silur auf und starben zu Ende des Perms aus. Sie bewohnten marine Lebensräume, waren aber nur selten und nur regional so zahlreich vertreten, dass ihre fossilen Überreste heute Hauptbestandteil von Sedimentgesteinen sind. Sie bevorzugten seichte, wenig bewegte Meeresböden mit vielen Hartteilen, die sich zur Verankerung eigneten, und lebten meist vergesellschaftet mit Korallen, Armfüßern und Haarsternen.

Pentremites

Visitenkarte

Klasse
Blastoidea

Ordnung
Spiraculata

Familie
Pentremitidae

Stratigraphische Verbreitung
Karbon

Geographische Verbreitung
Nordamerika, Südamerika

Die **Theken** der diversen *Pentremites*-Arten sind schön karaffen- bis birnenförmig ausgebildet. Die blattförmigen **Ambulakralfelder** sind relativ breit und durchziehen die Theka vom Apex bis etwa zum unteren Drittel tief eingesenkt. Sehr gut sichtbar sind einzelne längliche Platten (**Lanzettplatten**), die sich in der Mitte der Ambulakren befinden, neben diesen Platten liegen verschiedenartige **Seitenplatten**. **Analregion** und **Oralregion** sind von zahlreichen sich überlappenden Platten überzogen.

Stratigraphische und geographische Verbreitung: Diese Gattung ist nur aus dem Karbon bekannt, eine Epoche, die man in Nordamerika in Mississippium und Pennsylvanium unterteilt hat, was dem unteren und oberen Karbon entspricht. Das Exemplar auf dem ***Foto*** gehört zur Spezies *P. sulcatus* aus dem Karbon und wurde in den Vereinigten Staaten gefunden.

Anmerkung: Zu Lebzeiten standen diese Tiere auf ihren Stielen aufgerichtet im Wasser und fingen die schwebenden Nahrungspartikel mit Hilfe ihrer dünnen **Brachiolen** auf. Für die Atmung nahmen sie Wasser durch die Poren an der Basis der Arme auf und ließen es durch die Öffnungen rund um den Mund wieder ausfließen.

Heteroschisma

Visitenkarte

Klasse
Blastoidea

Ordnung
Fissiculata

Familie
Codasteridae

Stratigraphische Verbreitung
Devon

Geographische Verbreitung
Nordamerika

Die **Theka** dieser Arten weist Formen von länglichen Doppelkegeln auf, wobei der **obere Kegel** etwas niedriger ist, weil die Theka in der Nähe des Scheitels ihren größten Durchmesser erreicht. Der **untere Kegel** erscheint höher und verjüngt sich deutlich zum unteren Ende hin. Die **Lanzettblätter** sind nicht sichtbar, da sie von den **Seitenplatten** bedeckt sind. Die **Platten** sind in drei Kreisen angeordnet. Der untere Kreis wird aus drei, der mittlere und der obere aus je fünf Platten gebildet. Die Platten des mittleren Kreises sind am oberen Rand eingeschnitten und bedecken den oberen Kreis fast zur Gänze.

Stratigraphische und geographische Verbreitung: Diese Gattung ist nur aus dem Devon in Nordamerika bekannt. Das Exemplar auf dem ***Foto*** gehört zur Gattung *Heteroschisma* sp.

Anmerkung: Aufgrund charakteristischer Details ihrer Struktur wird diese Gattung als eine ziemlich ursprüngliche Gruppe von Blastoideen betrachtet.

Gogia

Die **Theken** der Vertreter aus der Gattung *Gogia* können konisch, kugelförmig oder zylindrisch sein und bestehen aus zahlreichen vieleckigen, unregelmäßig zusammengesetzten **Platten**, deren Oberfläche glatt ist oder eine schwache radiale Ornamentierung von kleinen **Höckern** oder Runzeln aufweist. Die Anzahl der **Brachiolen** variiert von 8 bis 22, man nimmt aber an, dass die unterschiedlichen Spezies auch bis zu 44 Brachiolen haben konnten. Die **Stele** ist zumeist mit zahlreichen kleinen vieleckigen Platten besetzt und kann sich am unteren Ende so weit verbreitern, dass sie eine Haftscheibe bildet.

Visitenkarte

Klasse
Eocrinoidea

Familie
Eocrinidae

Stratigraphische Verbreitung
Kambrium

Geographische Verbreitung
Nordamerika

Stratigraphische und geographische Verbreitung: Diese Gattung ist auf das mittlere Kambrium in Nordamerika beschränkt. Auf dem ***Foto oben***: *G. palmeri* aus dem mittleren Kambrium, Idaho. Auf dem ***Foto unten***: *G. spiralis* aus dem mittleren Kambrium, Utah.

Anmerkung: Die *Gogia*-Spezies sind typische Vertreter der Klasse *Eocrinoidea*, die gemeinsam mit den Cystideen und Blastoideen zum Stamm *Blastozoa* gehört. Die Eocrinoideen sind stratigraphisch für eine nur relativ kurze Zeit vertreten, und zwar vom mittleren Kambrium bis zum mittleren Ordovizium. Sie entwickelten ein Skelett und waren aus **Stele**, **Theka** und **Brachiolen** zusammengesetzt. Die Theka dieser Stachelhäuter war kugel- oder birnenförmig und trug viele kleine Arme (Brachiolen); das Skelett bestand aus mehreren, meist fünf **Plattenreihen**, die von Kämmen überzogen waren.

Crinoidea (Crinoiden)

Die Crinoiden (Unterstamm Crinozoa) umfassen die Gruppe der sogenannten Seelilien und Haarsterne, deren ***Körper*** *aus einer fünfstrahlig-symmetrischen* ***Theka*** *(****Kelch****) besteht. Die Seelilien entwickeln einen Stiel, mit dem sie sich am Substrat festheften können, während die Haarsterne keinen Stiel aufweisen und vagil sind. Die Crinoiden umfassen mehr als 600 rezente und 5000 fossile Spezies.*

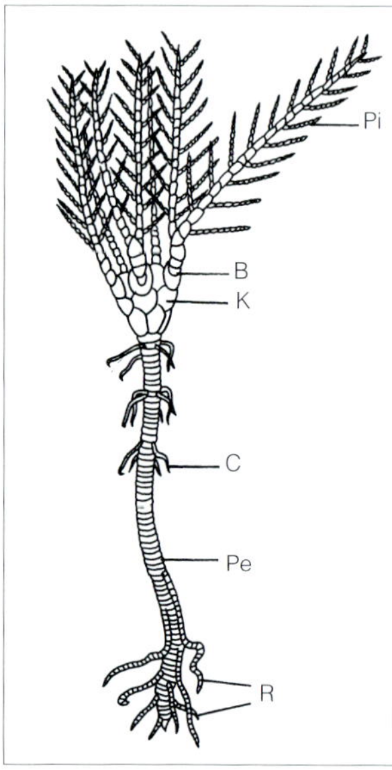

Rechts: *Rekonstruktion eines Crinoiden: B) Brachium (Arm); C) Cirren; K) Kalyx (Kelch); Pi) Pinnulae (Fiedern); Pe) Pedunculus (Stiel); R) Radix (Wurzel).* Unten: *Stielteile des Haarsterns* Scyphocrinites elegans *aus dem Devon von Marokko.*

ANATOMIE UND MORPHOLOGIE

Wie die Blastozoen unterscheiden sich auch die Crinoiden von anderen heute lebenden Stachelhäutern vor allem durch ihren körperlichen Aufbau und die Art der Nahrungsaufnahme. Während die meisten Stachelhäuter nach ihrer Nahrung auf dem Meeresboden oder im Sediment suchen, filtern die Crinoiden Plankton und Schwebstoffe aus dem Wasser und haben daher den ***Mund*** *auf ihrer Oberseite. Das Auf- und Einfangen der Nahrung vollzieht sich durch die Tätigkeit der* ***Arme****, welche kräftiger und größer sind als die Brachiolen (kleine Arme) der Blastozoen. Der größte Teil ihres* ***Körpers*** *besteht aus einem* ***Kalkskelett*** *und weist nur wenige Weichteile auf. Der* ***Kelch*** *ist aus zwei oder mehr* ***Plattenreihen*** *zusammengesetzt.* ***Mund*** *und* ***After*** *befinden sich auf der dem* ***Stielansatz*** *gegenüberliegenden Seite. Die Anzahl der Plattenreihen und der Platten je Reihe können variieren. Die fünf Platten an der* ***Basis*** *können bei den rezenten Haarsternen zu einer* ***Platte*** *verschmolzen sein. Die*

Oben: Encrinus liliiformis.
Unten: pyritisierter Crinoid aus dem Devon (Deutschland).

***Anzahl der Arme** variiert und beginnt mit fünf bei den ursprünglichsten Spezies. Die Arme können sich bei diversen Arten auch gabeln, sodass schließlich 80 bis 200 **Armglieder** vorhanden sind. Auch die Länge der Arme kann stark variieren. Die Stele ist unterschiedlich ausgeprägt und konnte bei einigen fossilen Formen bis zu 20 m (!) lang werden. Sie ist aus einer Reihe von Stielgliedern (**Columnaliae**) zusammengesetzt, welche in Sedimenten häufig als Fossilien auftreten.*

STRATIGRAPHISCHE VERBREITUNG UND LEBENSRAUM

Der Unterstamm Crinozoa *umfasst nur die Klasse* Crinoidea *und ist ausgehend vom mittleren Kambrium bis heute verbreitet. Die Crinoiden waren besonders in den Meeren des Paläozoikums stark vertreten, ihre Fossilien werden heute gerne für stratigraphische Datierungen herangezogen. Im Laufe ihrer Entwicklungsgeschichte bewohnten und bewohnen sie diverse marine Lebensräume, welchen sie sich auf vielerlei Weise angepasst haben. Neben der großen Zahl sessiler benthischer Spezies, die sich am Boden oder an schwimmenden Körpern verankern können, gibt es auch nektonische Formen, die sich frei im Wasser bewegen wie beispielsweise die rezenten Haarsterne, deren Vertreter großteils um etwa 200 m Tiefe leben; sessile Seelilien mit Stiel bewohnen heute meist Tiefen zwischen 200 und 1000 m; es gibt aber auch Spezies, die sich in noch tieferen Meeresbereichen aufhalten.*

Cyathocrinites

Visitenkarte

Klasse
Crinoidea

Ordnung
Cladida

Familie
Cyathocrinidae

Stratigraphische Verbreitung
Silur–Karbon

Geographische Verbreitung
Ganze Welt

Die Vertreter der Gattung *Cyathocrinites* haben becherförmige bis beinahe kugelförmige **Kelche**, die sich aus drei **Plattenreihen** zusammensetzen. Die Basis ist abgeflacht oder leicht gewölbt. Die **Radialplatten** sind quadratisch, die beweglichen Seitenplatten hufeisenförmig. Das **Tegmen** ist robust und trägt fünf breite **Oralplatten**. Die **Arme** sind relativ dünn und ein- oder mehrfach verzweigt, der **Stiel** ist im Querschnitt rund oder fünfeckig.

Stratigraphische und geographische Verbreitung: Diese Gattung ist ab dem mittleren Silur bis zum unteren Karbon nachgewiesen. Es wurden auch Funde aus Sedimenten des Perms gemeldet, die jedoch nicht sicher der Gattung zugerechnet werden können. *Cyathocrinites* war weltweit verbreitet. Auf dem ***Foto***: ein fast vollständig erhaltener *C. goniodactylus* mit Stiel, Kelch und Armen.

Anmerkung: Die Gattung *Cyathocrinites* gehört zur Unterklasse *Inadunata*, deren Vertreter verwachsene Rückenplatten und ein oder zwei Plattenreihen unter den Radialplatten besitzen. Der Mund und die Ambulakralfurchen sind mit Platten bedeckt.

Hypselocrinus

Visitenkarte

Klasse
Crinoidea

Ordnung
Cladida

Familie
Scytalocrinidae

Stratigraphische Verbreitung
Karbon

Geographische Verbreitung
Nordamerika

Diese sehr eleganten und zart gebauten Crinoiden besitzen eine hohe, schlanke **Armkrone**. Der **Kelch** ist höher als breit und besteht aus vieleckigen, breiten **Radialplatten** und ebenfalls recht breiten **Basalplatten**; im unteren Viertel befinden sich unterhalb der Basalplatten noch längliche Infrabasalplatten. Der eher dünne **Stiel** zeigt einen runden Querschnitt.

Stratigraphische und geographische Verbreitung: Die stratigraphische Verbreitung dieser Gattung ist sehr beschränkt. Funde von ihnen wurden ausschließlich aus dem unteren Karbon einiger Regionen in den Vereinigten Staaten gemeldet, woher auch das Exemplar auf dem ***Foto*** stammt.

Anmerkung: Alle Gattungen der Familie *Scytalocrinidae* haben wie die Gattung *Hypselocrinus* hohe, schlanke Armkronen, die aus langen, unverzweigten, mit Pinnulae besetzten Armen besteht. Diese Formen waren in den Meeren Nordamerikas im oberen Paläozoikum überaus verbreitet.

Saccocoma

Die **Körper** von Vertretern dieser Crinoidengattung bestehen aus einer kleinen **Armkrone**, die sich aus zarten **Armen** zusammensetzt. Ein Stiel fehlt. Der Kelch selbst wird aus fünf breiten **Radialplatten**, fünf kleineren **Basisplatten** und einer **zentralen Platte** gebildet, welche zusammen einen relativ großen, fast kugelförmigen Raum umschließen. Jede Radialplatte trägt einen zarten **Arm**, der sich teilt und dann weiter in noch feinere sekundäre **Zweige** gabelt. Es sind auch kleine, lang gezogene Platten vorhanden, die beim Schwimmen eingesetzt wurden.

Stratigraphische und geographische Verbreitung: Funde der Gattung *Saccocoma* wurden vom oberen Jura bis zur unteren Kreide aus Mitteleuropa, Nordafrika und Kuba gemeldet. Das Exemplar auf dem ***Foto*** gehört zur Spezies *S. pectinata* und stammt aus dem oberen Jura in Deutschland.

Anmerkung: Diverse *Saccocoma-Arten* kommen in den berühmten lithographischen Schiefern des oberen Jura von Solnhofen und in anderen sehr bekannten Lagerstätten Bayerns besonders zahlreich vor, wo sich Reste in sehr feinen strohgelben Kalksedimenten in ruhigen, seichten marinen Gewässern abgelagert hatten und dann fossilisiert wurden.

Visitenkarte

Klasse
Crinoidea

Ordnung
Roveacrinida

Familie
Saccocomidae

Stratigraphische Verbreitung
Jura–Kreide

Geographische Verbreitung
Europa, Nordafrika, Karibik

Encrinus

Die **Kelche** von Vertretern der Gattung *Encrinus* zeigen die Form eines auf dem Kopf stehenden Bechers und sind nicht sehr hoch, aber breit gebaut. Sie bestehen aus drei einander regelmäßig überlappenden **Plattenreihen** und sind fünfstrahlig-symmetrisch. Die Krone besteht aus zehn kräftigen, langen **Armen**, die eng aneinander liegen und auf ihrer Innenseite dicht mit **Pinnulae** besetzt sind. Der kräftige **Stiel** ist relativ lang und im Querschnitt rund.

Stratigraphische und geographische Verbreitung: Die Gattung *Encrinus* ist typisch für die mittlere Trias von Zentraleuropa, insbesondere von Deutschland. Das Exemplar auf dem ***Foto*** gehört zur Spezies *E. liliiformis* und stammt aus der mittleren Trias aus Deutschland.

Anmerkung: Fossilien dieser Gattung sind in der mittleren Trias besonders häufig in den als »Muschelkalk« bekannten Schichten vertreten. Sie stammen aus Kalkablagerungen der warmen, seichten Meere, die während der mittleren Trias weite Teile Europas bedeckten. Neben vielen Schalen von Weichtieren sind in diesen Sedimenten auch zahlreiche Überreste von Vertretern der Gattung *Encrinus* zu finden; darunter sogar relativ große, nahezu vollständig erhaltene Exemplare, bei welchen die meisten Platten des Kelchs der Arme und des Stiels in anatomisch richtiger Anordnung erhalten geblieben sind. Darüber hinaus sind fossile Fragmente dieser und anderer Crinoidenarten gelegentlich so zahlreich, dass sie die Hauptmasse des Gesteins ausmachen.

Visitenkarte

Klasse
Crinoidea

Ordnung
Cladida

Familie
Encrinidae

Stratigraphische Verbreitung
Trias

Geographische Verbreitung
Europa

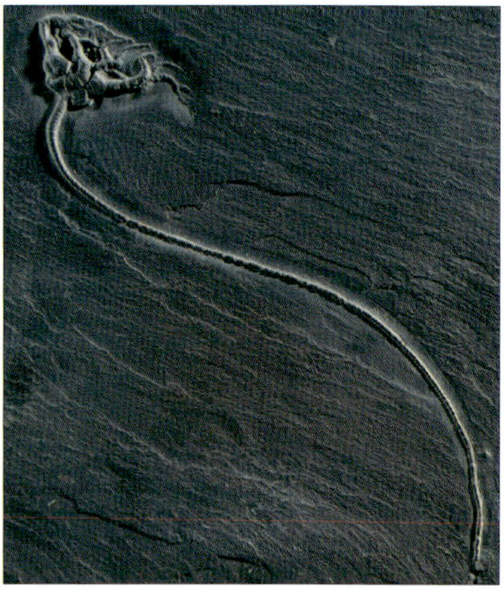

Oben: *Steinplatte mit zahlreichen Stielgliedern von Crinoiden der Gattung* Encrinus, *mittlere Trias, Tessin, Schweiz;*
oben links: *Stielfragmente von Crinoiden aus dem mittleren Jura, Deutschland;*
in der Mitte: *ein vollständig erhaltenes Exemplar der Art* Codiacrinus schultzeri*;*
links: *ein Kelch von* Platycrinites hermisphaericus *samt verzweigten Armen aus dem oberen Karbon, Indiana, Vereinigte Staaten.*

Graptolithina (Graptolithen)

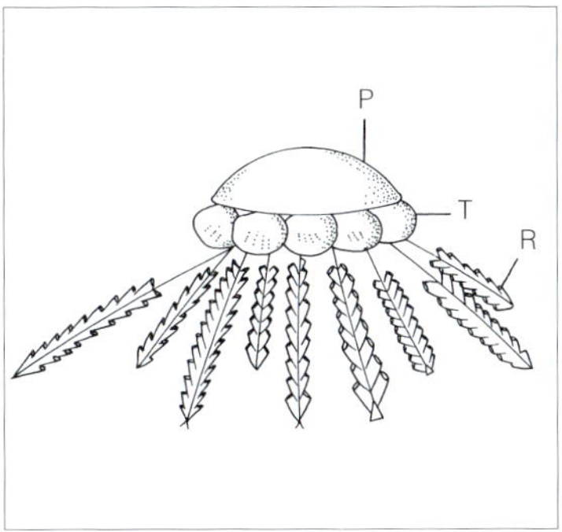

Die Graptolithen (Klasse Graptolithina*) repräsentieren eine Gruppe heute ausgestorbener mariner Lebewesen des Stammes* Hemichordata. *Es handelt sich ausschließlich um kolonienbildende Tiere, die sessil am Substrat festhaftend oder planktonisch lebten. Jede* ***Kolonie*** *besteht aus einem oder mehreren Ästen, den* ***Rhabdosomen****, deren Entwicklung von einer ersten Wohnkammer, der* ***Sicula****, ausgeht. Jedes Individuum der Kolonie lebte in einer kleinen Wohnröhre, der* ***Theka****. Die Klasse umfasst heute etwa 240 Arten und mehr als 1800 Spezies, die in sechs Ordnungen unterteilt sind. Die bekanntesten fossilen Ordnungen sind* Dendroidea *und* Graptoloidea. *Die* Dendroidea *waren zwischen dem Kambrium und dem Karbon weit verbreitet, die* Graptoloidea *waren typisch für die Zeitspanne zwischen Ordovizium und Devon.*

STRATIGRAPHISCHE UND GEOGRAPHISCHE VERBREITUNG

Die ältesten Fossilien von Vertretern dieser Klasse gehen auf das Kambrium zurück. Die Graptolithen erlebten jedoch erst im Laufe des Ordoviziums eine große Artenvielfalt und breiteten sich rasch in allen Meeren der Welt aus. Während des Ordoviziums und des Silurs stellten diese Tiere eine der Hauptkomponenten der marinen Fauna der fünf Kontinente dar. Während des Karbons vollzog sich ein langsamer, aber stetiger Rückgang dieser Klasse, die dann zu Ende dieser Periode endgültig erlosch.

Oben: *Rekonstruktion einer Kolonie schwimmender Graptolithen: T) Theken; P) Pneumatophore; R) Rhabdosomen.* Links: fossile Reste von *Graptolithen der Gattung* Spirograptus. Unten: Phyllograptus *sp.*

LEBENSRAUM

Fossile Überreste von Graptolithen sind in tonigen und kalkigen Sedimenten, in Mergel und Sandstein zu finden. Besonders viele Fossilien kommen in Tonmergelschichten vor, die von den Paläontologen als »Graptolithenschiefer« bezeichnet werden. Durch die Untersuchung dieser Lebewesen konnte man darauf schließen, dass es sich vorwiegend um benthische Formen handelte, wenn auch einige planktonische Arten bekannt sind. Außerdem konnte man herausfinden, dass diese Meeresbewohner im Allgemeinen in geringer oder mittlerer Tiefe mit anderen Tieren, wie Brachiopoden, Nautiloideen, Trilobiten und Crinoiden, zusammenlebten.

Monograptus

Visitenkarte

Klasse
Graptolithina

Ordnung
Graptoloidea

Familie
Monograptidae

Stratigraphische Verbreitung
Silur

Geographische Verbreitung
Europa

Die **Hauptäste** dieser Graptolithen sind einfach, nicht verzweigt, meist gerade und selten gekrümmt. Die **Theken** können verschieden geformt sein: konisch, zylindrisch oder in Form platter Röhrchen. Die Lage der Theken auf den **Rhabdosomen** variiert und stellt ein Unterscheidungsmerkmal zwischen den diversen Spezies dar. Die Theken können miteinander verbunden sein oder frei stehen.

Stratigraphische und geographische Verbreitung: Diese Gattung ist nur aus den Sedimentgesteinen des Silurs bekannt und liefert ausgezeichnete **Leitfossilien** für diese Periode. Bisher wurde sie nur in Europa nachgewiesen. Besonders viele Funde stammen aus Sardinien, wie z.B. das Exemplar auf dem ***Foto***.

Anmerkung: Diese Gattung gehört zur Familie *Monograptidae*, deren Vertreter verschieden geformte Theken und gerade oder gekrümmte Rhabdosomen aufweisen. Vertreter von *Monograptus* lebten planktonisch und trieben im offenen Meer durch das Wasser.

Dictyonema

Visitenkarte

Klasse
Graptolithina

Ordnung
Dendroidea

Familie
Dendrograptidae

Stratigraphische Verbreitung
Kambrium–Karbon

Geographische Verbreitung
Ganze Welt

Diese Graptolithen sind typische Vertreter der Familie *Dendrograptidae*. Sie bildeten **scheibenförmige** oder **konische** Kolonien mit fächerförmig angeordneten, gegabelten **Rhabdosomen**. Die Rhabdosomen waren im Allgemeinen sehr biegsam und nahezu parallel angeordnet.

Stratigraphische und geographische Verbreitung: Diese Graptolithengattung tauchte erstmals in den Sedimenten des unteren Kambriums auf und starb im unteren Karbon aus. Ihre Vertreter waren in allen Meeren der Welt verbreitet. Auf dem ***Foto***: *D. flabelliformis*.

Anmerkung: Die Gattung *Dictyonema* lebte benthisch, die Tiere verankerten sich mit Hilfe einer Haftscheibe am Substrat.

Die Fossilien und der Mensch

Die Bedeutung von Fossilien in der Geschichte der Menschheit

Fossilien haben die Aufmerksamkeit des Menschen immer schon – auch über das wissenschaftliche Interesse hinaus – auf sich gezogen, und sie tun dies auch heute noch. Viele Fossilien sind zweifellos ganz einfach schön anzusehen: Ammonitengehäuse können sehr elegant, ein fossilisierter Fisch auf einer Kalkschieferplatte überaus beeindruckend sein. Manchen Fossilien wurden in der Vergangenheit sogar Zauber- oder Heilkräfte zugeschrieben. Daher stellt die mannigfaltige Verwendung von Fossilien durch den Menschen ein äußerst interessantes Kapitel der Paläontologie dar.

Die älteste Nachweis darüber, dass Menschen ihre Aufmerksamkeit schon sehr früh auf Fossilien lenkten, geht auf das obere Paläolithikum zurück. So wurden in einigen Grotten in Frankreich Fossilien entdeckt, die zum Teil von weit entfernten Orten stammten. In der »Grotte du Trilobite« bei Arcy-sur-Cure wurden beispielsweise Trilobiten aus Mitteleuropa gefunden. Diese und andere Fossilien müssen die Fantasie unserer Vorfahren wegen ihrer schönen und sonderbaren Form ziemlich angeregt haben; sie stellten damals wie heute große Raritäten dar, und sie waren sicherlich kostbarer Besitz, sodass Fossilien schon zu jener Zeit über so große Entfernungen befördert und gehandelt wurden.

Unten: *fossilisiertes Zehenglied eines Bären, als Anhänger einer Kette durchbohrt; das Exemplar stammt aus dem Neolithikum aus Frankreich.*
Auf Seite 198 oben: *Pfeilspitze amerikanischer Indianer, hergestellt, aus einer fossilen achatisierten Koralle;*
unten: *Gagat aus dem Tertiär, Polen.*

Fossilien als Schmuck

Man findet heute nahezu überall in Auslagen von Juweliergeschäften Modeschmuck oder auch fein ausgearbeiteten echten Schmuck, bei dem Fossilien wie z.B. Ammoniten, Trilobiten, Haifischzähne oder Dinosaurierzähne als Broschen und Anhänger verarbeitet und in Edelmetall gefasst wurden. Die Verwendung von Fossilien als Schmuck ist schon sehr alt und geht bis auf das Paläolithikum zurück. In Frankreich wurden sehr schöne bearbeitete Fossilien aus Fundstätten des Neolithikums (Jungsteinzeit) gefunden, darunter Ammoniten oder andere Weichtierschalen, welche einst kunstvoll durchbohrt worden waren, um die Elemente einer Kette zu bilden. Die Indianer in Amerika und Völker, die im heutigen Marokko lebten, fertigten Ketten aus Stielgliedern fossiler Crinoiden. Diese kommen an einigen Orten in Sedimenten sehr zahlreich vor und waren durch Erosion bereits aus dem Sediment gelöst worden, sodass man sie nur aufsammeln musste. Diese Glieder sind von sehr regelmäßiger Form und haben ein Loch in der Mitte: ein Material, das ohne mühsame Bearbeitung ebenso wie die Scaphopoden-Schalen – lange Kegel mit Öffnungen an beiden Enden – sofort aufgefädelt werden konnte. Auch kleine, durchbohrte Seeigelgehäuse wurden gelegentlich als Perlen einer Kette verwendet.

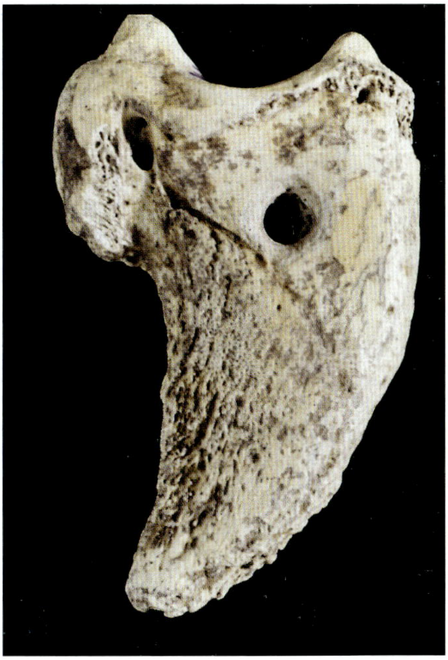

Fossilien als Rohmaterial

Fossilien dienten auch als Rohmaterial für kunstgewerbliche Arbeiten und andere Arten von Schmuckgegenständen. Sehr oft wurden wie gesagt fossile Weichtierschalen als Material für Halsketten und Anhänger verwendet. Einige Naga-Stämme in Burma stellten aus Schalenfossilien großer Weichtiere vieleckige Schmuckplatten her, in welche dekorative Muster eingraviert wurden. Im Süden der Sahara wurden die großen fossilen Schalen der Muschelgattung *Arca* dazu verwendet, um große rechteckige Schmuckgegenstände zu fertigen, welche die selteneren und sehr wertvollen Nilpferdzähne ersetzen sollten. Auch verkieselte Hölzer wurden häufig verwendet, um kunstgewerbliche Gegenstände oder Steineinlegearbeiten herzustellen. In Arizona werden relativ große runde Scheiben von verkieselten Baumstämmen mit wunderschönen Farben angeboten, die als Tischplatten Verwendung finden.
Viele kostbare Schmuckstücke werden aus Materialien erzeugt, die von fossilen Pflanzen stammen. Eines dieser Materialien ist Gagat (Pechkohle), einheitlich schwarzes, fossiles Holz, das man bearbeiten und polieren kann. Gagat kam in der zweiten Hälfte des 19. Jh.s im viktorianischen England in Mode, als Königin Viktoria ihren geliebten Gatten Albert verlor und zum Zeichen der Trauer nur schwarze Edelsteine trug – eben aus Gagat. Wegen seiner Seltenheit wurde dieses Material auch durch spezielles Glas oder Harz imitiert.

Oben: *Halskette aus Silber, Bernsteinkugeln, Korallen und Türkisen aus Ladakh.*
Vorhergehende Seite: *Bernsteinarbeiten aus der Römerzeit;* oben: *ein Bär aus einem Grab des 1. Jh.s n. Chr.;* unten links: *Amor und Psyche;*
unten rechts: *Dose aus dem 2. Jh. v. Chr.*

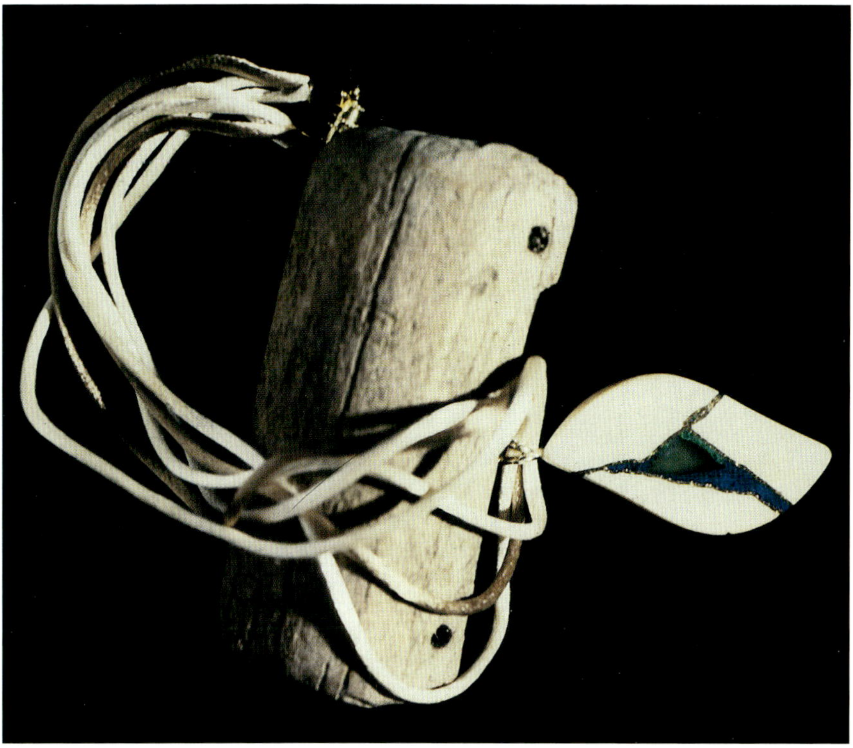

Moderner Anhänger aus Mammutelfenbein von Alaska und Gewicht für die Beschwerung eines Eskimonetzes, das aus der fossilen Rippe eines Walrosses gewonnen wurde.

Das am meisten geschätzte fossile Schmuckmaterial ist jedoch Bernstein, ein fossiles Harz, das von verschiedenen Pflanzenspezies stammen kann. Es wurde ab dem oberen Paläolithikum von Völkern, die an den Ufern des baltischen Meeres lebten, verwendet und gelangte dann in der Antike zu den großen Zivilisationen des Mittelmeeres. Bernstein gefiel den Mittelmeervölkern und war überaus gefragt. Es entstand ein regelrechter Handel am europäischen Kontinent, wodurch die damals geheimnisvollen Stämme des Nordens mit den Mittelmeervölkern in Kontakt kamen. Die Handelsroute, die so genannte »Bernsteinstraße«, verlief entlang der großen Flusstäler vom Norden bis zu den Alpen und dann entweder über die Poebene nach Italien oder nach Griechenland, und schließlich bis ins weit entfernte Ägypten. Bernstein war für Wertgegenstände aller Art äußerst gesucht; nach Plinius dem Älteren war der Preis einer kleinen, nur wenige Zentimeter großen Bernsteinstatuette höher als für einen kräftigen, gesunden Sklaven. Bernstein wurde auch eine heilende Wirkung zugeschrieben: eine Halskette aus solchem fossilen Harz zu tragen, sollte vor Halskrankheiten schützen; außerdem wurden Medikamente auf Bernsteinbasis zur Heilung von Magenkrankheiten verabreicht.
Bereits in der Römerzeit erzielte Bernstein mit eingeschlossenen Spinnen oder Insekten höhere Preise als Stücke ohne Einschlüsse. Im Laufe langer Zeiträume gelangte Bernstein aus dem Baltikum sogar nach Asien, bis nach China und in entlegene Gebiete des Himalaya. Auch heute ist Bernstein sehr gefragt; die größten Abbau- und Bearbeitungsstätten befinden sich nach wie vor im Baltikum. In den letzten Jahrzehnten wurde aber auch in Mexiko und in der Dominikanischen Republik viel Bernstein abgebaut.
Sehr selten zu finden ist heute der so genannte »Zahntürkis«, der meist in Ablagerungen von mit Vivianit imprägnierten Säugetierknochen gefunden wurde. Im Gegensatz dazu blüht der Handel mit fossilem Elfenbein, das hauptsächlich von

fossilisierten Mammutzähnen aus den Dauerfrostböden Alaskas und Sibiriens stammt, heute noch. Mammutelfenbein war schon immer zur Herstellung wertvoller Gegenstände verwendet worden und ist heute das einzige Elfenbein, das legal verkauft werden darf. Die rezenten Elefanten und Nashörner sind heute durch internationale Gesetze geschützt, welche die Jagd auf diese Tiere und darüber hinaus den internationalen Handel mit von lebenden Tieren stammendem Elfenbein verbieten.

Fossilien und die Medizin

Bei einigen Völkern fanden Fossilien auch für medizinische Zwecke Verwendung. Auf die angeblich heilende Wirkung von Bernstein wurde bereits hingewiesen. Er wird auch heute noch für viele Präparate verwendet, welche die Schulmedizin allerdings für wirkungslos hält. Am bekanntesten ist die Anwendung von Fossilien in der traditionellen chinesischen Medizin. Auf dem riesigen Gebiet Chinas gibt es viele Lagerstätten mit Dinosauriern aus dem Mesozoikum und von Säugetieren aus dem Tertiär. Ihre Zähne wurden für »Drachenzähne« gehalten und man schrieb ihnen heilende Wirkung zu. Daher wurde nach solchen Zähnen gesucht, um sie zu Pulver zu zermahlen und um daraus Medikamente herzustellen. Die chinesische Vertebraten-Paläontologie konnte von der traditionellen Medizin profitieren, denn zahlreiche Fossilienlagerstätten von Vertebraten wurden gefunden, indem man in traditionellen Apotheken nach »Drachenzähnen« aus der Gegend fragte und so zur Quelle gelangte. Auch die Geschichte der Entdeckung des so genannten »Pekingmenschen« steht damit in Zusammenhang. Dieser *Homo erectus* wurde 1930 unweit von Peking entdeckt, nachdem Wissenschafter seine fossilen Zähne in einer traditionellen Apotheke vorgefunden hatten.
In Mali, im Süden der Sahara, floriert diese Art der traditionellen Medizin auch heute noch; bei den farbenfrohen Marktständen werden Naturprodukte verschiedenster Art für die Schamanenmedizin angeboten. Es kann durchaus passieren, dass Besucher darunter beispielsweise in weißem Kalkkiesel fossilisierte Brachiopoden aus dem Mesozoikum finden. Die traditionelle Medizin in Indonesien wendet für spezielle Therapien Steinkerne von Lamellibranchiaten aus dem Tertiär mit eingeritzten arabischen Schriftzeichen an.

Innenseite einer Muschel mit Inschriften in Altarabisch. Solche Muschelschalen wurden in der traditionellen indonesischen Medizin verwendet.

Fossilien und Religion

Von vielen Religionen wurde Fossilien eine große symbolische Bedeutung beigemessen. Das mag wohl daran liegen, dass die Herkunft dieser »Steine« geheimnisumwittert war und dadurch die menschliche Fantasie angeregt wurde. Auch die Form von Fossilien konnte dafür ausschlaggebend sein und auf diese Weise wurde ein Fossil vielleicht zum traditionellen Symbol einer Gottheit, wie es beispielsweise bei der Spiralschale bestimmter Ammoniten in Nepal der Fall war. Selbst heute finden noch Pilgerfahrten in ein nepalesisches Tal statt, um dort *Salagama*, schwarze fossile Invertebraten (Ammoniten, aber auch Gastropoden, Lamellibranchiaten und andere) zu suchen. Die Fossilien sind dort in grauen, durch den Fluss abgerundeten Kieselsteinen enthalten, teilweise erodiert und nehmen verschiedene Formen an, die systematisch jeweils mit einem Namen versehen werden. Diese Kieselsteine werden auf die Hausaltäre gelegt, an denen die Gottheit angebetet wird. Sie dürfen nicht gehandelt werden, sondern höchstens anderen Gläubigen zum Zeichen der religiösen Teilnahme geschenkt werden.
Auch in der traditionellen christlichen Religion werden Fossilien als Reliquien aufbewahrt oder als Votivgaben geschenkt. Am bekanntesten ist das Zusammenspiel zwischen Fossilien und Religion am Beispiel der Ammoniten aus dem unteren Jura in Yorkshire, England. Entlang der Küste des Städtchens Whitby an der Nordsee gibt es ein ausgedehntes Gebiet mit Sedimentschichten, die von großer Bedeutung für die Erforschung des Jura sind. Besonders zahlreich sind hier Ammoniten des Erdalters Toarc (unterer Jura) zu finden: schwarze, in grauen Knollen enthaltene Fossilien. Die perfekte Spiralform der Ammonitengattung *Dactylioceras* führte im Mittelalter zum Glauben, dass es sich bei diesen Fossilien um die von der hl. Hilda vor langer Zeit versteinerten Schlangen handeln würde. Hilda war die Stadtpatronin von Whitby und hatte ihre Stadt vor der Geißel der gefürchteten Reptilien errettet, indem sie wundertätig diese Schlangen versteinerte und im Gestein einschloss.

Fossilien und Mythen

Die Legende von der hl. Hilda ist sicherlich nicht die einzige durch Fossilienfunde inspirierte Sage dieser Art. Fossilien wurden und werden weltweit gefunden und es liegt im Wesen des Menschen, eine Erklärung dafür zu finden, wie solche Tiere wohl in den Stein gekommen sein mögen. Vermutlich entstanden viele der griechischen und römischen Sagen aus der Antike durch einen Versuch, damit gewisse Fossilienfunde zu erklären. Eine der bekanntesten Geschichten ist zweifellos jene von den Zyklopen, das sind Riesen mit nur einem, mitten auf der Stirn sitzenden Auge, welche – wie Homer in der *Odyssee* erzählt – die westlichen Abhänge des Ätna auf Sizilien bewohnten. Ihr Führer war der unglückliche Polyphem. Man muss dazu wissen, dass in sizilianischen Höhlen eine große Anzahl von Fossilienlagern mit Elefantenskeletten gefunden wurden. Die damaligen Bewohner Siziliens kannten diese kolossalen Tiere nicht und standen nun vor riesigen Knochen und maßlos großen Schädeln mit einer großen Öffnung auf der Stirn – und zwar für den Rüssel der Elefanten. Nachdem man zu jener Zeit weder Elefanten noch deren anatomischen Aufbau kannte, nahmen die Ureinwohner an, dass das Loch eine große Augenhöhle gewesen sein musste. Vom Auffinden dieser Fossilien war es dann nur ein ganz kleiner Schritt zu der Vorstellung, dass es sich dabei um Skelette von Riesen mit nur einem Auge handelt.
Ein weiteres Ungeheuer aus der Antike, das häufig dargestellt wurde, der Vogel Greif, hatte einen Vogelkopf und Flügel, aber den Körper eines Löwen. Auch hier stellte man sich die Existenz eines fantastisches Wesens vor, und wieder war der Auslöser dafür ein Fossilienfund.

Eine Drachenskulptur, aufgestellt in der Verbotenen Stadt, Peking.

Als einst Goldsucher in gänzlich unbewohnte Regionen Zentralasiens vordrangen und Gebiete mit Goldlagerstätten entdeckten, in deren Nachbarschaft sich auch zahlreiche Fossilienlager mit Dinosaurierskeletten befanden, welche durch die Erosion freigelegt worden waren, suchten sie wahrscheinlich sogleich nach einer Erklärung dafür. Sie fanden dort zahlreiche Skelette von »Papageienschnabel«-Dinosauriern, die einen schnabelartigen, zahnlosen Mund und stark verlängerte Schulterblätter, die an knöcherne Flügel erinnerten, besaßen. So entstand die Legende von den schrecklichen geflügelten Monstern, die, halb Vogel, halb Löwe, die Goldminen bewachten. Drachen gehören zur religiösen Kultur vieler Völker Eurasiens; zweifellos basierte die Vorstellung vom Aussehen dieser fantastischen Tiere auf Skelettfunden von großen Wirbeltieren. Es ist bekannt, dass Drachen in der Kultur fernöstlicher Völker eine große Rolle spielen, aber selbst in Europa sind diese furchterregenden sagenhaften Wesen nicht unbekannt. Die österreichische Stadt Klagenfurt führt einen Drachen als Wahrzeichen und Wappentier, dem zu Ehren im Zentrum ein Denkmal gesetzt wurde. Das Monument wurde im 17. Jh. errichtet, nachdem man einen vermeintlichen Drachenschädel in einer nahegelegenen Sandgrube entdeckt hatte. In Wirklichkeit war dies jedoch der Schädel eines Wollnashorns, eines ausgestorbenen Säugetiers, das während der letzten Eiszeit in Europa gelebt hatte. Überall auf der Welt trifft man noch auf Mythen und Legenden, die mit Hilfe der »Volksweisheit« den Ursprung von sonderbaren »Steinen« und anderen mysteriösen Naturbildungen zu erklären versuchen.

Sammeln von Fossilien

Der Sammeltrieb ist den meisten Menschen angeboren. Darüber hinaus besteht eine natürliche Neugier und der Drang interessante Dinge zu erwerben und zu bewahren. Es kann uns also keineswegs überraschen, dass bereits in den Höhlen des Paläolithikums erste Spuren von menschlicher Sammlertätigkeit nachgewiesen werden können: Mineralien, Fossilien und Muschelschalen erweckten die Aufmerksamkeit unserer Vorfahren, wurden gesammelt und, weil sie so selten waren, wie kleine Schätze aufbewahrt. Später wurde das Sammeln naturkundlicher Objekte zum Vorrecht des Adels und der Kirche. Ab dem 16. Jh. entstanden Naturalienkabinette – oder besser gesagt, bunt durcheinander gewürfelte Sammlungen verschiedenster Objekte – die als »Wunderkammern« bezeichnet wurden und die Vorreiter unserer heutigen modernen Museen waren. Diese Sammlungen von Adeligen oder Gelehrten wurden gegründet, um Wissen zu sammeln und zu verbreiten. Ihre Objekte bildeten die Basis für die Entwicklung naturwissenschaftlicher Studien. Ständige Fortschritte innerhalb der Wissenschaften und die koloniale Expansion Europas veränderten nach und nach auch Art und Umfang der Sammlungen. Aus allen Teilen der Welt kamen nun neue und gänzlich unbekannte Formen nach Europa, welche die Wissenschaft zu ihren Forschungsobjekten machte. Um die Sammelobjekte richtig aufzubewahren, systematisch zu ordnen und sie für Forschung und Lehre zugänglich zu machen, wurden schließlich die großen Museen, wie z.B. in Paris und in London, aufgebaut. Diesen folgten bald viele weitere in den großen Städten des Kontinents.
Die meisten öffentlichen Sammlungen profitierten im Lauf der Zeit auch von privaten Sammlern; nicht wenige Wissenschafter und auch begeisterte Laien häuften zum Teil bedeutende Kollektionen an, die nach ihrem Tod oft an Museen gelangten und deren Besitz vermehrten. Die private Sammlertätigkeit weitete sich im letzten Jahrhundert noch stärker aus, größerer Wohlstand, bessere Schulbildung und die »Entdeckung« der Freizeit, die nun nicht mehr Vorrecht einiger weniger war, führten zum Umsichgreifen jeder Art von Sammlertum, und vermehrt auch zum Sammeln von Fossilien. Materialien für eine Kollektion zusammenzutragen ist an sich eine positive, legitime Handlung, die sich jedoch nicht selten an Erfordernissen wissenschaftlicher Art, beispielsweise an der richtigen Konservierung, stoßen kann. Die Gier nach Präparaten von seltenen Tieren für öffentliche und private Sammlungen kann heute sogar die Existenz ganzer Spezies, von denen nur noch wenige Individuen existieren, gefährden. Ebenso kann das wahllose Herausbrechen von Fossilien Schäden an kleineren Lagerstätten verursachen, die eine zukünftige Erforschung beeinträchtigen oder unmöglich machen können. Daher wurden in vielen Staaten beizeiten Naturschutzgesetze erlassen, welche in mehr oder weniger restriktiver Weise die Fossiliensuche von privaten Sammlern regulieren.

Suchen und Auffinden von Fossilien

Fossilien kommen im Allgemeinen in Sedimentgesteinen eingeschlossen vor, daher richten interessierte Paläontologen und Sammler ihr Augenmerk besonders auf solche Gesteinsschichten. Häufig wird von Laien die Frage gestellt, woher man wisse, ob in einem bestimmten Gestein oder an einem bestimmten Ort Fossilien vorhanden seien. Tatsächlich ist es keinesfalls möglich, ohne vorhergehende Entdeckung erster Fundstücke zu behaupten, dass ein Sediment Fossilien enthält. Eine solche Entdeckung kann zumeist ganz zufällig geschehen: im Gestein eingebettete Fossilien werden einerseits häufig durch Erosion freigelegt oder fossilienführende Ablagerungen können durch Felsstürze bzw. durch Grabarbeiten zum Vorschein gelangen. Auch Sprengungen und Aufschlüsse für den Straßen- und Brückenbau führen nicht selten zu Zufallsfunden. Sobald sichergestellt ist, dass eine bestimmte Gesteinsschicht Fossilien führt, kann eine gezielte Nachsuche in gleichartigen Sedimentschichten der Nachbarschaft durchgeführt werden. Ein Musterfall solcher Art war die Entdeckung der berühmten Lagerstätten aus der oberen Trias von Bergamo und Brescia. Dort stieß man auf eine sehr mächtige Kalkformation, den so genannten Zorzino-Kalkstein, der bis in die 70er-Jahre des 20. Jh.s für eher fossilienarm gehalten worden war, bis ein Felssturz in der Nähe eines Kalksteinbruchs in Cene (Val Brembana) eine Reihe von sehr interessanten Fossilien freilegte. Daraufhin wurden an zahlreichen Stellen in den Zorzino-Kalken Suchgrabungen durchgeführt, durch die eine reiche Fauna mit vorzüglich erhaltenen Krebstieren, Fischen und Reptilien freigelegt wurde, worunter sich auch die ältesten der bis jetzt bekannten Flugreptilien (Pterosaurier) der Welt befinden.

Fossiliensuche in einer Kreidekalkschicht in Pietraroia (Italien). Der »Parco Geopaleontologico« *dieser kleinen Ortschaft ist eine der wichtigsten und ergiebigsten italienischen Fossilienlagerstätten.*

Bergung von Resten eines fossilen Krokodils aus dem Paläozän aus weichem Sand in Mali.

Grabungen

Die Bergung eines Fossils ist wohl der heikelste Vorgang auf dem Weg eines Fundstücks vom Sediment in eine Sammlung. Wenn während dieser Phase nicht behutsam vorgegangen wird, können einerseits viele wichtige Informationen für die wissenschaftliche Erforschung des Umfelds verloren gehen und andererseits auch das Fossil selbst schwer beschädigt oder sogar unwiederbringlich zerstört werden.

Die klassischen Werkzeuge der Paläontologen und Sammler sind Hammer und Meißel, die aber je nach Situation durch andere gröbere oder feinere Werkzeuge ersetzt werden müssen. Die Art der Nachsuche kann variieren und hängt von vielen Faktoren der Umgebung von Fossilien ab, etwa von der Art des Gesteins, das beispielsweise aus hartem, kompaktem oder geschichtetem Kalkstein, und in anderen Fällen wiederum aus losem Sandstein oder brüchigen Tonmergeln bestehen kann. Die Lage des Gesteins und die Neigung der Gesteinsschichten können ebenso wie der Standort einer Fossilienlagerstätte (in der Ebene, einem Steinbruch, am Fuß eines Gebirgskamms) die Art und Weise der Nachsuchung beeinflussen. Auch die Qualität der Fossilien, nach denen gesucht wird, kann die weiteren Vorgänge bestimmen. Es ist sicherlich nicht besonders schwierig, Steinkerne eines Ammoniten mit Hammer und Meißel aus einer Kalkmergelschicht zu lösen, viel aufwändiger ist es hingegen, ganze Steinplatten oder sehr große Fossilien aus dem Felsen zu brechen, wofür eine weitere technische Ausstattung mit Bohrhämmern, Keilen und Brechstangen unverzichtbar ist. Die Bergung von großen Reptilien- und Säugetierskeletten erfordert sogar die Errichtung von regelrechten Baustellen. Bei Grabungen in großflächigen Lagerstätten müssen oft riesige Massen von darüber liegendem Material abgeräumt werden, um so die Chance auf interessante Fossilienfunde zu erhöhen. Ganz besonders wichtig ist die genaue wissenschaftliche Dokumentation schon vom Beginn der Bergungsarbeiten an, die für weitere wissenschaftliche Forschungsarbeiten unerlässlich ist. So müssen der ge-

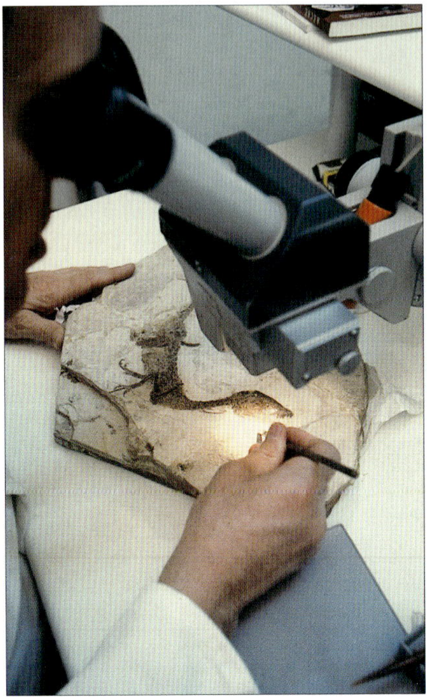

naue Fundort, die Gesteinsschicht selbst (meist werden die Schichten nummeriert), und die genaue Lage des Fundstücks innerhalb dieser Schicht, also ob es weiter oben oder unten eingebettet war, dokumentiert werden. Als sehr nützlich erweist sich dabei ein penibel geführtes Fundtagebuch. Die Dokumentation ganz wichtiger Daten ist für eine spätere erweiterte Forschungsarbeit an Fossilien nahezu unerlässlich: 1. die genaue stratigraphische Lage des Fossils; 2. die Nähe anderer Fossilien und 3. die Art des Gesteins.
Bei manchen Bergungsarbeiten ist es wichtig, rasch Sicherungsmaßnahmen an den Funden durchzuführen, denn viele sehr zarte und zerbrechliche Fundstücke müssen, möglicherweise mit Bindemitteln versehen, verpackt oder anderweitig behandelt werden, damit sie nicht zerbrechen, durch Austrocknen der Hülle zerkrümeln oder durch Erschütterungen beim späteren Transport beschädigt werden.

Präparation von Fossilien

Oben: *Feinpräparation eines Fossils unter dem Stereomikroskop.*
Rechts: *ein fossilisiertes Reptil aus der Trias, noch kaum präpariert, Besano.*
Gegenüberliegende Seite, oben: *dasselbe Reptil nach der gelungenen Präparation;*
unten: *Verstärkung einer fossilführenden Steinplatte in einer Spezialwerkstatt.*

Die »Präparation« eines Fossils umfasst einerseits die Entfernung des umgebenden Muttergesteins und andererseits auch eine eventuelle Restaurierung und Festigung seiner Teile. Die Präparation ist immer eine sehr heikle Angelegenheit, die zumeist in einer Werkstätte mit recht einfachen Werkzeugen ausgeführt wird, deren behutsame Durchführung aber überaus wichtig ist. Nicht selten sind in Kollektionen auch Fossilien zu entdecken, welche zwar die Bergung heil überstanden hatten, dann aber ganz oder teilweise durch eine grobe und unpräzise, oder schlichtweg ungeschickte Präparation bzw. auch durch die Verwendung von unpassenden Werkzeugen, wie Nägeln oder Schraubenziehern, irreparabel beschädigt wurden. Am häufigsten angewendet wird die mechanische Präparation, wobei die beschriebenen Werkzeuge zum Entfernen des Muttergesteins eingesetzt werden. Gelegentlich wird auch eine chemische Präparation vorgenommen, wobei das umgebende Gestein dann mit Hilfe von Säuren, z.B. zur Freilegung von verkieselten Fossilien, entfernt wird.

Für eine gute mechanische Präparation benötigt man eine Lupe, am besten eine Kopfbandlupe, die es ermöglicht, beide Hände frei zu halten. Für besonders zarte, kleine Fossilien ist ein Stereomikroskop mit 40-facher bis 60-facher Vergrößerung unerlässlich. Zu den meist verwendeten Werkzeugen zur Feinpräparation gehören kleine Meißelchen, Skalpelle, Mikrobohrmaschinen und Mikrosandstrahlgebläse mit Sand verschiedener Konsistenz und Körnung.
Diese Arbeiten erfordern eine gewisse Geschicklichkeit und darüber hinaus natürlich auch gute anatomische Kenntnisse der zu präparierenden Fossilien.

Beispiel für eine vorbildliche Sammlung mit gut geschützten und geordneten Sammlungsstücken. Es handelt sich hier um Dinosaurierzähne.

Will man sehr gute Resultate erzielen, so kann die Präparation viel Geduld und Zeit in Anspruch nehmen – denn schon ein einziger unbedachter Handgriff kann die aufwändige Arbeit vieler Stunden zerstören.
Eine chemische Präparation ist dann möglich, wenn das Fossil aus anderen, recht säurefesten mineralischen Komponenten besteht als das umgebende Gestein. Dies scheint zwar eine ziemlich einfache Arbeit zu sein, verschlingt aber dennoch viel Zeit, wenn die Fundstücke dabei nicht beschädigt werden sollen. Als ersten Schritt taucht man das Fossil samt Muttergestein in eine verdünnte Säurelösung, die man einige Stunden einwirken lässt. Dann nimmt man das Fundstück heraus und gibt es mehrere Stunden lang in reines Wasser, damit daraus alle Säurereste entfernt werden. Nun lässt man das Stück gut trocknen und imprägniert den durch die Säure freigelegten Fossilienteil mit einer geeigneten Schutzschicht. Danach werden die Vorgänge solange wiederholt, bis das Fossil komplett vom unerwünschten Material befreit ist.

Die Aufbewahrung in Sammlungen

Nachdem die Präparation abgeschlossen ist, kommt das Fossil zur Aufbewahrung in einen passenden Kollektionskasten, um es so vor Beschädigungen zu schützen. Das Fundstück bekommt auch eine Inventarnummer, welche gemeinsam mit dem Fossil aufbewahrt werden sollte. Darauf müssen die Nummer des Exemplars sowie weitere wichtige Informationen vermerkt sein, wie das Ergebnis der Bestimmung, die Herkunft, die stratigraphische Lage, der Name des Finders und so weiter. Die Eckpunkte einer übersichtlichen Sammlung unterscheiden sich dem Wesen nach in einer privaten und einer öffentlichen Sammlung nicht: optimale Platzeinteilung, passendes Mobiliar, größtmögliche Ordnung und möglichst einfache und übersichtliche Einteilung. Die Probleme des kleinen Sammlers, der dafür geeignete Plätze in seiner Wohnung erst finden muss, bleiben auch den Leitern großer wissenschaftlicher Sammlungen in Museen nicht erspart. Dort werden Hunderttausende (wenn nicht Millionen) von Fundstücken aufbewahrt, die immer wieder als Leihgaben für Ausstellungen oder zum Zwecke der Forschung ihren Standort wechseln, ohne größte Ordnung droht hier in kürzester Zeit größtes Chaos.

Ausstellungen, Messen und Veranstaltungen

In den meisten Industrieländern der Welt werden heute regelmäßig Ausstellungen, Börsen und Messen organisiert, auf denen Interessierte nicht nur Fossilien selbst, sondern auch Fachbücher und all das finden können, was sonst noch das »Sammlerherz« begehrt. Das Ausmaß solcher Ausstellungen reicht von kleinen Tauschmessen in einem Dorf bis zu großen, international organisierten Messen mit großem Publikum. Im Allgemeinen richten sich heute diese Veranstaltungen zumeist an die Liebhaber von Mineralien und Fossilien. So gibt es etwa in vielen Ländern Tauschmessen, die von lokalen Kulturvereinen veranstaltet werden. Dort können passionierte Sammler seltene Exemplare für ihre Kollektion käuflich erwerben oder ihre eigenen Stücke gegen jene anderer Enthusiasten tauschen. Des Weiteren gibt es auch größere Veranstaltungen in Messehallen, die von in- und ausländischen Händlern besucht werden und ein sehr breites Angebot bieten. Hier werden auch relativ teure rare Fundstücke zum Kauf angeboten. Die wichtigste europäische Messe findet alljährlich im Herbst in München statt. Ein weiteres Großereignis ist die Messe in Sainte-Marie-aux-Mines in Frankreich. Auch in Italien werden Messen in Bologna, Verona und Turin abgehalten. Die Messezeiten können sich dabei ebenso wie das Niveau der Ausstellungsstücke von Jahr zu Jahr ändern und richten sich auch nach der Marktentwicklung. Sehr viele Fossilienmessen werden in Nordamerika, besonders in den Vereinigten Staaten, abgehalten. Dort findet jedes Jahr im Februar die »Messe der Messen«, eine internationale Veranstaltung auf Weltniveau in Tucson, Arizona, statt. Die Messe von Tucson ist ein ganz besonderes Ereignis der internationalen Geopaläontologie, die man als Händler, Besucher oder leidenschaftlicher Sammler keinesfalls versäumen sollte. Sie entwickelte sich in den letzten Jahrzehnten stetig und hat sich auf einen immer

Aussteller und interessierte Besucher auf der Messe von Tucson, der weltweit größten und wichtigsten Messe für Fossilien- und Mineralienliebhaber.

Bei der jährlichen Messe von Tucson dürfen auch große Ausstellungsstücken niemals fehlen.

größeren Raum ausgeweitet, um schließlich die meisten Hotels, Pensionen, Plätze, Straßen und Hallen im Zentrum der Stadt einzunehmen. Jeder nur mögliche Ort, sogar Hotelzimmer werden während dieser Zeit in Ausstellungsräume umgewandelt. Hier kann der Liebhaber alles finden – vom Haarstern bis zum kompletten Dinosaurierskelett. Um die Vielzahl der Exponate zu studieren, scheint eine Woche kaum ausreichend, denn im Angebot finden sich neben Fossilien auch viele Mineralien, Juwelen, Schmuck, völkerkundliche Materialien, Werkzeuge, Apparaturen und alles, was das Herz begehrt.

Verfälschte und gefälschte Fossilien

Der lebhafte Fossilienmarkt, der von privaten und öffentlichen Sammlern unterhalten wird, bringt wie auch jeder andere Markt so manche Schattenseite mit sich, weswegen man beim Kauf der angebotenen Stücke besondere Vorsicht walten lassen sollte. So kann es geschehen, dass Fundstücke aus Ländern angeboten werden, in denen der Abbau von Fossilien verboten ist. Um nicht unvorsichtigerweise an illegale Materialien zu gelangen, muss sich der Käufer ausreichend darüber informieren, ob der Verkäufer das Stück legal besitzt und auch verkaufen darf. So verbietet beispielsweise das Gesetz in einigen Ländern den Handel mit Fossilien; in den Vereinigten Staaten ist das Graben nach Vertebraten-Fossilien auf Staatseigentum verboten; aus Madagaskar darf man keine Fossilien exportieren, die nicht im Land bearbeitet wurden.

Darüber hinaus ist es möglich, verfälschte oder gefälschte Fossilien im Handel anzutreffen. Schöne und makellose Fundstücke werden von den Sammlern natürlich am meisten geschätzt, sind aber selten und teuer. Ein Fossil kann durch Ersetzen eines fehlenden Teiles – z.B. ein Knochenstück oder Schalenteil – durch Gips oder Harz, oder durch Einfärben, verfälscht worden sein, um das Fundstück einheitlicher erscheinen zu lassen und um damit einen höheren Preis zu erzielen. Wenn diese Retusche vom Verkäufer angegeben wird und der Käufer damit einverstanden ist, wird auch nichts dagegen einzuwenden sein, vorausgesetzt, dass die Retusche das Fossil selbst nicht beschädigt hat und auch wieder rückgängig gemacht werden kann. Es gibt aber auch raffinierte Fälschungen von Fossilien – hier handelt es sich eindeutig um Betrug. Außer auf Messen kann man auch in Touristengebieten recht häufig auf solche Fälschungen treffen.

Im Allgemeinen wird die Verbreitung von Fälschungen dadurch gefördert, dass viele Käufer schöne Stücke (die als Originale selten und teuer sind) zu einem geringen Preis erwerben wollen. Die in den Süden Marokkos reisenden Touristen kaufen beispielsweise Tausende von makellosen Trilobiten, jeden davon um wenige Euro. Sie haben keine Ahnung, dass perfekte Trilobiten-Exemplare sehr selten sind und eine lange Präparation erfordern, was sich natürlich auf den Preis auswirkt: um so wenig Geld kann man dort höchstens eine mitunter sehr gute Nachbildung erwerben.

Auf weitere Fälschungen trifft man häufig bei Bernstein mit organischen Einschlüssen, denn schon in der römischen Antike erhöhte so ein Einschluss den Wert des Stücks.

Gefälschter Trilobit aus Marokko. Die gut erhaltenen echten Exemplare sind selten und erfordern eine lange und sorgfältige Präparation. Sie könnten niemals für wenige Euro angeboten werden.

Fälschungen werden in Touristenzentren überaus häufig angeboten.
Rechts: *falsche Trilobiten aus Bolivien.*
Unten: *rezente Seesterne, in Ton eingebacken.*

Heute werden für ein echtes Stück Bernstein mit einem eingeschlossenen kleinen Reptil mehrere zehntausend Dollar geboten. Aus diesem Grund werden auf Messen oder Märkten, besonders in Ländern, in denen Bernstein abgebaut wird, nicht selten Tiereinschlüsse in bernsteinähnlichen Harzen angeboten. Es ist daher ratsam, bei vertrauenswürdigen Händlern einzukaufen, oder die Stücke, für die man sich interessiert, von einem Fachmann genau prüfen zu lassen.

Glossar

Ambulakralfüßchen: Ausstulpungen des Wassergefäßsystems bei den Stachelhäutern, welche sich strecken, zusammenziehen und an der Unterlage festheften können, um so eine Fortbewegung des Lebewesens zu bewerkstelligen. Sie ragen meist paarweise aus den Ambulakralplatten und liegen in Doppelreihen auf den Ambulakralregionen.

Ambulakralgefäßsystem: Wassergefäßsystem bei den Stachelhäutern mit meist doppelreihig und radial entlang der Ambulakralfelder angeordneten Ambulakralfüßchen.

Antennen: Paarige gegliederte Extremitäten des Kopfes bei den Gliederfüßern. Sie sitzen bei den Insekten auf dem zweiten und bei den Krebstieren, welche zwei Antennenpaare besitzen, auf dem zweiten und dritten Kopfsegment. Sie dienen der taktilen und chemischen Wahrnehmung und werden von manchen kleinen, niederen Krebstieren auch zum Schwimmen eingesetzt.

Ascon-Typ: Gruppe von einfach gebauten Schwämmen, bei welchen mittels Osculum eine direkte Verbindung vom Gastralraum nach außen besteht.

Außenskelett: Skelett der Arthropoden, das sich als Hülle außerhalb der Weichteile des Körpers befindet. Es wird aus Chitin und anderen organischen Substanzen gebildet, welche zusammen mit Mineralbestandteilen dem Körper eine beachtenswerte Robustheit verleihen können (Panzer). Es bietet eine gute Voraussetzung, als Fossil konserviert zu werden.

Benthos: Gesamtheit der über, auf oder im Boden bzw. im Uferbereich von Gewässern lebenden pflanzlichen und tierischen Organismen.

Bioherme: Sedimentstruktur, die durch das Wachstum lebender Organismen gebildet wird, z.B. Korallenriffe.

Brachidium: Verschieden geformte lamellenartige Struktur bei den Armfüßern, die zur Unterstützung der Lophophoren dient.

Byssus: Organische, fadenartige Strukturen einiger Lamellibranchiaten; die Byssusfäden werden mit Hilfe einer Drüse ausgeschieden und von Muscheln benützt, um sich an Hartteilen festzuheften.

Carapax: Mehr oder weniger schildförmiger Teil des Panzers von Krebstieren, welcher Kopf und Rücken oder bisweilen den ganzen Körper der Tiere bedeckt.

Cephalon: Der Kopfbereich von Trilobiten und anderen Gliederfüßern.

Cephalothorax: Die aus Kopfteil und Brustabschnitt verwachsene Region bei Gliederfüßern.

Columella: Schalenachse eines Schneckengehäuses, welche durch die aneinander liegenden Umgänge gebildet wird.

Columnaliae (Stielglieder): Die einzelnen Elemente des Stiels der Crinoiden (Seelilien), welche fossil oft in großer Anzahl im Sediment verteilt sein können.

Cystid: Ein Stock von Einzeltierchen bei der Gruppe Moostierchen (Bryozoen), in dem die Einzeltierchen (Zooide) vereint leben.

Fossilien, lebende: Tier- und Pflanzenspezies, die sich seit vielen Millionen Jahren kaum verändert haben.

Furka: Paariger Schwanzanhang des Telson von Krebstieren, welcher verschiedene Formen aufweisen kann.

Fuß: Organ der Weichtiere, ein Muskel in Form einer bauchseitigen Platte, welcher bei den Schnecken zum Kriechen und beilförmig bei den Lamellibranchiaten (Muscheln) zum Graben verwendet wird (die Lamellibranchiaten werden deshalb auch als Pelecipoden – vom griechischen Wort für »Beilfuß« – bezeichnet). Bei den Kopffüßern bildet der Fuß tentakelförmige Arme mit Saugnäpfen und den Sipho.

Geißeln: Fadenartige, lange Fortsätze, die typischerweise bei Protozoen und Schwämmen vorkommen. Bei den Arthropoden werden z.B. auch die Antennen einiger Krebstiere wegen ihrer Form, Länge und Flexibilität als Geißelantennen bezeichnet.

Geißelzellen (Kragengeißelzellen): Mit Geißeln versehene Zellen, welche die zentralen Hohlräume der Schwämme (den Gastralraum) auskleiden und zur Ernährung dienen.

Glabella: Der konvex erhöhte Mittelteil des Cephalon (Kopfteil) der Trilobiten, welcher zwischen den Wangen liegt.

Gladius: Die innere, lang gestreckte und schwertförmig flachgedrückte Versteifung vieler Coleoiden (z.B. von Tintenfischen und Kalmaren).

Kammer: Bei den Kopffüßern mit äußerer Schale (Gehäuse), wie den Nautiloideen und Ammoniten sind die einzelnen Kammern der Schale durch Scheidewände getrennt. In der letzten, nach außen offenen Kammer befindet sich der Weichkörper des Tieres (Wohnkammer).

Kelch: Das Kalkskelett (Theka), welches bei den Stachelhäutern wichtige Weichteile des Körpers umhüllt.

Kiel: Eine vorspringende und lang gezogene Struktur, wie etwa der Rückenkiel der Ammoniten oder der Kiel auf dem Carapax mancher Krebstiere.

Klappe: Teil des Gehäuses, welches den Körper eines Lebewesens ganz oder teilweise umschließt. Das Gehäuse kann aus einem Teil, aber noch häufiger aus einer Verbindung mehrerer, ähnlicher Teile bestehen. Der Körper der Muschelkrebse, der Muscheln und der Armfüßer wird beispielsweise von je zwei Klappen umschlossen.

Kolonie: Gemeinschaft von Organismen, welche miteinander in einem Stock leben und in ihrer Abstammung auf ein Individuum zurückgehen.

Kommissur: Verbindungslinie zwischen den beiden Klappen einer Schale.

Korallit: Das Korallenskelett eines einzelnen festsitzenden Polypen.

Laterne des Aristoteles: Die Bezeichnung für den aus fünf »Zähnen und dem Halteapparat« bestehenden Kauapparat von Seeigeln. Diese Zähne ragen teilweise aus dem Mund nach außen; die Laterne bildet eine fünfeckige Pyramide.

Leitfossilien: Fossile Spezies, die für einen bestimmten Zeitabschnitt der Erdgeschichte kennzeichnend sind. Geeignet sind möglichst kurzlebige, weit verbreitete und nur in bestimmten Gesteinsschichten vorkommende Formen mit schneller Evolution. Dadurch können relative Altersbestimmungen verschiedener Gesteine vorgenommen und geographisch weit voneinander entfernte Sedimentablagerungen verglichen und zeitlich zugeordnet werden. Viele Arten von Protozoen und Invertebraten sind sehr gute Leitfossilien für Gesteinsschichten, die aus Meeresablagerungen entstanden sind.

Leucon-Typ: Das höchstentwickelte Organisationssystem der Schwämme. Der Körper ist in zahlreiche, mit Kragengeißelzellen versehene Kammern aufgeteilt, welche durch ein Netzwerk an Kanälen untereinander und mit dem zentralen Schwammhohlraum (Spongocoel) verbunden sind.

Lophophor (Armgerüst): Eine den Armfüßern eigene Struktur aus zwei Armen, welche auf verschiedene Weise zusammengefaltet und mit Wimpern bewachsen ist. Lophophoren dienen der Nahrungsaufnahme, Atmung und Ausscheidung.

Mantel: Hautfalte von Weichtieren, welche den Eingeweidesack des Körpers bedeckt und durch Kalkabscheidungen am Mantelrand die Schalen erzeugt. Bei den Armfüßern besteht der Mantel aus zwei Falten, einer Rückenfalte und einer Bauchfalte; er ist jedoch nicht homolog mit dem Mantel der Weichtiere.

Mantelhöhle: Hohlraum zwischen Mantel und dem restlichen Körper der Muscheln.

Mantellinie: Abdruck des Mantelrandes auf der Innenseite von Muschelschalen. Ein Abdruck wird als »integripalliat« bezeichnet, wenn die Linie parallel zum Schalenrand verläuft. Siphonate Mantellinien sind am Hinterende des Schalenrandes stark eingebuchtet und werden als »sinupalliat« bezeichnet.

Metamerie: Gliederung des Körpers in hintereinander liegende gleichartige Körperabschnitte (Segmente) entlang der Körperachse. Eine echte Metamerie besteht dann, wenn sich die inneren Organe (Muskeln, Nerven, Fortsätze) in jedem einzelnen Metamer wiederholen. Wenn dies nicht der Fall ist, spricht man von einer scheinbaren Metamerie. Metamerie kommt in vielen Larvenstadien von Gliederfüßern vor und geht dann im Erwachsenenstadium verloren. Typische metamere Tiere sind die Ringelwürmer.

Nabel: Die bei Gehäusen von Kopffüßern und Schnecken durch die Umgänge der Gehäusespirale mehr oder weniger trichterförmig ausgebildete äußere Einbuchtung.

Nekton: Gesamtheit der im Wasser schwimmenden Lebewesen, welche sich auch gegen die Strömung aktiv fortbewegen können. Aktive Schwimmer können sich auch am Gewässergrund aufhalten, jedoch nur gelegentlich und zeitlich begrenzt.

Opisthosoma: Jene Körperregion von Cheliceraten, welche die Hinterleibssegmente umfasst.

Ornamentierung: Alle Strukturen wie Falten, Kiele, Streifen, Knötchen, Warzen und Dornen auf der äußeren Oberfläche von Schalen oder Gehäusen. Diese Ornamente werden häufig für die systematische Einordnung der Schalen-Fossilien herangezogen, wie etwa bei Armfüßern und Weichtieren. Auch für die Systematik der Gliederfüßer spielt die Ornamentierung des Außenskeletts eine wichtige Rolle.

Periproct: Öffnung in der Theka (Skelett) der Stachelhäuter für den After.

Peristom: Öffnung der Theka (Skelett) für die Mundöffnung bei Seeigeln; bei Schnecken der Rand der Gehäusemündung.

Phragmokon: Der gekammerte und gasgefüllte Teil des Gehäuses von Kopffüßern, in welchem die aufeinander folgenden Kammern durch Scheidewände voneinander getrennt sind.

Plankton: Gesamtheit der Wasserorganismen, welche nur passiv schweben bzw. driften oder, falls sie aktiv schwimmen, sich nicht gegen die Strömung fortbewegen können.

Planspiral: Eine Art von Gehäusespirale bei Schnecken und Kopffüßern, bei welcher die Umgänge nur in einer Ebene eingerollt sind.

Pleopoden: Bezeichnung für alle Beine am Hinterleib von Krebstieren. Die Pleopoden haben verschiedene Funktionen – sie werden zum Schwimmen, aber auch zum Tragen der Eier benutzt. Bei manchen Krebstieren haben sich zwei Pleopoden zu Kopulationsorganen der Männchen entwickelt.

Protoconch: Die erste Entwicklungsphase einer Weichtierschale. Der Bau des Protoconch ist vor allem für die Systematik der Gastropoden sehr wichtig.

Pygidium: Das letzte Hinterleibssegment bei den Gliederfüßern. Es wird auch als Telson bezeichnet.

Radula (Raspelzunge): Mit Zähnchen oder Querreihen von Chitinzähnchen versehene Struktur, welche eine Art Raspel bildet. Eine Radula kommt in der Mundhöhle vieler Weichtiere vor, nicht aber bei Lamellibranchiaten. Auch ausgestorbene Weichtiere wie die Ammoniten waren mit einer Radula ausgestattet.

Rostrum: Schnabelartige bzw. spitz zulaufende Teile des Chitinpanzers vieler Gliederfüßer. Rostren können an verschiedenen Körperstellen auftreten. Das Rostrum der Belemniten (Kopffüßer) ist Teil der kalkigen Versteifung dieser Tiere (Schale).

Scharnier: Gelenk, durch welches sich die beiden Klappen einer Schale nur um eine Achse drehen können.

Schere: Scherenartig gebautes letztes Glied von Arthropoden-Gliedmaßen, die zum Ergreifen der Nahrung dienten (z.B. Krebsschere).

Schloss: Jene Strukturen, mit denen die Scharniergelenke der Muschelschalen gegen seitliches Verrutschen gesichert werden (Schlosszähne, Schlossfeld und Schlossregion).

Schnabel: Hervorstehendes, gebogenes Kalk- oder Hornmaterial. Bei den Kopffüßern ein Teil des Kiefers; bei den Muschelschalen ein Fortsatz der Umbonen (Wirbel).

Septum: Scheidewand, welche eine Körperhöhle oder eine Kammer von anderen trennt (beispielsweise Septen von Korallen, Septen in der Schale von Nautiloideen oder von Ammoniten).

Sipho: Körperteil in Form eines häutigen Rohres, welcher verschiedene Funktionen erfüllen kann. Viele Muschelarten besitzen zwei Siphone (zum Einströmen und Ausströmen des Wassers); die *Gastropoda Prosobranchia* (Vorderkiemer-Schnecken), die Kopffüßer (bei ihnen wird der Sipho auch als »Trichter« bezeichnet) und viele andere Weichtiere haben nur einen Sipho. Der austretende Wasserstrom durch den Trichter kann auch der Fortbewegung des Tieres (in der dem Wasserstrom entgegengesetzten Richtung) dienen. Der Sipho der Ammoniten und Nautiloideen verbindet den Körper mit den Kammern des Gehäuses.

Somiten: Synonym für Metameren; Segmente, aus welchem der Körper mancher Lebewesen besteht (wie etwa von Ringelwürmern oder einigen Gliedertüßern).

Spiculae: Skelettnadeln, die variabel geformt sein können und das Skelettgerüst der Schwämme bilden. Spiculae können aus Kalknadeln, Kieselnadeln oder aus Horn-(Spongin-)Fasern bestehen.

Spongin: Ein Gerüsteiweißkörper mit einer chemischen Zusammensetzung, die jener von Seide ähnelt und der die Spicula einiger Schwämme bildet.

Spongiolith: Gestein, welches zum Großteil aus Resten von isolierten Nadeln der Schwammskelette besteht.

Stiel: Struktur, welche dazu dient, gewisse Organismen an einer Unterlage zu fixieren; typische Beispiele sind die Stiele der Armfüßer, Entenmuscheln und der Seelilien.

Sutur: Die durch die Scheidewände des Phragmokons an der Schale von Kopffüßern gebildeten Abdrücke. Bei den Ammoniten ist die Sutur (oder Lobenlinie) wegen der enormen Vielgestaltigkeit von großer Bedeutung für deren Systematik und dient als gutes Unterscheidungsmerkmal für Gattungen und Spezies.

Sycon-Typ: Eine der Hauptentwicklungstypen bei den Schwämmen, bei welcher sich verschiedene mit Geißelzellen versehene Kammern zum zentralen Schwammhohlraum hin öffnen, welcher seinerseits eine Verbindung nach außen hat.

Telson: Das letzte Hinterleibssegment bei den Gliederfüßern, das auch als Pygidium bezeichnet wird.

Umbo (Wirbel): Jener Bereich bei den Muschelschalen, an dem das Schalenwachstum beginnt und von welchen die jeweiligen Zuwachsstreifen ausgehen. Er befindet sich an der Spitze des Schalenvorsprungs, in der Schlossregion, vor dem elastischen Ligament, welches die beiden Klappen miteinander verbindet.

Umgang: Jede komplette Windung (360 Grad) eines Spiralgehäuses wird als Umgang bezeichnet.

Uropode: Jeder der beiden seitlichen Fortsätze des letzten Hinterleibssegments eines Krebstieres. Falls die Fortsätze abgeflacht sind, bilden sie mit dem Telson den so genannten Schwanzfächer, mit dem das Tier rasche Schwimmbewegungen vollführen kann.

Zooide: Einzelne Individuen einer Moostierchen-Kolonie.

Index

Die **fett gedruckten** Seitenzahlen weisen auf jene Seite hin, auf welcher die Gattung beschrieben wird. Die *kursiv gedruckten* Seitenzahlen beziehen sich auf Bilder.